高等职业教育“十三五”规划教材

建筑装饰工程制图与CAD
（含习题集）

主　编　覃　斌　尹　晶
副主编　姜　新　王　璐　陈姝潓　刘小丹

北京理工大学出版社
BEIJING INSTITUTE OF TECHNOLOGY PRESS

内 容 提 要

本书根据建筑装饰装修工程最新制图标准和相关技术规范进行编写，文字精炼、言简意明，图文并重。全书除附录外，共分为6章，主要内容包括建筑制图标准、形体正投影基础、建筑施工图、装饰装修施工图、AutoCAD绘图基础操作、AutoCAD建筑装饰施工图绘制等。

本书可作为高职高专院校、各类成人高校建筑装饰工程技术、建筑室内设计、室内艺术设计、环境艺术设计等相关专业的教材，也可供相关专业工程技术人员学习参考使用。

图书在版编目(CIP)数据

建筑装饰工程制图与CAD：含习题集／覃斌，尹晶主编.—北京：北京理工大学出版社，2018.8（2018.9重印）

ISBN 978-7-5682-6207-1

Ⅰ.①建…　Ⅱ.①覃…　②尹…　Ⅲ.①建筑装饰－计算机辅助设计－AutoCAD软件－高等学校－教材　Ⅳ.①TU238-39

中国版本图书馆CIP数据核字(2018)第194301号

出版发行／北京理工大学出版社有限责任公司

社　　址／北京市海淀区中关村南大街5号

邮　　编／100081

电　　话／（010）68914775（总编室）

（010）82562903（教材售后服务热线）

（010）68948351（其他图书服务热线）

网　　址／http://www.bitpress.com.cn

经　　销／全国各地新华书店

印　　刷／北京紫瑞利印刷有限公司

开　　本／787毫米×1092毫米　1/16

印　　张／13.5

字　　数／322千字

版　　次／2018年8月第1版　2018年9月第2次印刷

定　　价／39.00元（含习题集）

责任编辑／钟　博

文案编辑／钟　博

责任校对／周瑞红

责任印制／边心超

图书出现印装质量问题，请拨打售后服务热线，本社负责调换

编委会名单

编 写 说 明

《国务院关于加快发展现代职业教育的决定》（国发〔2014〕19号）关于“提高人才培养质量”提出了五项要求，其中前两条是：“推进人才培养模式创新。坚持校企合作、工学结合，强化教学、学习、实训相融合的教育教学活动。”“建立健全课程衔接体系。适应经济发展、产业升级和技术进步的需要，建立专业教学标准和职业标准联动开发机制。”高等职业教育教材建设工作，对“提高人才培养质量”有着至关的重要作用。

为全面推进高等职业教育教材建设工作，将教学改革的成果和教学实践的积累体现到教材建设和教学资源统合的实际工作中去，以满足不断深化的教学改革的需要，更好地为学校教学改革、人才培养与课程建设服务，北京理工大学出版社搭建平台，组织辽宁建筑职业学院、辽宁省交通高等专科学校、抚顺职业技术学院、大连职业技术学院、辽宁城市建设职业技术学院、营口职业技术学院、沈阳职业技术学院、辽宁水利职业学院、辽宁商贸职业学院、辽宁地质工程职业学院、辽宁林业职业技术学院、辽宁铁道职业技术学院、大连海洋大学职业技术学院、盘锦职业技术学院、阜新高等专科学校、辽宁理工职业学院、抚顺市技师学院、辽宁石油化工大学等辽宁省18所院校，共同参与编写了“高等职业教育‘十三五’规划教材”系列。该系列教材由参与院校院系领导、专业带头人等组建的编委会组织主导，经北京理工大学出版社、辽宁省18所院校土建大类专业学科各位专家近两年的精心组织，以创新、合作、融合、共赢、整合跨院校优质资源的工作方式，结合辽宁省18所院校对土建大类专业学科和课程教学理念、学科建设和体系搭建等研究建设成果，按照教育部职业教育与成人教育司发布的《高等职业学校专业教学标准（试行）》的规定和要求，结合高职院校教学实际以及当前工程建设的形势和发展编写而成。

本系列教材可供各高职院校土建类专业教学使用，也可供中高职衔接教学、广大教师、工程技术人员参考。

辽宁省18所院校土建学科建设及教材编写专委会和编委会

前言

《建筑装饰工程制图与CAD》一书结合编者多年的教学经验编写而成。本书根据高职高专的特点，以培养学生绘图、识图的基本素质和能力为主线，从培养应用型人才这一目标出发，侧重专业要求，本着“以应用为目的，以必须、够用为度”的原则编写。

本书在编写过程中，认真总结了长期以来的课程教学实践经验，并广泛吸取同类教材的优点，力求做到以下几点：

（1）贯彻最新国家制图标准，力求严谨、规范、叙述准确，通俗易懂。

（2）在内容安排上注重实用性与实践性，所选教学内容的广度和深度以能够满足学生从事岗位工作的需求为度，精简了画法几何的内容。

（3）考虑到制图与识图课时的限制，本教材以制图规范、投影方法、简单专业图样为主要内容，教师可根据教学课时和教学需要按一定的广度和深度进行补充。

（4）注重密切结合工程实际，采用来源于实际工程的专业例图，便于学生理论联系实际，有利于提高学生识读施工图的能力。

本书由辽宁林业职业技术学院覃斌、辽宁省交通高等专科学校尹晶担任主编，辽宁林业职业技术学院姜新、陈姝澸、刘小丹和辽宁省交通高等专科学校王璐担任副主编。具体编写分工为：第一章由覃斌编写；第二章由姜新、覃斌编写；第三章、第四章由尹晶编写；第五章由陈姝澸编写；第6章由王璐编写；附录由覃斌编写；教材所需部分图纸由覃斌、刘小丹编绘。全书由覃斌负责统稿并定稿。

本书在编写过程中，参阅了有关标准规范、教材和文献资料，在此对这些资料的作者表示衷心的感谢！

由于编者水平有限，书中难免有缺点和错误，恳请广大教师及读者批评指正。

编　者

目 录

第一章 建筑制图标准……1

第一节 图纸幅面规格……1

一、图纸幅面……1

二、图框格式……2

三、标题栏格式……4

第二节 图线……5

一、图线的形式及应用……5

二、图线的画法……7

第三节 比例……8

第四节 字体……9

一、字高……9

二、汉字……9

三、数字与字母……9

第五节 尺寸标注……10

一、尺寸标注的基本原则……10

二、尺寸的组成……10

三、常用的尺寸标注方法……11

第六节 建筑施工图中的常用符号……14

一、剖切符号……14

二、内视符号……15

三、索引符号与详图符号……15

四、指北针与风向频率玫瑰图……16

第七节 定位轴线……17

第八节 图例……18

一、构造及配件图例……18

二、水平及垂直运输装置图例……18

三、常用建筑材料图例……18

四、常用家具及设施图例……18

第二章 形体正投影基础……19

第一节 投影基本知识……19

一、投影的概念……19

二、投影法的种类……20

三、三面投影图的形成与投影规律……21

第二节 点、线、面的投影……23

一、点的投影……23

二、直线的投影……25

三、平面的投影……30

第三节 基本形体的投影……34

一、平面体的投影……35

二、曲面体的投影……37

三、求立体表面上点的投影……40

四、基本体尺寸标注……43

第四节 组合形体的投影……44

一、组合体的组合方式……45

二、组合体的画法……47

三、组合体的尺寸标注……48

四、组合体投影图的读图……51

第五节 建筑物的形体表达……52

一、六面投影图……52

二、剖面图……53

三、断面图……55

第三章 建筑施工图……57

第一节 建筑施工图概述……57

一、房屋的类型及其组成……57

二、房屋施工图的分类和编排顺序……58

三、建筑施工图的识读……59

第二节 施工图首页……60

一、图纸目录……60

二、设计说明……61

三、工程做法说明……63

四、门窗表……63
第三节 建筑总平面图……64
一、总平面图的图示内容……64
二、总平面图的图示方法……65
三、建筑总平面图的识读要点……70
四、建筑总平面图的识图举例……70
第四节 建筑平面图……72
一、建筑平面图的用途和形成……72
二、建筑平面图的图示方法及内容……73
三、建筑平面图的绘制步骤……75
第五节 建筑立面图……75
一、建筑立面图的用途和形成……75
二、建筑立面图的图示方法及内容……75
三、建筑立面图的绘制步骤……76
第六节 建筑剖面图……78
一、建筑剖面图的用途和形成……78
二、建筑剖面图的图示方法及内容……78
三、建筑剖面图的绘制步骤……80
第七节 建筑详图……80
一、建筑详图的用途和形成……80
二、关于建筑详图的有关规定……80
三、详图的图示特点及内容……81

第四章 装饰装修施工图……84
第一节 装饰装修施工图的内容和特点……84
一、装饰装修施工图的内容……84
二、装饰装修施工图的特点……84
三、装饰装修施工图的组成……85
第二节 装饰装修施工平面图……85
一、平面布置图……85
二、地面铺装图……86
三、顶棚平面图……87
第三节 装饰装修施工立面图……88
一、室内装饰施工立面图的形成……88
二、室内装饰施工立面图的图示内容与作用……88
三、图示方法及绘制步骤……88
第四节 装饰装修施工剖面图与节点详图……90
一、详图的形成……90
二、详图的图示内容与作用……90
三、图示方法及绘制步骤……91

第五章 AutoCAD绘图基础操作……92
第一节 AutoCAD绘图工作界面……92
第二节 AutoCAD基本操作及绘图环境设置……93
第三节 二维图形的绘制……100
第四节 二维图形的编辑……108
第五节 文字输入与文字样式设置……114
第六节 尺寸标注与标注样式设置……116
第七节 图块的创建与编辑……124
第八节 图纸布局和打印……127

第六章 AutoCAD建筑装饰施工图绘制……132
第一节 原始结构平面图的绘制……132
一、工程图样板文件的创建……132
二、绘制原始结构平面图……137
第二节 装饰施工平面布置图的绘制……141
一、绘制平面布置图的基本步骤……142
二、绘制平面布置图……142
第三节 装饰施工地面铺装图的绘制……143
第四节 装饰施工顶棚平面图的绘制……145
一、绘制顶棚平面图的基本步骤……145
二、绘制顶棚平面图……145
第五节 装饰施工立面图的绘制……147
一、绘制装饰施工立面图的基本步骤……147
二、绘制装饰施工立面图……147
第六节 装饰施工节点详图的绘制……148
一、装饰详图的绘图要点……148
二、绘制装饰施工节点详图……149

附录……151

参考文献……152

第一章　建筑制图标准

教学目标

通过本章的学习，学生应了解和掌握建筑制图标准，能够依据国家标准《房屋建筑制图统一标准》(GB/T 50001—2017)、《建筑制图标准》(GB/T 50104—2010)查阅相关规范和要求。

教学重点与难点

1. 建筑制图中的图线规定及图线的画法；
2. 比例的注写与应用；
3. 尺寸的标注方法；
4. 定位轴线的编号。

工程图是施工建造的重要依据。为了便于技术交流和统一规范管理，国家对图纸的格式和表达方式等作出了统一的规定，这个规定就是制图标准。

我国国家标准(简称国标)的代号是“GB”，它是由“国标”两个字的汉语拼音首字母“G”和“B”组成的，例如“GB 50001—2017”，国标后面的两组数字分别表示标准的序号和颁布年份。建筑装饰工程制图的依据是国家标准《房屋建筑制图统一标准》(GB/T 50001—2017)和《建筑制图标准》(GB/T 50104—2010)。

第一节　图纸幅面规格

一、图纸幅面

图纸幅面是指图纸的大小规格。常用标准图幅共有 5 种，由小至大分别为 A4、A3、A2、A1、A0 图幅，其大小规格见表 1-1。各种图纸幅面的尺寸关系为：沿上一号幅面的长边对裁，即为次一号图幅的大小，如图 1-1 所示。

表 1-1　图纸幅面及图框尺寸　　mm

幅面代号 / 尺寸代号	A0	A1	A2	A3	A4
$b \times l$	841×1 189	594×841	420×594	297×420	210×297
c	10			5	
a	25				

注：表中 b 为幅面短边尺寸，l 为幅面长边尺寸，c 为图框线与幅面线间宽度，a 为图框线与装订边间宽度。

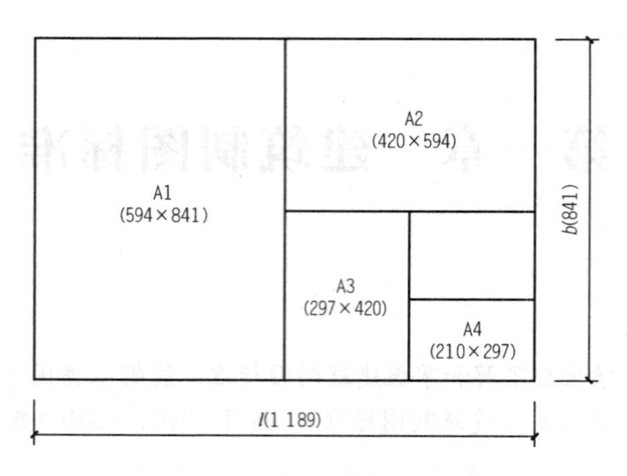

图 1-1　各种图纸幅面的尺寸关系

设计制图时应优先采用 A4、A3、A2、A1、A0 这五种图幅尺寸，必要时也允许加长幅面。加长幅面的尺寸是由基本幅面的短边成整数倍数增加后得出的，见表 1-2。

表 1-2　图纸长边加长尺寸　　mm

幅面代号	长边尺寸	长边加长后的尺寸
A0	1 189	1 486(A0+1/4l)　1 783(A0+1/2l) 2 080(A0+3/4l)　2 378(A0+l)
A1	841	1 051(A1+1/4l)　1 261(A1+1/2l)　1 471(A1+3/4l) 1 682(A1+l)　1 892(A1+5/4l)　2 102(A1+3/2l)
A2	594	743(A2+1/4l)　891(A2+1/2l)　1 041(A2+3/4l) 1 189(A2+l)　1 338(A2+5/4l)　1 486(A2+3/2l) 1 635(A2+7/4l)　1 783(A2+2l)　1 932(A2+9/4l) 2 080(A2+5/2l)
A3	420	630(A3+1/2l)　841(A3+l)　1 051(A3+3/2l) 1 261(A3+2l)　1 471(A3+5/2l)　1 682(A3+3l) 1 892(A3+7/2l)
注：有特殊需要的图纸，可采用 $b\times l$ 为 841 mm×891 mm 与 1 189 mm×1 261 mm 的幅面。		

二、图框格式

图纸可以横放，也可以竖放。在图纸上必须用粗实线(线宽约 1.0 mm 或 1.4 mm)画出图框。应注意的是，同一套图只能采用一种图框格式。A0～A3 横式图幅的图框周边尺寸如图 1-2 和图 1-3 所示，A0～A1 横式图幅的图框周边尺寸如图 1-4 所示，A0～A4 立式图幅的图框周边尺寸如图 1-5 和图 1-6 所示，A0～A2 立式图幅的图框周边尺寸如图 1-7 所示。

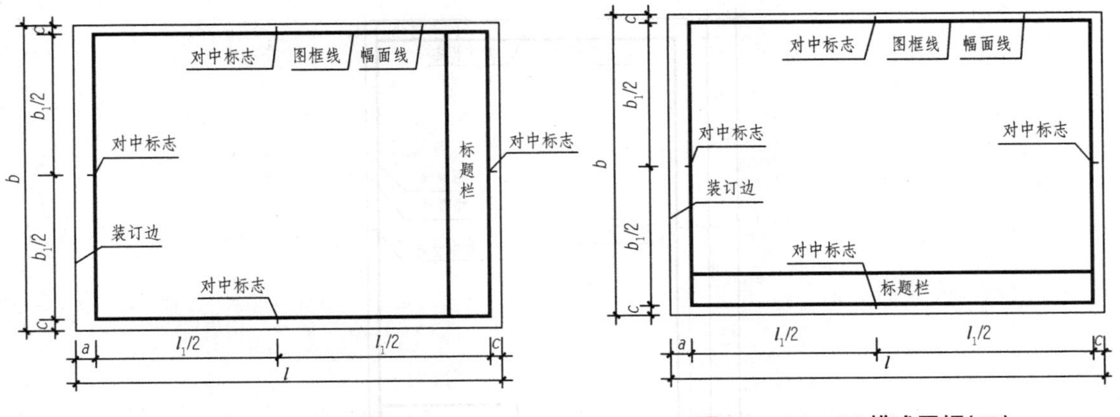

图 1-2　A0～A3 横式图幅(一)　　**图 1-3　A0～A3 横式图幅(二)**

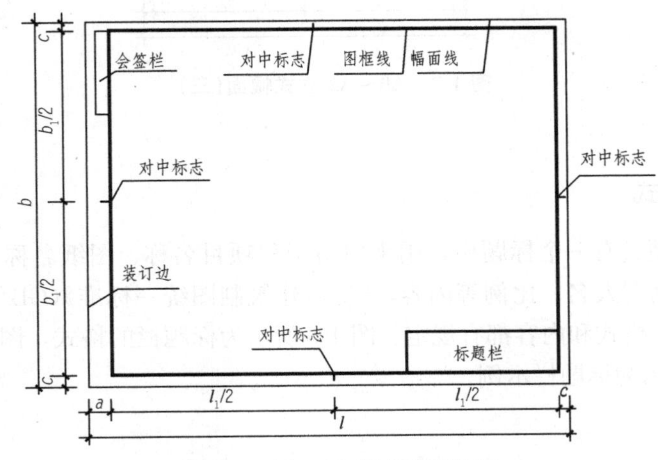

图 1-4　A0～A1 横式图幅(三)

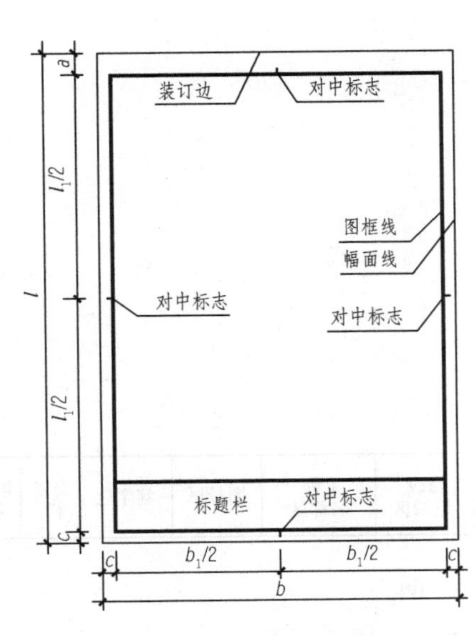

图 1-5　A0～A4 立式图幅(一)

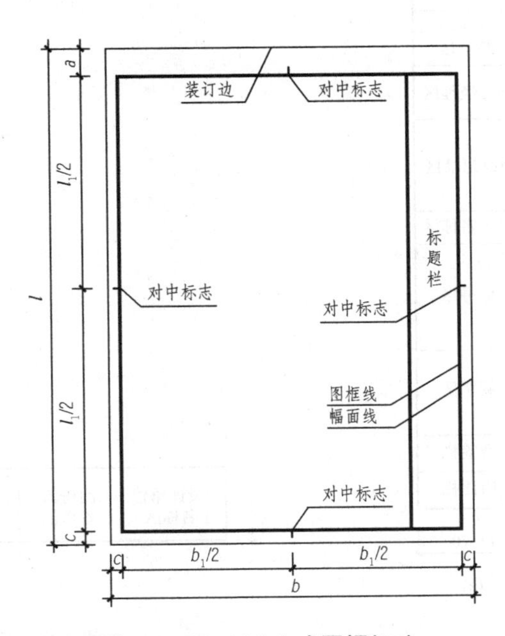

图 1-6　A0～A4 立式图幅(二)

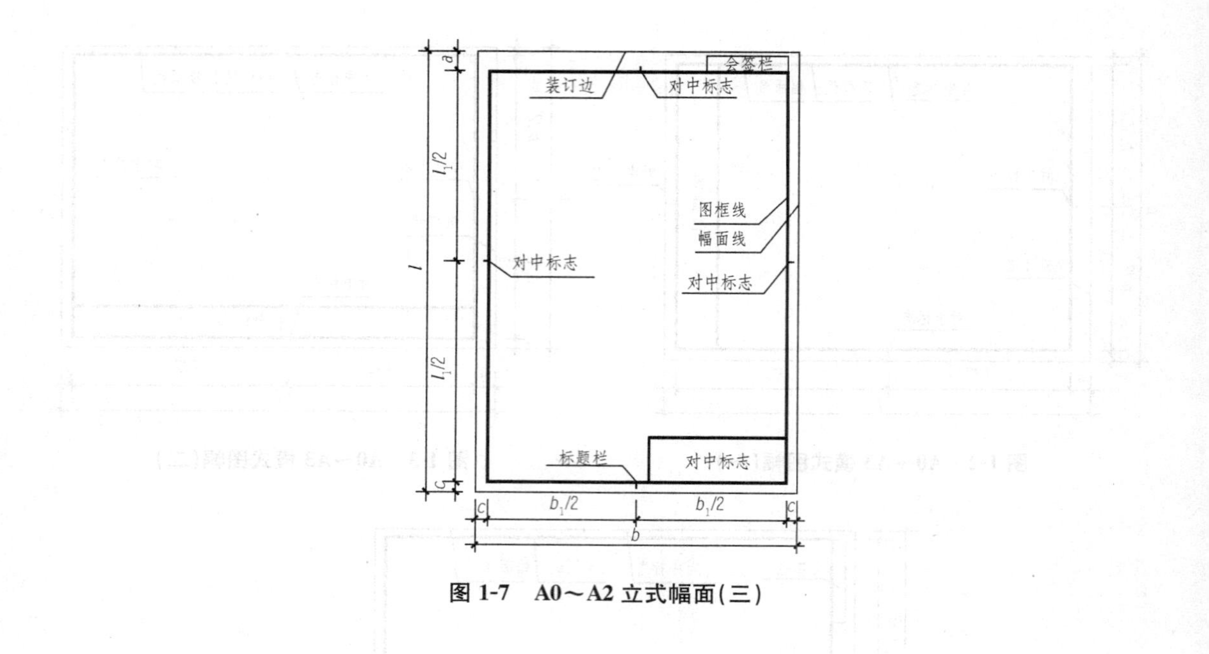

图 1-7　A0～A2 立式幅面(三)

三、标题栏格式

每张图纸都必须具有一个标题栏，用来填写工程项目名称、图纸名称、图纸编号、设计单位、设计人名、制图人名、比例等内容，《房屋建筑制图统一标准》(GB/T 50001—2017)对图纸标题栏的尺寸、格式和内容都有规定。图 1-8 所示为标题栏的格式，图 1-9 所示为会签栏的格式，图 1-10 所示为标题栏示例。

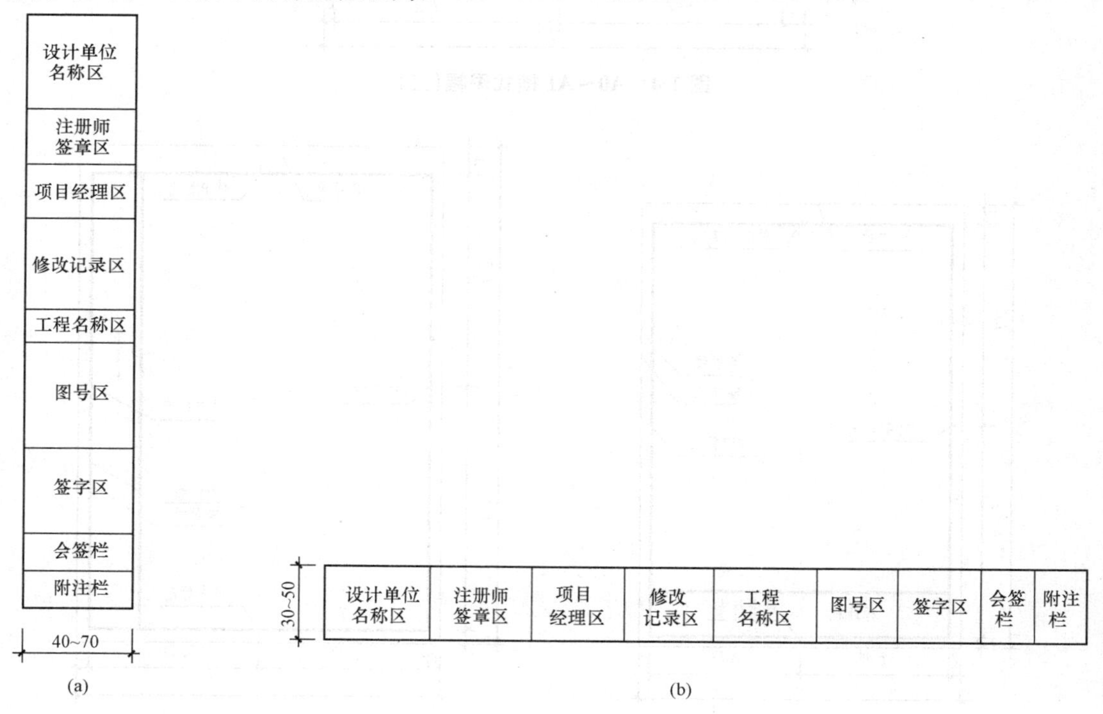

图 1-8　标题栏格式

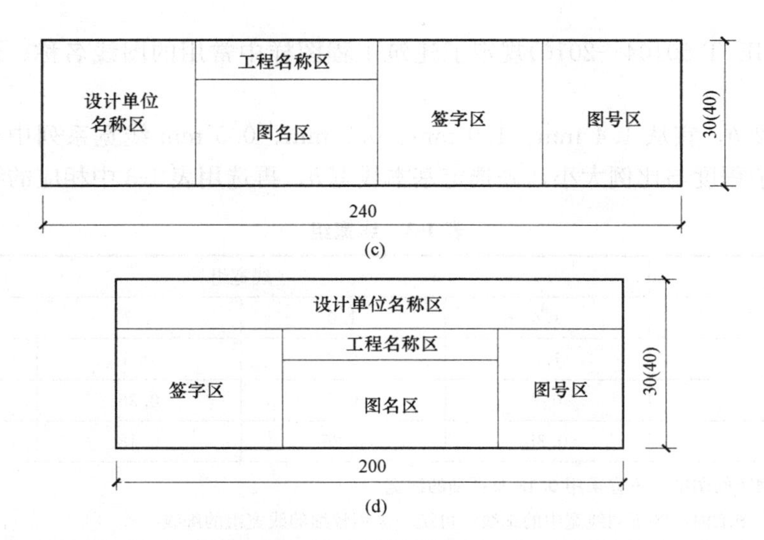

图 1-8　标题栏格式(续)

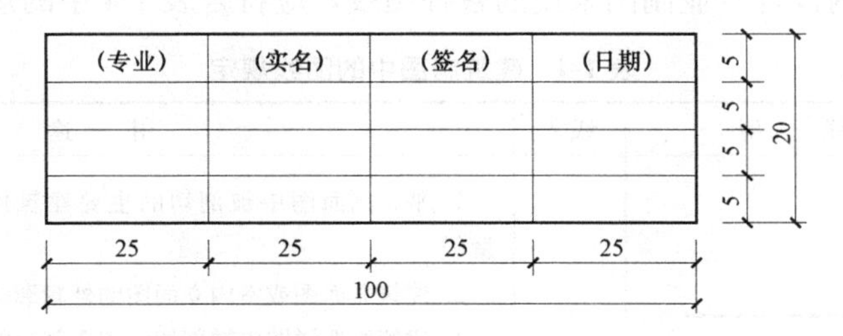

图 1-9　会签栏格式

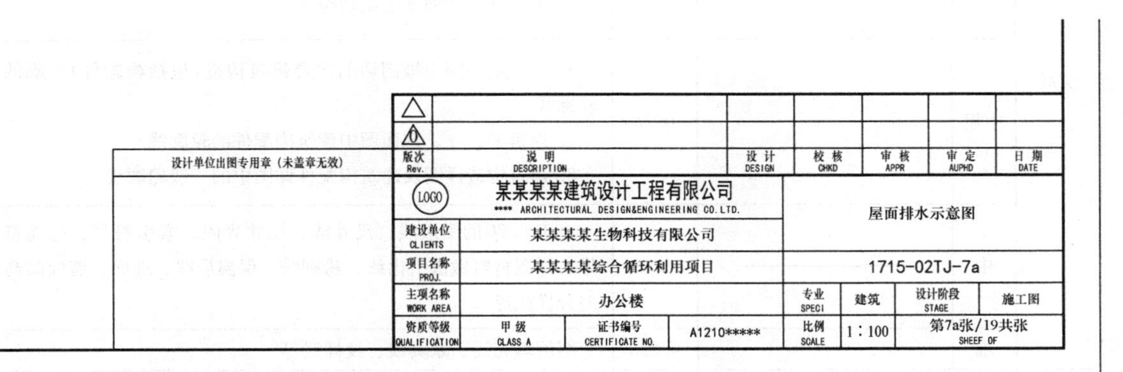

图 1-10　标题栏示例

第二节　图　　线

一、图线的形式及应用

为使图样层次清晰、主次分明，《房屋建筑制图统一标准》(GB/T 50001—2017)、《建筑制图标准》(GB/T 50104—2010)规定了建筑工程图样中常用的图线名称、形式、宽度及其应用。

图线的宽度 b，宜从 1.4 mm、1.0 mm、0.7 mm、0.5 mm 线宽系列中选取。每个图样，应根据复杂程度与比例大小，先选定基本线宽 b，再选用表 1-3 中相应的线宽组。

表 1-3　线宽组　　mm

线宽比	线宽组			
b	1.4	1.0	0.7	0.5
$0.7b$	1.0	0.7	0.5	0.35
$0.5b$	0.7	0.5	0.35	0.25
$0.25b$	0.35	0.25	0.18	0.13

注：1. 需要缩微的图纸，不宜采用 0.18 及更细的线宽。
2. 同一张图纸内，各不同线宽中的细线，可统一采用较细的线宽组的细线。

建筑专业、室内设计专业制图采用的各种图线，应符合表 1-4 中的规定。

表 1-4　建筑制图中的图线规定　　mm

名称		线型	线宽	用途
实线	粗	————	b	1. 平、剖面图中被剖切的主要建筑构造(包括构配件)的轮廓线 2. 建筑立面图或室内立面图的外轮廓线 3. 建筑构造详图中被剖切的主要部分的轮廓线 4. 建筑构配件详图中的外轮廓线 5. 平、立、剖面图的剖切符号
	中粗	————	$0.7b$	1. 平、剖面图中被剖切的次要建筑构造(包括构配件)轮廓的轮廓线 2. 建筑平、立、剖面图中建筑构配件的轮廓线 3. 建筑构造详图及建筑构配件详图中的一般轮廓线
	中	————	$0.5b$	小于 $0.7b$ 的图形线、尺寸线、尺寸界限、索引符号、标高符号、详图材料做法引出线、粉刷线、保温层线、地面、墙面的高差分界线等
	细	————	$0.25b$	图例填充线、家具线、纹样线等
虚线	中粗	— — — — —	$0.7b$	1. 建筑构造详图及建筑构配件不可见轮廓线 2. 平面图中的起重机(吊车)轮廓线 3. 拟建、扩建建筑物的轮廓线
	中	— — — — —	$0.5b$	投影线、小于 $0.5b$ 的不可见轮廓线
	细	— — — — —	$0.25b$	图例填充线、家具线
单点长画线	粗	—·—·—	b	起重机(吊车)轨道线
	细	—·—·—	$0.25b$	中心线、对称线、定位轴线
折断线	细	—\/—	$0.25b$	部分省略表示时的断开界线

续表

名称		线　　型	线宽	用　　途
波浪线	细	～～～	0.25b	部分省略表示时的断开界线，曲线形构间断开界限构造层次的断开界限
注：地平线的线宽可用 1.4b。				

图线应用示例如图 1-11～图 1-13 所示。

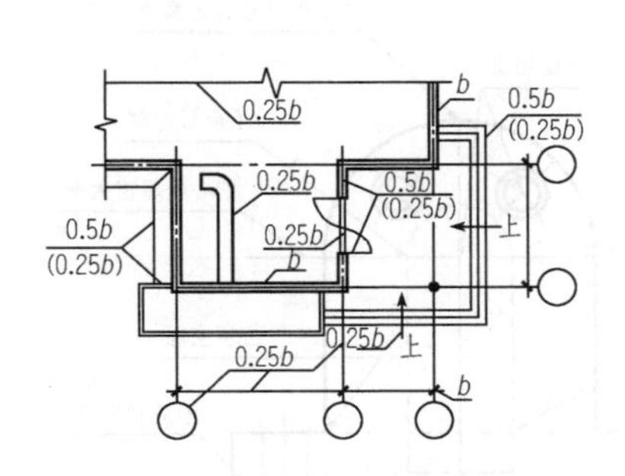

图 1-11　平面图图线宽度选用示例

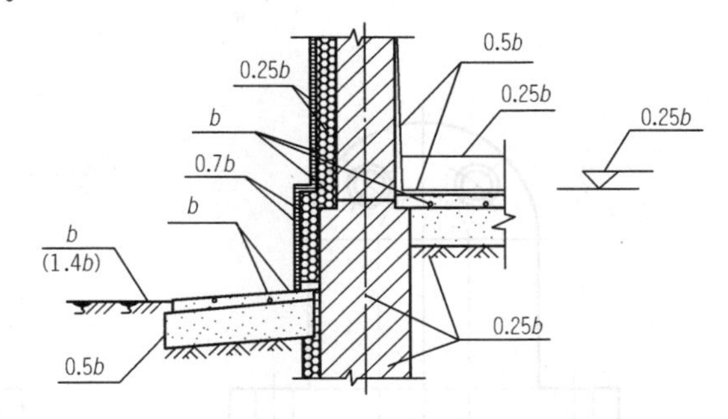

图 1-12　墙身剖面图图线宽度选用示例

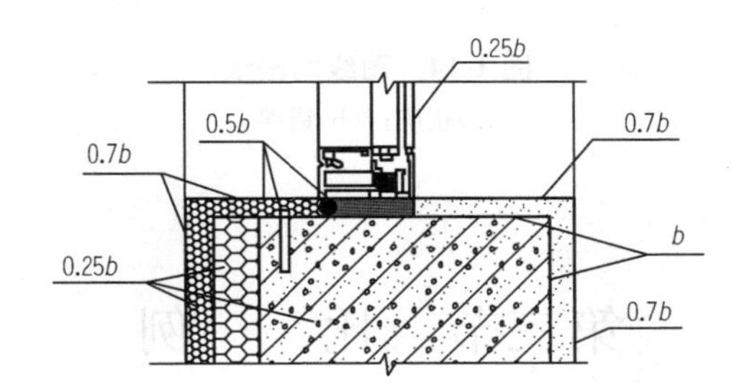

图 1-13　详图图线宽度选用示例

图纸的图框和标题栏线宽度见表 1-5。

表 1-5　图框和标题栏线的宽度　　mm

幅面代号	图框线	标题栏外框线	标题栏分格线
A0、A1	b	0.5b	0.25b
A2、A3、A4	b	0.7b	0.35b

二、图线的画法

绘制图线时，应注意以下几点：

(1)同一张图纸内，相同比例的各图样应选用相同的线宽组。

(2)相互平行的图例线，其净间隙或线中间隙不宜小于 0.2 mm。

(3)虚线，单点长画线或双点长画线的线段长度和间隔，宜各自相等。

(4)在较小的图形上绘制单点长画线和双点长画线有困难时，可用实线代替。

(5)单点长画线或双点长画线的两端，不应采用点。点画线与点画线交接点或点画线与其他图线交接时，应采用线段交接。

(6)虚线与虚线交接或虚线与其他图线交接时，应采用线段交接。虚线为视线的延长线时，不得与实线相接。

(7)图线不得与文字、数字或符号重叠、混淆，当不可避免时，应首先保证文字的清晰。

图线的画法如图 1-14 所示。

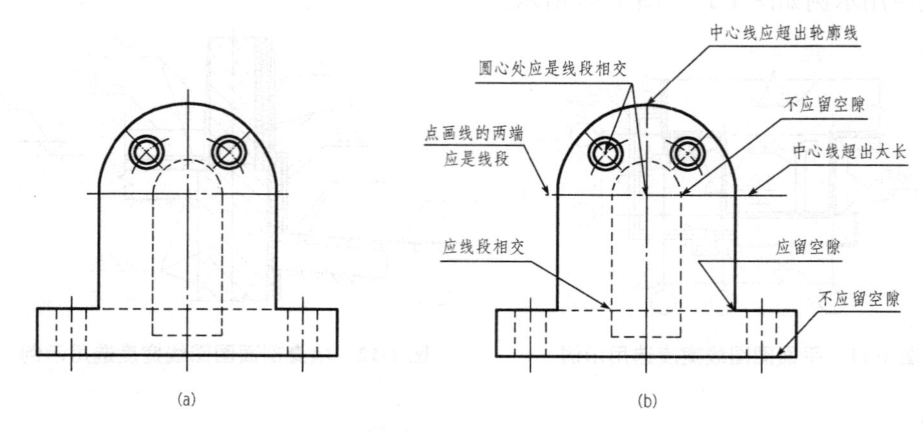

图 1-14　图线的画法

(a)正确；(b)错误

第三节　比　　例

图样的比例是图中图形与实物相对应的线性尺寸之比(线性尺寸是指能用直线表达的尺寸，如直线的长度、圆的直径等)。

比例符号为“∶”，比例应以阿拉伯数字表示，分为原值比例(如 1∶1)、放大比例(比值大于 1 的比例，如 2∶1)、缩小比例(比值小于 1 的比例，如 1∶2)三种。

比例宜注写在图名的右侧，字的基准线应取平；比例的字高宜比图名的字高小一号或二号，如图 1-15 所示。

平面图 1:100　　⑥1:20

图 1-15　比例的注写

绘图所用的比例应根据图样的用途与所绘图形的复杂程度选取合适的比例，常用比例和可用比例见表 1-6。

表 1-6　绘图常用比例与可用比例

常用比例	1∶1、1∶2、1∶5、1∶10、1∶20、1∶30、1∶50、1∶100、1∶150、1∶200、1∶500、1∶1 000、1∶2 000
可用比例	1∶3、1∶4、1∶6、1∶15、1∶25、1∶40、1∶60、1∶80、1∶250、1∶300、1∶400、1∶600、1∶5 000、1∶10 000、1∶20 000、1∶50 000、1∶100 000、1∶200 000
注：无论采用何种比例绘图，尺寸数值均按原值标注，与绘图的准确程度及所用比例无关。	

建筑专业、室内设计专业制图选用的各种比例，宜符合表1-7的规定。

表1-7 建筑制图选用比例规定

图 名	比 例
建筑物或构筑物的平面图、立面图、剖面图	1∶50、1∶100、1∶150、1∶200、1∶300
建筑物或构筑物的局部放大图	1∶10、1∶20、1∶25、1∶30、1∶50
配件及构造详图	1∶1、1∶2、1∶5、1∶10、1∶15、1∶20、1∶25、1∶30、1∶50

第四节 字 体

一、字高

字体的号数即字体的高度(用 h 表示)，依据《房屋建筑制图统一标准》(GB/T 50001—2017)，应按照表1-8的规定选用。字高大于10 mm的文字宜采用True type字体，如需使用更大的字体，其字体高度应按$\sqrt{2}$的倍数递增。

表1-8 文字的字高 mm

字体种类	中文矢量字体	True type字体及非中文矢量字体
字高	3.5、5、7、10、14、20	3、4、6、8、10、14、20

二、汉字

图样及说明中的汉字，宜优先采用True type字体中的宋体字型，采用矢量字体应为长仿宋体字型。同一图纸字体种类不应超过两种。矢量字体的高宽比宜为0.7，长仿宋体字的高宽关系见表1-9，打印线宽宜为0.25～0.35 mm，True type字体宽高比宜为1。大标题、图册封面、地形图等的汉字，为便于辨认，也可书写成其他字体，但应易于辨认，其宽高比宜为1。

表1-9 长仿宋体字高宽关系 mm

字高	20	14	10	7	5	3.5
字宽	14	10	7	5	3.5	2.5

三、数字与字母

字母及数字，当需写成斜体字时，其斜度应是从字的底线逆时针向上倾斜75°，斜体字的高度和宽度应与相应的直体字相等。

字母与数字的字高，不应小于2.5 mm。

数量的数值注写，应采用正体阿拉伯数字。各种计量单位凡前面有量值的，均应采用国家颁布的单位符号注写。单位符号应采用正体字母。

字母与数字的书写规则见表1-10。

表1-10　字母与数字的书写规则

书写格式	字体	窄字体
大写字母高度	h	h
小写字母高度(上下均无延伸)	$7/10h$	$10/14h$
小写字母伸出的头部或尾部	$3/10h$	$4/14h$
笔画宽度	$1/10h$	$1/14h$
字母间距	$2/10h$	$2/14h$
上下行基准线的最小间距	$15/10h$	$21/14h$
词间距	$6/10h$	$6/14h$

第五节　尺寸标注

建筑形体的形状由图形来表达，而大小则必须由尺寸来确定。标注尺寸时，应严格遵守国家标准有关尺寸标注的规定，做到正确、完整、清晰、合理。

一、尺寸标注的基本原则

无论采用何种比例绘图，尺寸标注的数值均按原值标注，与图形所用的比例大小及绘图的准确程度无关。

二、尺寸的组成

图样上的尺寸由尺寸界线、尺寸线、尺寸起止符号和尺寸数字组成，如图1-15所示。

(1)尺寸界线：表示尺寸的度量范围，用细实线绘制。其一端离开图样轮廓线不小于2 mm，另一端应超出尺寸线2～3 mm。必要时，图样的轮廓线可用作尺寸界线，如图1-16所示。

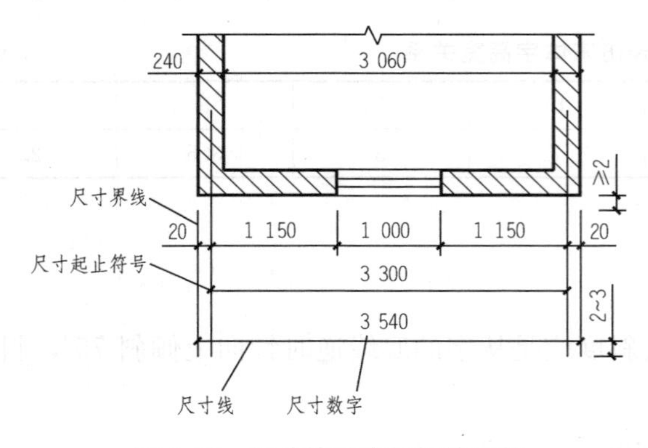

图1-15　尺寸的组成与标注示例

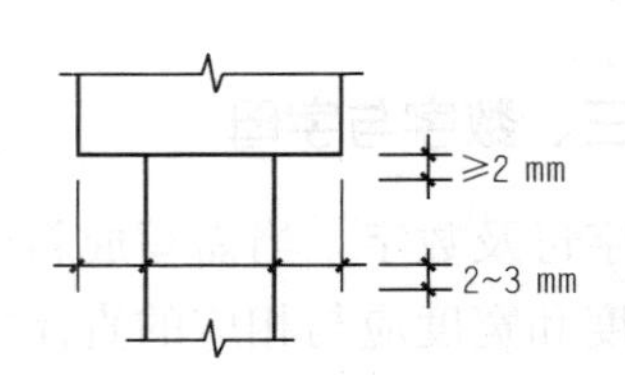

图1-16　尺寸界线

（2）尺寸线：表示尺寸的度量方向和长度，用细实线绘制。尺寸线应与被标注图形的轮廓线平行，且不宜超出尺寸界线。尺寸线不能用其他图线代替或与其他图线重合。

（3）尺寸起止符号：表示尺寸的起止点，位于尺寸线与尺寸界线相交处，用中粗斜短线绘制（倾斜方向与尺寸界线成顺时针 45°角），长度宜为 2～3 mm（一般与尺寸界线超出尺寸线长度相等）；半径、直径和角度、弧度的尺寸起止符号宜用箭头表示，尺寸起止符号的画法如图 1-17 所示。

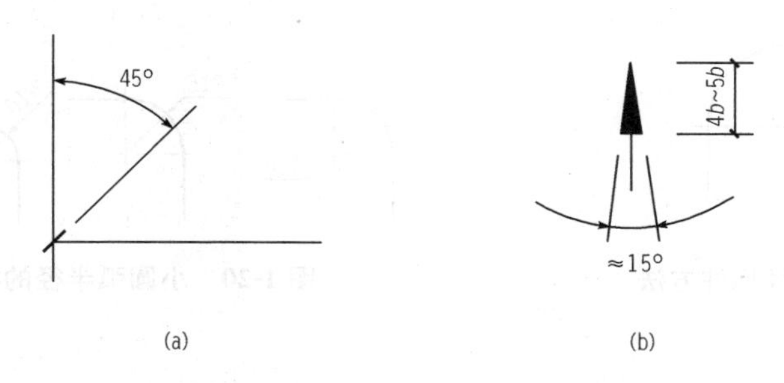

图 1-17　尺寸起止符号画法示例

（a）中粗短斜线式尺寸起止符号；（b）箭头式尺寸起止符号

（4）尺寸数字：表示尺寸的实际大小，一般用阿拉伯数字写在尺寸线中间位置的上方处或尺寸线的中断处。尺寸数字必须是物体的实际大小，与绘图所用的比例及绘图的精确度无关。建筑工程图上标注的尺寸，除标高和总平面图以“m”为单位外，其他一律以“mm”为单位，图上的尺寸数字不再注写单位，如图 1-18 所示。

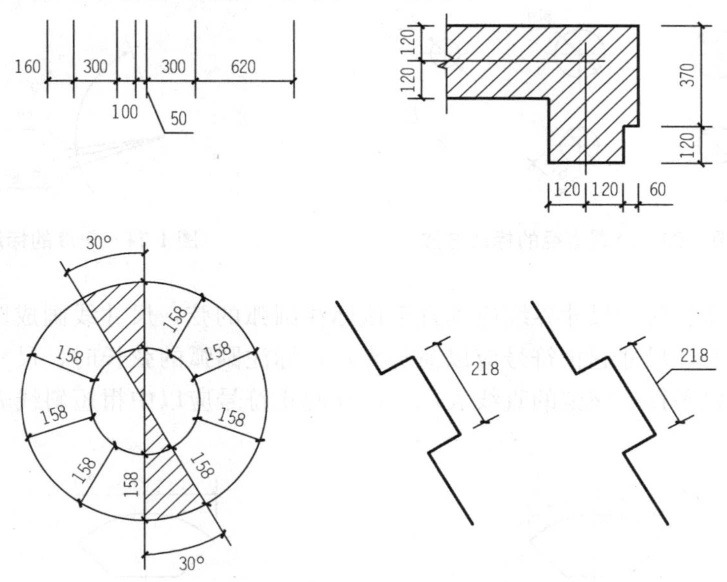

图 1-18　尺寸数字的注写形式

三、常用的尺寸标注方法

1. 半径、直径、角度、弧长尺寸的标注

标注半径、直径、角度尺寸时，尺寸起止符号一般用箭头表示。

圆或大于半圆的圆弧应标注直径。标注直径尺寸时，尺寸数字前应加符号“ϕ”；标注半径尺寸时，尺寸数字前应加符号“R”，如图 1-19～图 1-23 所示。

标注圆球的直径尺寸时，尺寸数字前应加符号“$S\phi$”；标注圆球的半径尺寸时，尺寸数字前应加符号“SR”。

标注角度时，角度的尺寸界线应沿径向引出，尺寸线画成圆弧线，圆心是角的顶点，尺寸数字应沿尺寸线方向书写，如图 1-24 所示。

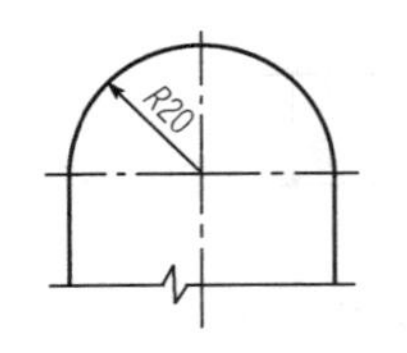

图 1-19　半径标注方法

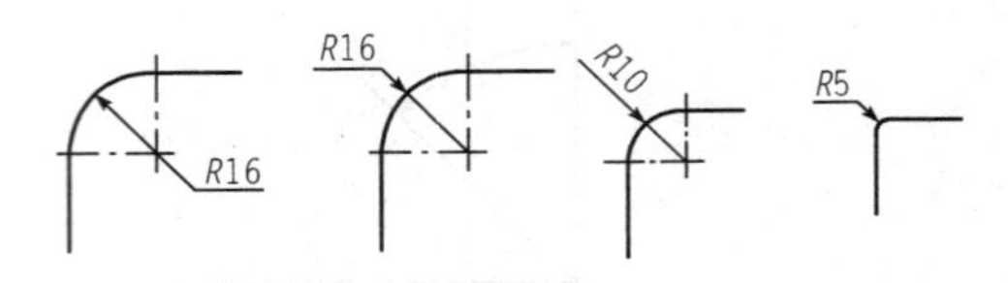

图 1-20　小圆弧半径的标注方法

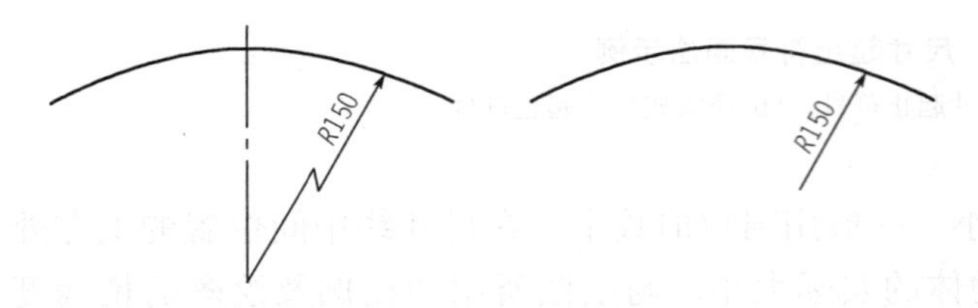

图 1-21　大圆弧半径的标注方法

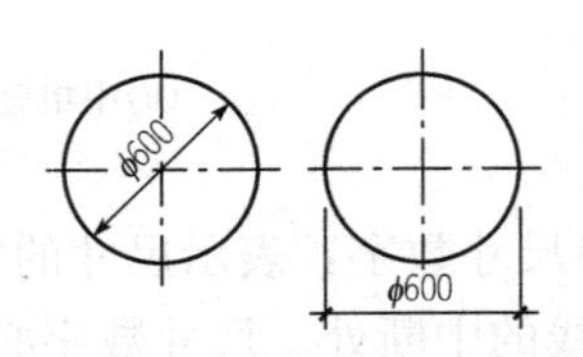

图 1-22　圆直径的标注方法

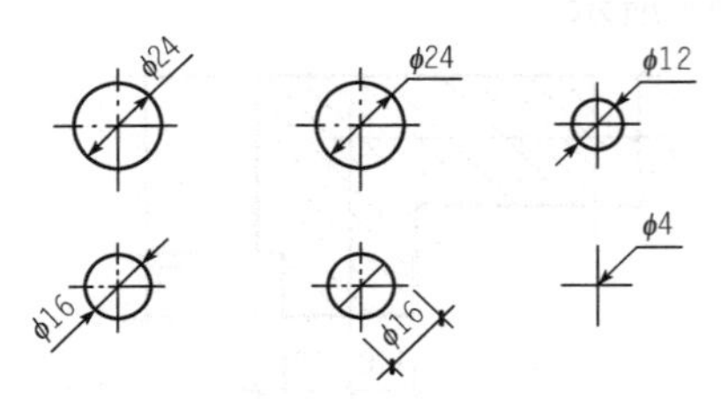

图 1-23　小圆直径的标注方法

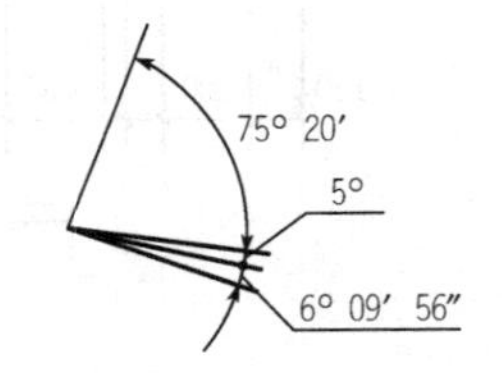

图 1-24　角度的标注方法

标注圆弧的弧长时，尺寸界线应垂直于该标注圆弧的弦，尺寸线画成圆弧线，圆心是被标注圆弧的圆心，尺寸起止符号应以箭头表示；标注圆弧的弦长时，尺寸界线应垂直于该弦，尺寸线应以平行于该弦的直线表示，尺寸起止符号应以中粗短斜线表示，如图 1-25 和图 1-26 所示。

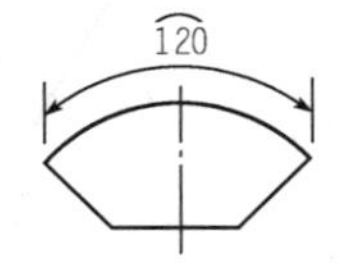

图 1-25　弧长的标注方法

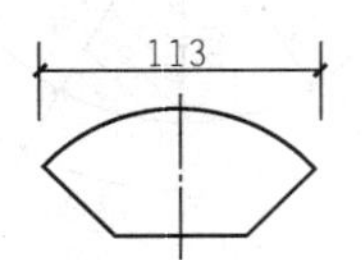

图 1-26　弦长的标注方法

2. 坡度的标注

坡度是用以表示斜坡的斜度，常采用百分数、比数的形式标注。标注坡度时，应加注坡度符号“←”或“↼”[图 1-27(a)、(b)]，箭头指向下坡方向[图 1-27(c)、(d)]。例如，坡度 2%表示水平距离每 100 m，垂直方向下降 2 m；坡度 1∶2 表示垂直方向每下降 1 个单位，水平距离为 2 个单位；坡度也可以用直角三角形表示，如图 1-27(e)、(f)所示。

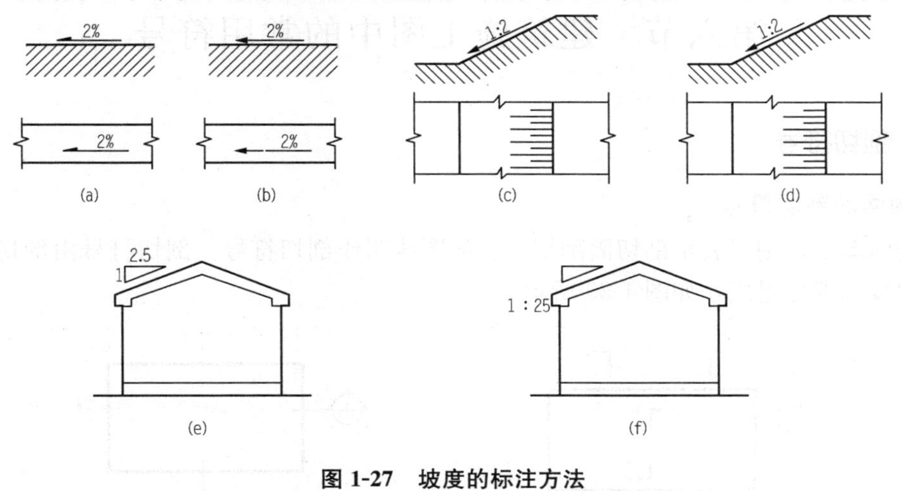

图 1-27　坡度的标注方法

(a)、(b)百分数标注法；(c)、(d)比数标注法；(e)、(f)直角三角形表示法

3. 标高

标高是表示建筑物某一部位相对于基准面(标高零点)的竖向高度，是竖向定位的依据。标高按基准面的不同，可分为绝对标高和相对标高。

绝对标高是以国家或地区统一规定的基准面作为零点的标高。我国规定以山东省青岛市的黄海平均海平面作为标高的零点，在实际施工中，用绝对标高不方便，一般习惯使用相对标高。相对标高的基准面可以根据工程需要自由选定，一般以建筑物一层室内主要地面作为相对标高的零点(±0.000)，比零点高的标高为"+"，比零点低的标高为"−"。

标高符号应以等腰直角三角形表示。总平面图室外地坪标高符号，用涂黑的三角形表示。标高数字以"m"为单位，注写到小数点后第三位，总平面图中可注写到小数点后第二位，零点标高注写成±0.000；正数标高不注"+"号，负数标高应注"−"号，如图 1-28 所示。

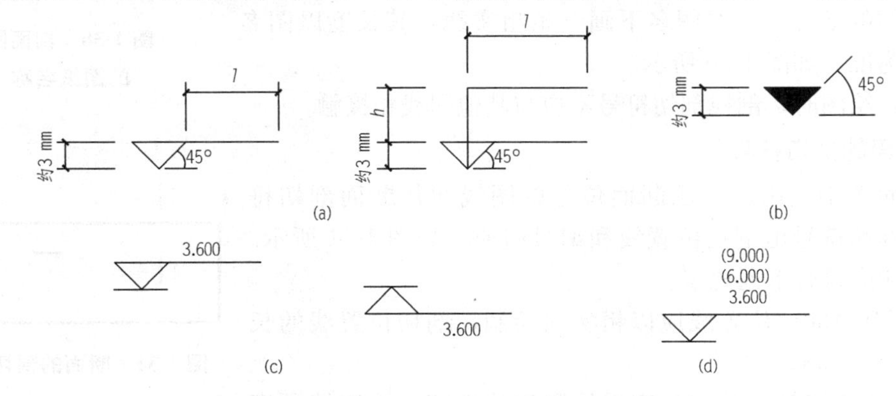

图 1-28　标高符号

(a)标高符号的画法；(b)用于总平面图室外地坪标高；

(c)用于建筑不同指向的建筑立面或剖面图；

(d)用于多层平面共用同一图样时标注

第六节　建筑施工图中的常用符号

一、剖切符号

1. 剖面的剖切符号

在剖面图中，用以表示剖切面剖切位置的图线叫作剖切符号。剖切符号由剖切位置线、剖视方向线和编号组成，如图 1-29 所示。

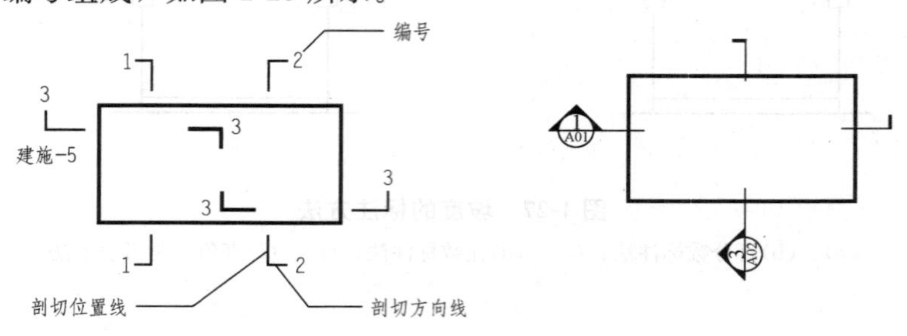

图 1-29　剖面的剖切符号

(1)剖切位置线。剖切位置线表示剖切平面的位置，应以粗实线绘制，剖切位置线的长度宜为 6～10 mm。

(2)剖视方向线。剖视方向线表示投影方向，应垂直于剖切位置线，以粗实线绘制，长度应短于剖切位置线，宜为 4～6 mm。剖视方向线所在位置方向表示该剖面的剖视方向。

(3)编号。剖视剖切符号的编号应采用阿拉伯数字，按剖切顺序由左至右、由下向上连续编排，并应注写在剖视方向线的端部。

剖面图的名称应采用相应的编号(如 1—1、2—2)注写在相应的剖面图的下方，并在图名下画一条粗实线，其长度以图名所占长度为准，如图 1-30 所示。

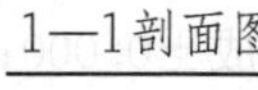

1—1剖面图

图 1-30　剖面图的图纸名称

注意：绘图时，剖视剖切符号不应与其他图线相接触。

2. 断面的剖切符号

在断面图中，用以表示断面位置的图线叫作断面剖切符号。断面剖切符号由剖切位置线和编号组成，如图 1-31 所示。断面的剖切应符合下列规定：

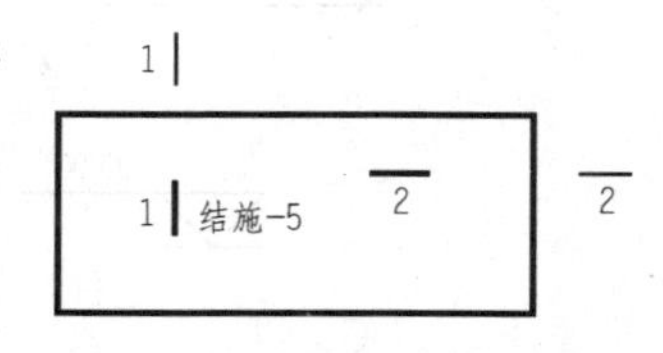

图 1-31　断面的剖切符号

(1)断面的剖切位置线应以粗实线绘制，剖切位置线的长度宜为 6～10 mm。

(2)断面剖切符号的编号应采用阿拉伯数字，按连续顺序编排，并应注写在剖切位置线的一侧；编号所在的一侧为该断面的剖视方向。

图 1-32 所示为剖面图与断面图的区别。

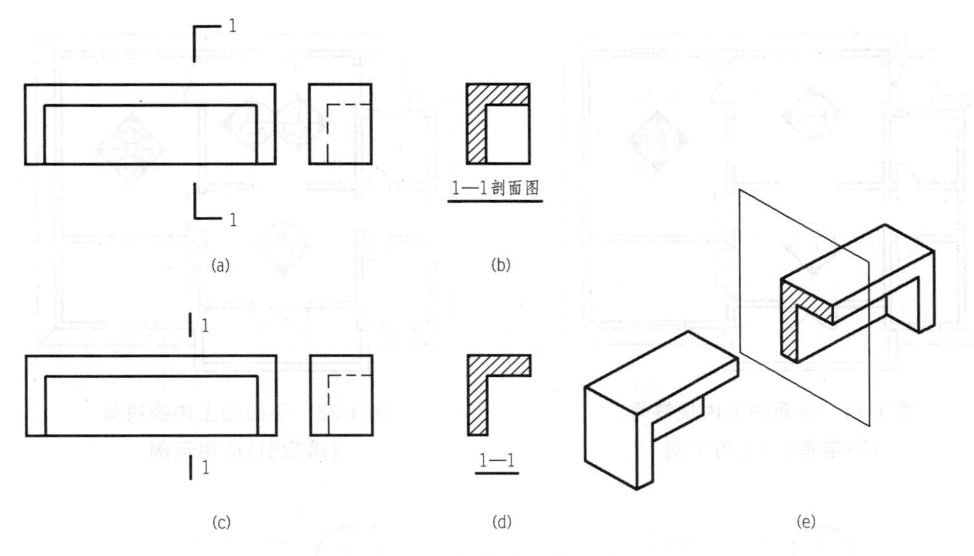

图 1-32　剖面图与断面图的区别

二、内视符号

室内立面图的内视符号注明在平面图上，用于表示室内立面在平面图上的位置、方向及立面编号。

内视符号中的圆圈应用细实线绘制，可根据图面比例选择直径 8～12 mm 的圆，立面编号宜用拉丁字母或阿拉伯数字，如图 1-33～图 1-35 所示。

三、索引符号与详图符号

1. 索引符号

对图样中的某一局部或构件，如需另见详图，应以索引符号索引。索引符号的圆及水平直径均应以细实线绘制，圆的直径为 8～10 mm，索引符号的引出线应指在要索引的位置上。当引出的是剖视详图时，用粗实线表示剖切位置，引出线所在的一侧应为剖视方向。圆内编号的含义如图 1-36 所示。

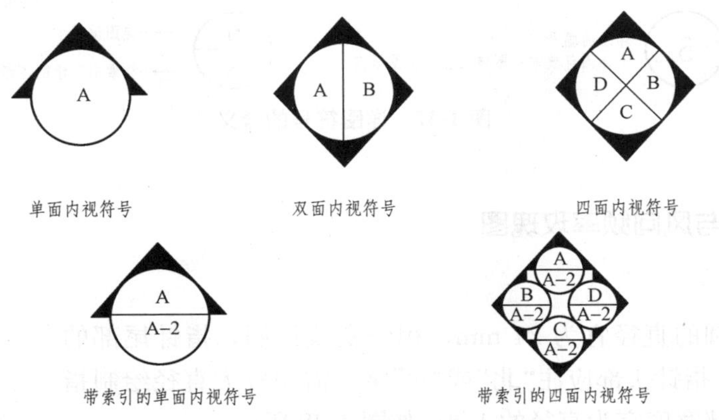

图 1-33　内视符号

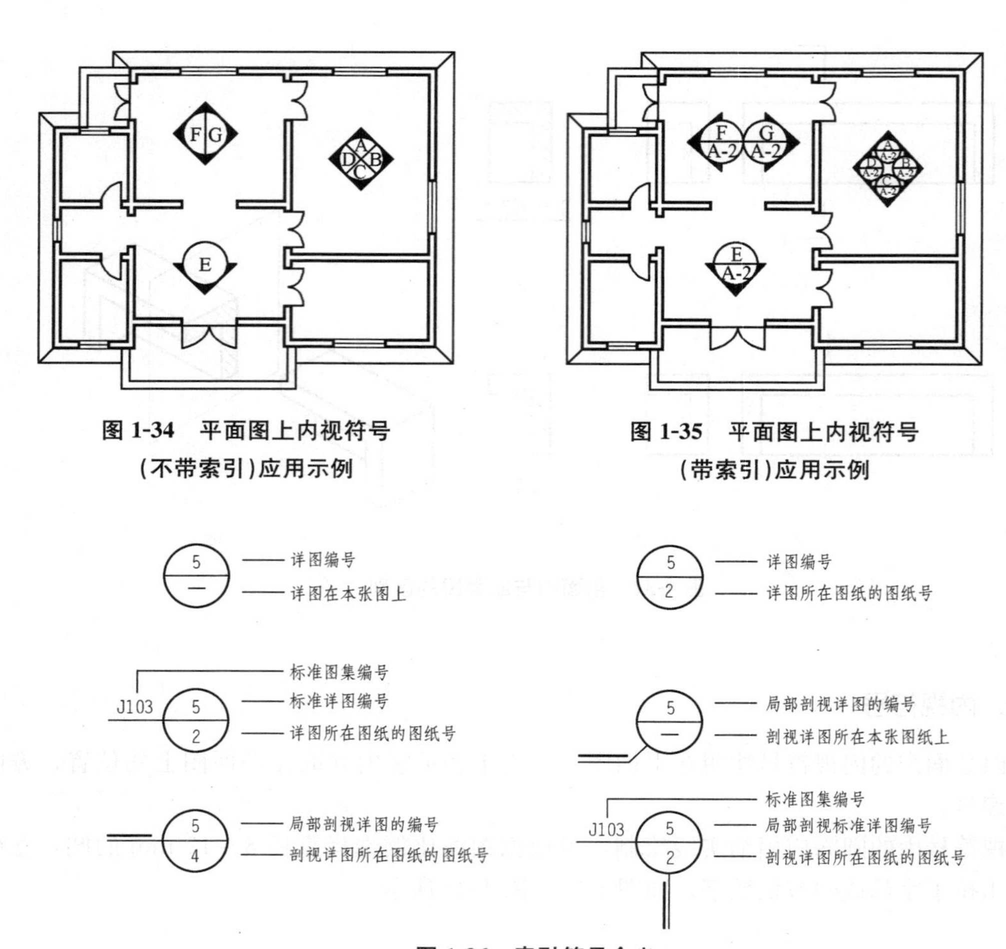

图 1-34　平面图上内视符号（不带索引）应用示例

图 1-35　平面图上内视符号（带索引）应用示例

图 1-36　索引符号含义

2. 详图符号

详图的名称和编号应以详图符号表示。详图符号的圆应以直径为 14 mm 的粗实线绘制。详图与被索引的图样同在一张图纸内时，应在详图符号内用阿拉伯数字注明详图的编号；详图与被索引的图样不在同一张图纸内，应用细实线在详图符号内画一水平直径，在上半圆中注明详图编号，在下半圆中注明被索引的图纸的编号。详图编号含义如图 1-37 所示。

图 1-37　详图符号的含义

四、指北针与风向频率玫瑰图

1. 指北针

指北针符号圆的直径宜为 24 mm，用细实线绘制，指针尾部的宽度宜为 3 mm，指针头部应注“北”或“N”字。需用较大直径绘制指北针时，指针尾部宽度宜为直径的 1/8，如图 1-38 所示。

图 1-38　指北针

2. 风向频率玫瑰图

在总平面图中，为了合理规划建筑，还需画出表示风向和风向频率的风向频率玫瑰图，简称风玫瑰图。风玫瑰图是根据当地多年平均统计的各个方向吹风次数的百分数，按一定比例绘制的。风的吹向是从外吹向中心。实线表示全年风向频率，虚线表示 6、7、8 三个月统计的夏季风向频率，如图 1-39 所示。

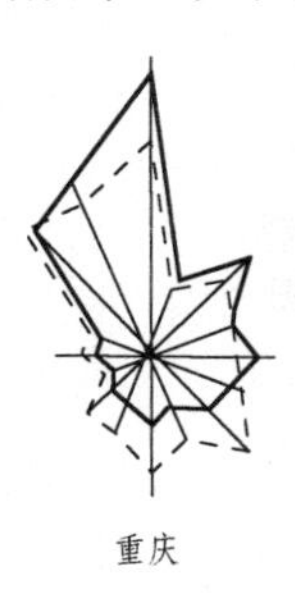

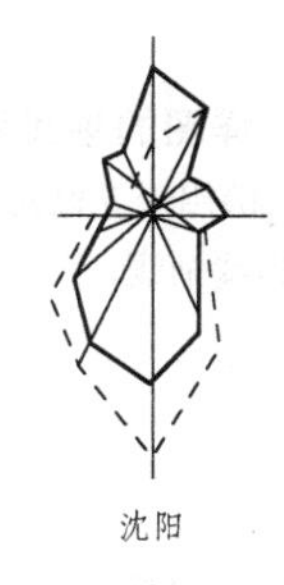

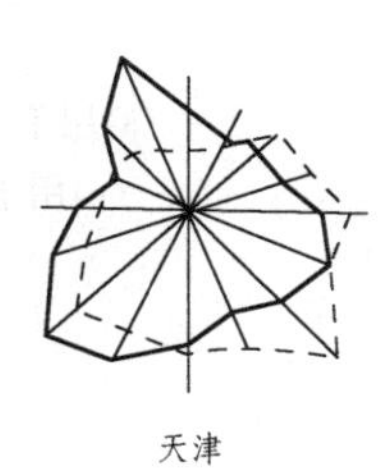

图 1-39　风向频率玫瑰图

第七节　定位轴线

建筑施工图中的定位轴线是建筑物承重构件系统定位、放线的重要依据，凡是承重墙、柱等主要承重构件应标注并架构纵、横轴线来确定其位置，对于非承重的隔墙及次要局部承重构件，可附加定位轴线确定其位置。

定位轴线应以细点画线绘制并加以编号，编号应注写在轴线端部的圆内，圆应用细实线绘制，直径宜为 8～10 mm。定位轴线圆的圆心，应在定位轴线的延长线上或延长线的折线上。横向编号应用阿拉伯数字，从左至右顺序编写；竖向编号应用大写英文字母，从下至上顺序编写(I、O、Z 不得用作轴线编号，以免与数字 1、0、2 混淆)，如图 1-40 所示。

在标注非承重的分隔墙或次要的承重构件时，可用两根轴线之间的附加定位轴线。附加定位轴线的编号，应以分数的形式表示。分母表示前一轴线编号，分子表示附加轴线编号，编号宜用阿拉伯数字按顺序编写。例如，1/2 表示 2 号轴线之后附加的第一根轴线；3/C 表示 C 号轴线之后附加的第三根轴线，如图 1-41 所示。

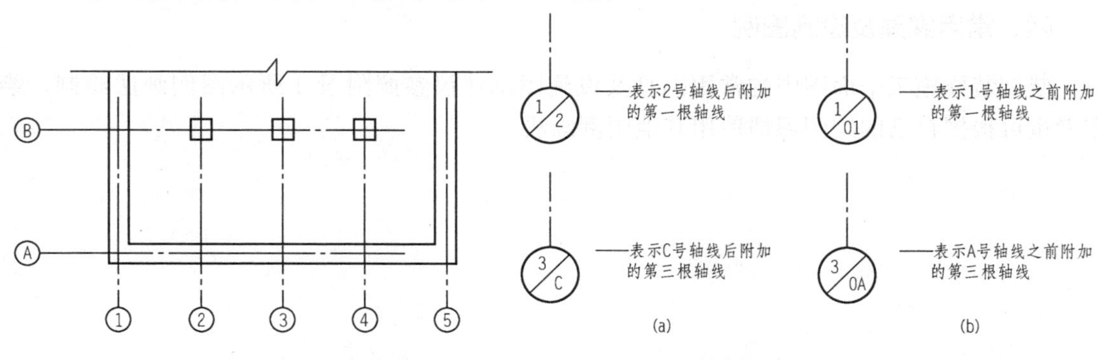

图 1-40　定位轴线的编号顺序

图 1-41　附加定位轴线及其编号

(a)在定位轴线之后的附加轴线；

(b)在定位轴线之前的附加轴线

当一个详图适用于几根轴线时，应同时注明各有关轴线的编号，如图 1-42 所示。

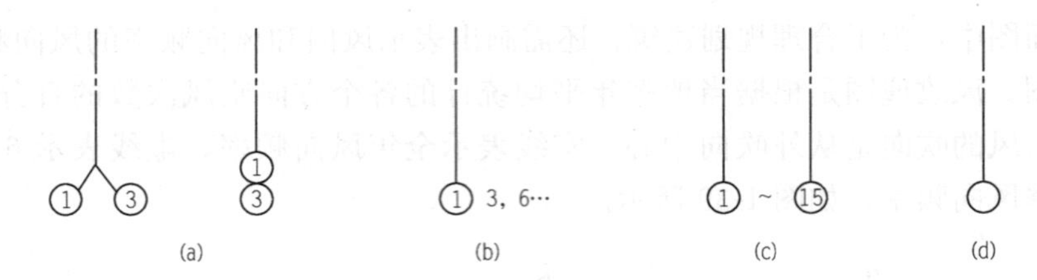

图 1-42 详图的轴线编号

(a)用于 2 根轴线；(b)用于 3 根或 3 根以上轴线；

(c)用于 3 根以上连续轴线；(d)用于通用详图

第八节 图 例

一、构造及配件图例

由于建筑平、立、剖面图是采用小比例绘制的，有些内容不可能按实际情况画出，因此，常采用各种规定的图例来表示各种建筑构配件和建筑材料。根据《建筑制图标准》(GB/T 50104—2010)，构造及配件的图例应符合附录 1 的规定。

二、水平及垂直运输装置图例

根据《建筑制图标准》(GB/T 50104—2010)，常用的水平及垂直运输装置图例应符合附录 2 的规定。

三、常用建筑材料图例

根据《房屋建筑制图统一标准》(GB/T 50001—2017)，常用建筑材料应按附录 3 所示图例画法绘制。

四、常用家具及设施图例

装饰装修施工平面图中的常用家具及设施图例建议参照附录 4 所示图例画法绘制，绘图者也可根据自己的绘图习惯使用其他图例画法。

第二章　形体正投影基础

教学目标

通过本章的学习，学生应了解正投影的概念，掌握正投影的基础知识，能够在正投影图与三维实体之间建立起相互转化的逻辑思维能力，能够准确地识读正投影图，并能依据制图标准绘制简单形体的正投影图。

教学重点与难点

1. 基本形体的投影；
2. 组合形体的投影；
3. 建筑物的形体表达。

工程图样是应用投影的原理和方法绘制的。正投影能够准确表达物体的形状，度量性好，作图方便，所以被广泛应用到工程制图上。本章介绍投影原理、投影特性；各种位置的点、直线、面的投影特性与画法；基本体、组合体投影图的绘制、识读方法及建筑形体的表达。

第一节　投影基本知识

一、投影的概念

在日常生活中，人们看到太阳光或灯光照射物体时，在地面或墙壁上出现物体的影子，这就是投影现象。我们把太阳光或灯光称为投影中心，把光线称为投射线(或投影线)，地面或墙壁称为投影面，影子称为物体在投影面上的投影，这种得到投影的方法，称为投影法，如图 2-1 所示。

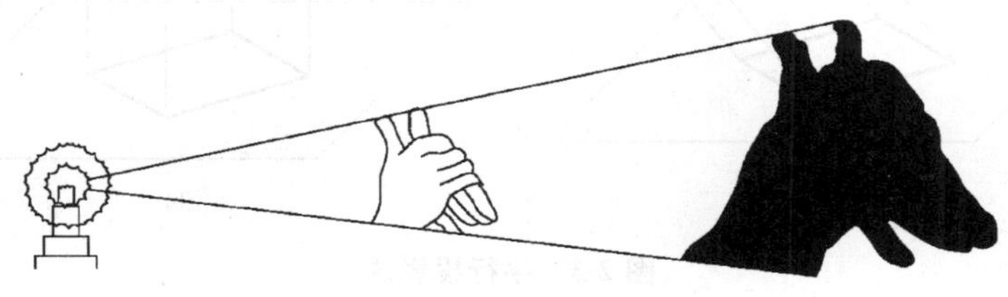

图 2-1　投影的概念

二、投影法的种类

从照射光线(投影线)的形式可以看出，光线的发出形式有两种：一种是平行光线，另一种是不平行光线，前者称为平行投影，后者称为中心投影。

1. 中心投影法

投影时投影线汇交于投影中心的投影法称为中心投影法，如图 2-2 所示。

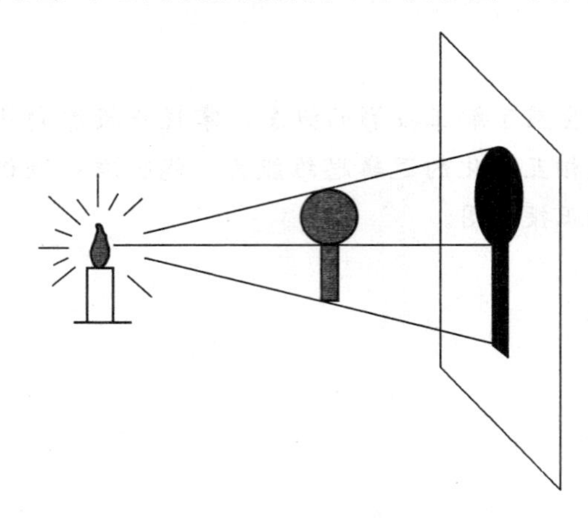

图 2-2　中心投影法

中心投影法的优缺点如下：

(1)优点：具有高度的立体感和真实感，在建筑工程外形设计中常用中心投影法绘制形体的透视图。

(2)缺点：中心投影法形成的影子(图形)会随着光源的方向和距离而变化，光源距形体越近，形体投影越大，否则反之，故中心投影法不能真实地反映物体的形状和大小，作图复杂，且度量性较差，在工程图样中很少采用。

2. 平行投影法

投影时投影线都相互平行的投影法称为平行投影法，如图 2-3 所示。

根据投影线与投影面是否垂直，平行投影法又可以分为斜投影法和正投影法两种。

(1)斜投影法：投影线与投影面相倾斜的平行投影法，如图 2-3(a)所示

(2)正投影法：投影线与投影面相垂直的平行投影法，如图 2-3(b)所示。

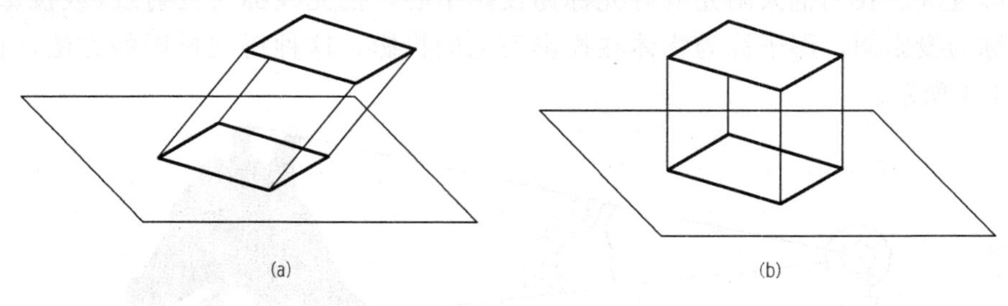

图 2-3　平行投影法

(a)斜投影法；(b)正投影法

正投影法具有如下基本特性：

1)显实性。当直线或平面平行于投影面时，直线的投影反映实长，平面的投影反映实形，这种投影特性称为显实性，如图 2-4(a)所示。

2)积聚性。当直线或平面垂直于投影面时，直线的投影积聚成点，平面的投影积聚成线，这种投影特性称为积聚性，如图 2-4(b)所示。

3)类似性。当直线或平面倾斜于投影面时，直线的投影仍为直线，但小于实长，平面的投影仍为平面，这种投影特性称为类似性，如图 2-4(c)所示。

正投影法能够准确表达物体的真实形状和大小，且作图简单，易度量，在工程图样上被广泛应用，建筑施工图即采用平行投影法中的正投影绘制。

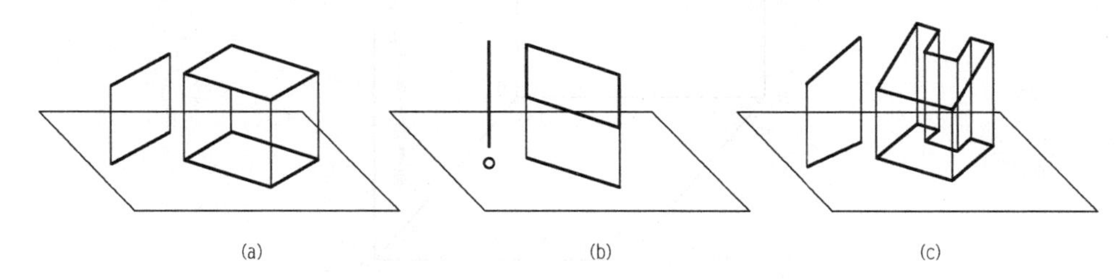

图 2-4　正投影法的基本特性

(a)显实性；(b)积聚性；(c)类似性

三、三面投影图的形成与投影规律

一般情况下，单面投影不能确定形体的形状。如图 2-5 所示，三个不同形状的形体，它们在一个投影面上的投影却相同。因此，要准确地反映形体的完整形状和大小，必须增加由不同投影方向、在不同的投影面上所得到的投影互相补充，才能确定形体的空间形状和大小，故通常采用三面投影。

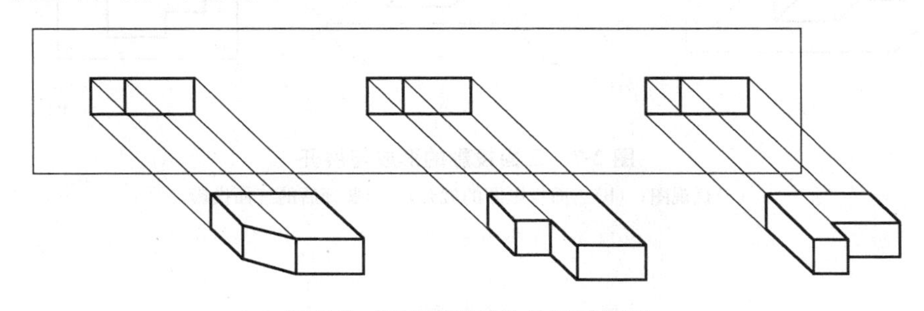

图 2-5　不同形状的物体投影相同

1. 三面投影图的形成

(1)三投影面体系。三个互相垂直的平面所组成的投影面体系中，将形体分别向三个投影面作投影，这三个互相垂直的投影面就组成了三投影面体系，如图 2-6 所示。

三个投影面分别为正立投影面(简称正面，用 V 表示)、水平投影面(简称水平面，用 H 表示)、侧立投影面(简称侧面，用 W 表示)。三个投影面的交线称为投影轴，即 OX 轴、OY 轴、OZ 轴。三个投影轴的交点 O，称为原点。

(2)三面投影的形成。将形体放在三投影面体系中，按正投影法向各投影面投射，即可分别得到正面投影、水平投影和侧面投影，如图 2-7(a)所示。

为了画图方便，需要将三个投影面在一个平面(纸面)上表示出来，其规定是：正立投影面(V 面)不动，水平投影面(H 面)绕 OX 轴向下旋转 90°，侧立投影面(W 面)绕 OZ 轴向右旋转 90°，这样就得到了在同一平面上的三面投影，如图 2-7(b)、(c)所示。

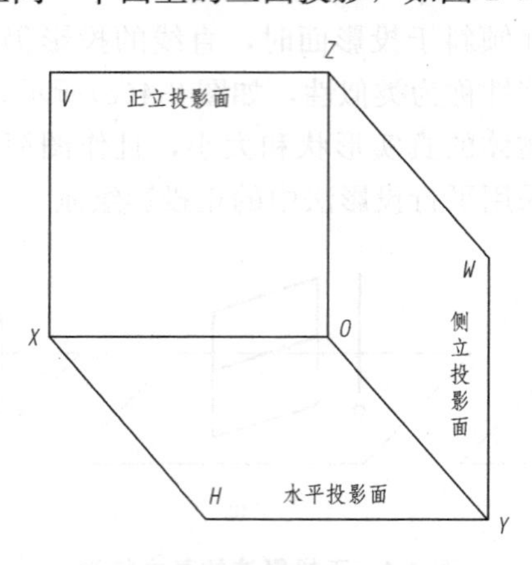

图 2-6　三投影面体系

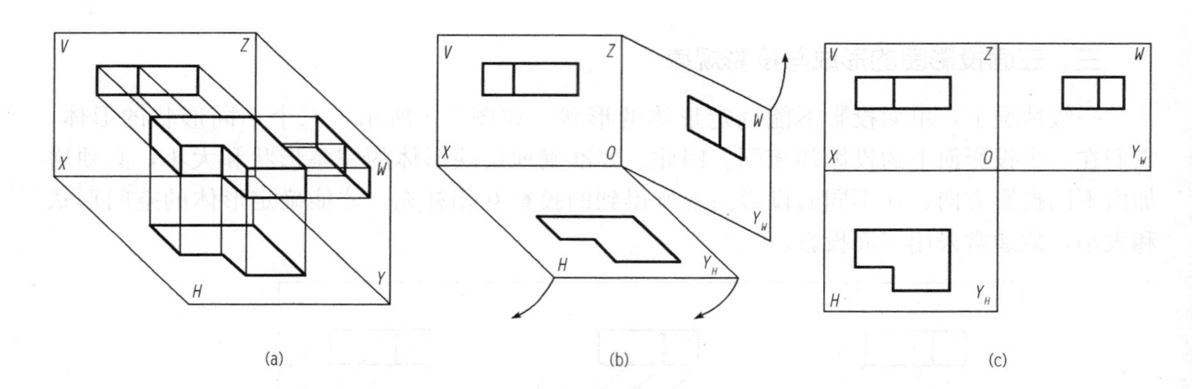

图 2-7　三面投影的形成与展开

(a)直观图；(b)三面投影图的展开；(c)展开后的三面投影

2. 三面投影图的投影规律

分析三面投影图的形成过程，可以归纳出三面投影图的基本规律，即“长对正，高平齐，宽相等”，如图 2-8 所示。

(1)正面投影和侧面投影具有相同的高度。

(2)水平投影和正面投影具有相同的长度。

(3)侧面投影和水平投影具有相同的宽度。

三面投影图的投影规律反映了三面投影图的重要特性，也是画图和读图的依据。无论是整个物体还是物体的局部，其三面投影都必须符合这一规律。

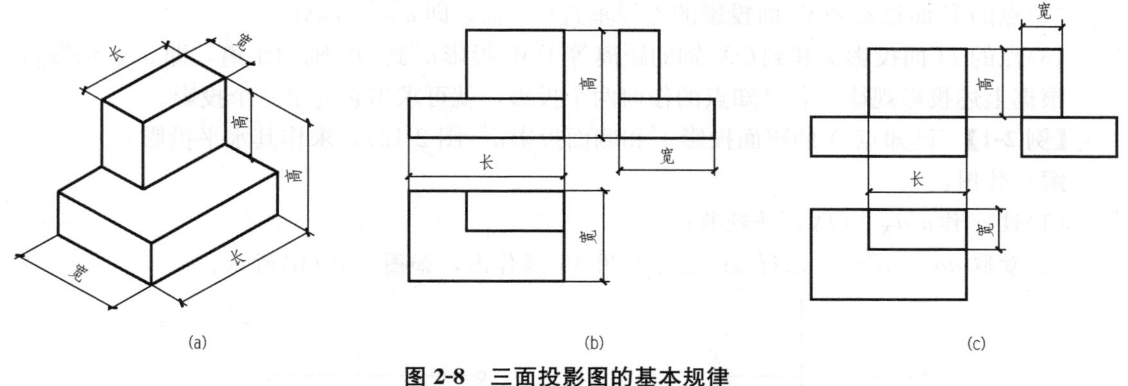

图 2-8　三面投影图的基本规律

(a)直观图；(b)总体三等；(c)局部三等

第二节　点、线、面的投影

任何物体都是由点、线、面等几何元素构成的，只有学习和掌握了几何元素的投影规律和特征，才能透彻理解工程图样所表示物体的具体结构形状。

一、点的投影

点是构成线、面、体基本的几何元素，因此，掌握点的投影是学习线、面、体投影图的基础。

(一)点三面投影的形成

如图 2-9(a)所示，过点 A 分别向 H、V、W 投影面投射，得到的三面投影分别是 a、a'、a''。把三个投影面展平到一个平面上，即得点 A 的三面投影图，如图 2-9(b)所示。

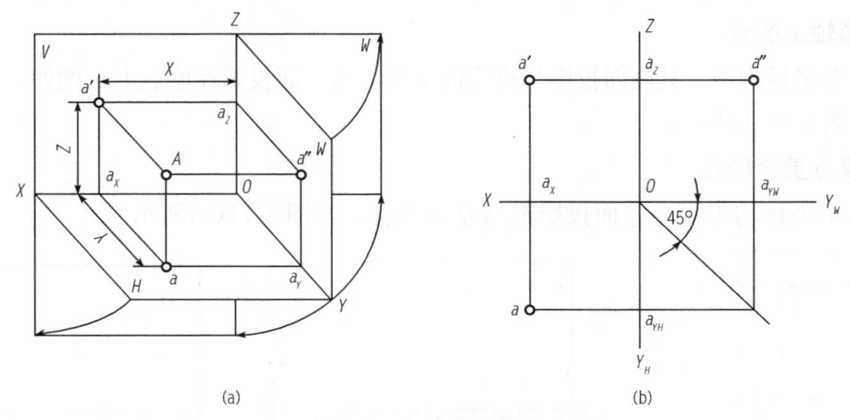

图 2-9　点的三面投影

(a)直观图；(b)投影图

(二)点的投影规律

(1)点的 V 面投影和 H 面投影的连线垂直 OX 轴，即 $a'a \perp OX$；

(2)点的 V 面投影和 W 面投影的连线垂直 OZ 轴，即 $a'a'' \perp OZ$；

(3)点的 H 面投影 a 和到 OX 轴的距离等于 W 投影 a'' 到 OZ 轴的距离，即 $aa_X = a''a_Z$。

根据上述投影规律，若已知点的任何两个投影，就可求出它的第三个投影。

【例 2-1】 已知点 A 的正面投影 a' 和侧面投影 a''(图 2-10)，求作其水平投影 a。

解： 作图：

(1)过 a' 作 $a'a_X \perp OX$，并延长；

(2)量取 $aa_X = a''a_Z$，求得 a；也可利用 45°线作图，如图 2-10(b)所示。

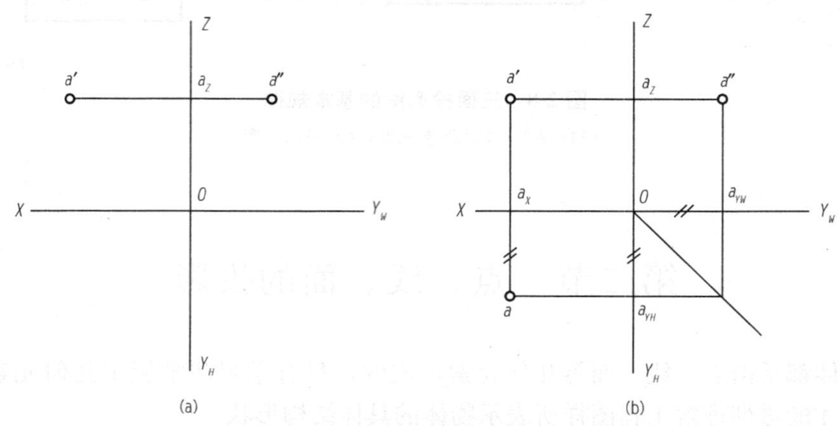

图 2-10　已知点的两个投影求第三个投影

(a)已知条件；(b)作图方法

(三)特殊位置点的投影

1. 投影面上的点

点的某一个坐标为零，其一面投影与投影面重合，另外两面投影分别在投影轴上。例如，在 V 面上的点 A，如图 2-11(a)所示。

2. 投影轴上的点

点的两个坐标为零，其两面投影与投影面重合，另一面投影在原点上。例如，在 OZ 轴上的点 A，如图 2-11(b)所示。

3. 与原点重合的点

点的三个坐标均为零，三面投影都与原点重合，如图 2-11(c)所示。

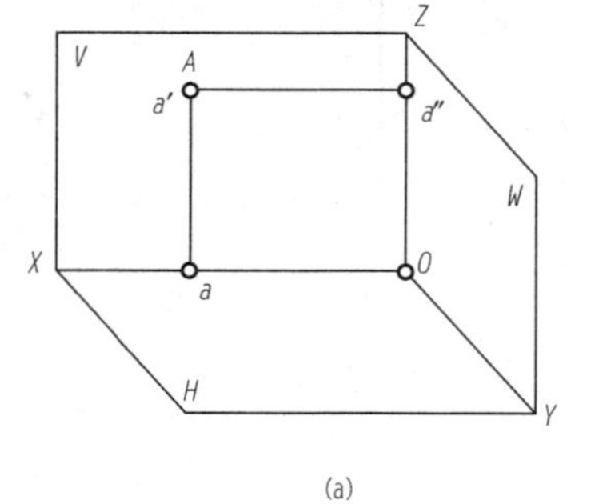

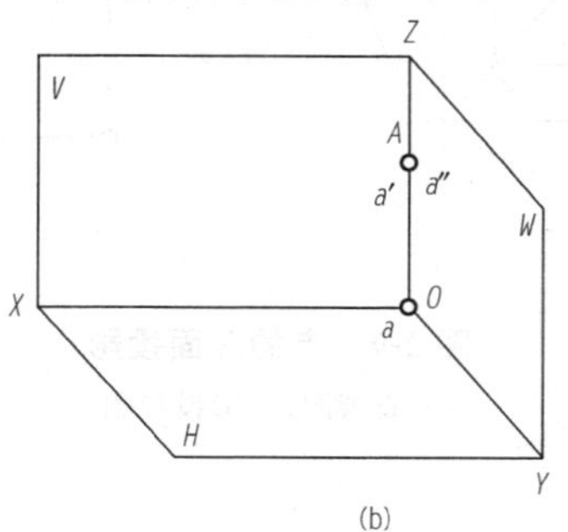

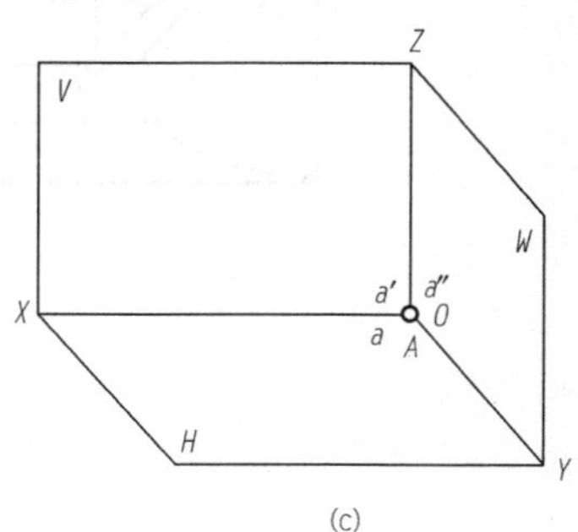

图 2-11　特殊位置点的投影

(a)投影面上的点；(b)投影轴上的点；(c)与原点重合的点

(四)两点的相对位置及可见性

1. 两点的相对位置

(1)X 坐标判断两点的左、右关系，X 坐标值大的在左，小的在右；

(2)Y 坐标判断两点的前、后关系，Y 坐标值大的在前，小的在后；

(3)Z 坐标判断两点的上、下关系，Z 坐标值大的在上，小的在下。

如图 2-12 所示，若已知空间两点的投影，即点 A 的三个投影 a、a'、a''和点 B 的三个投影 b、b'、b''，用 A、B 两点同面投影坐标差就可判别 A、B 两点的相对位置。由于 $X_A > X_B$，表示点 B 在点 A 的右方；$Z_B > Z_A$，表示 B 点在 A 点的上方；$Y_A > Y_B$，表示点 B 在点 A 的后方。总体来说，就是点 B 在点 A 的右、后、上方。

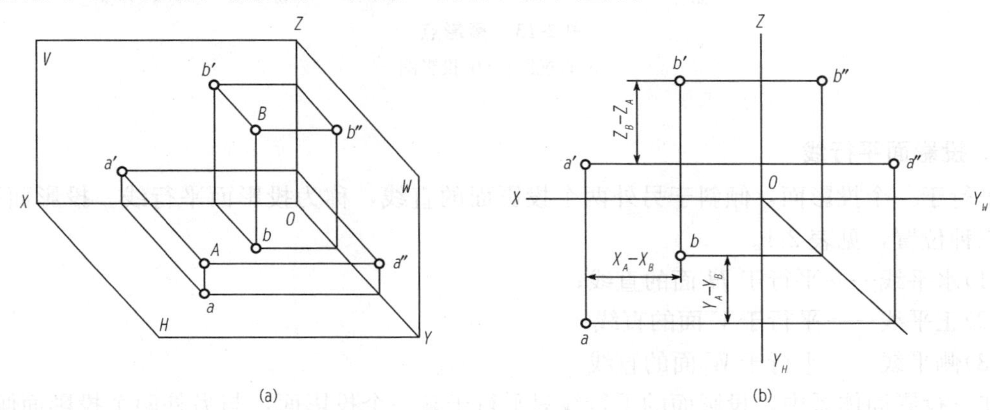

图 2-12 两点的相对位置

(a)直观图；(b)投影图

2. 重影点及可见性

当空间两点的某两个坐标相同，并在同一投射线上，则这两点在该投影面上的投影重合。这种投影在某一投影面上重合的两个点，称为该投影面的重影点。

当两点的投影重合时，就需要判断其可见性。判断重影点的可见性时，需要看重影点的另一投影面上的投影，坐标值大的点投影可见，反之则不可见，对不可见点的投影加括号表示，如(a')。

如图 2-13 所示，C、D 两点位于垂直 H 面的投射线上，c、d 重影为一点，则 C、D 两点为对 H 面的重影点，Z 坐标值大者为可见，图中 $Z_C > Z_D$，故 c 为可见，d 为不可见，用 $c(d)$表示。

二、直线的投影

直线的投影一般仍是直线，特殊情况下投影为一点。直线投影的实质，就是线段两个端点的同面投影的连线。

(一)各种位置直线的投影

根据直线相对于投影面的位置不同，直线可分为投影面平行线、投影面垂直线和一般位置直线。投影面平行线和投影面垂直线又称为特殊位置直线。

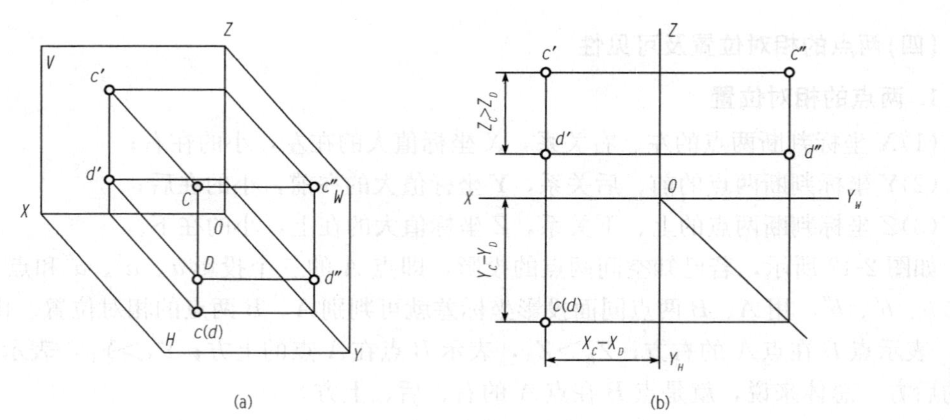

图 2-13　重影点

(a)直观图；(b)投影图

1. 投影面平行线

平行于一个投影面，倾斜于另外两个投影面的直线，称为投影面平行线。投影面平行线有三种位置，见表 2-1。

(1)水平线——平行于 H 面的直线；

(2)正平线——平行于 V 面的直线；

(3)侧平线——平行于 W 面的直线。

在三投影面体系中，投影面的平行线只平行于某一个投影面，与另外两个投影面倾斜。这类直线的投影具有反映直线实长和对投影面倾角的特点，没有积聚性。

表 2-1　投影面平行线

名称	直观图	投影图	投影特性
水平线	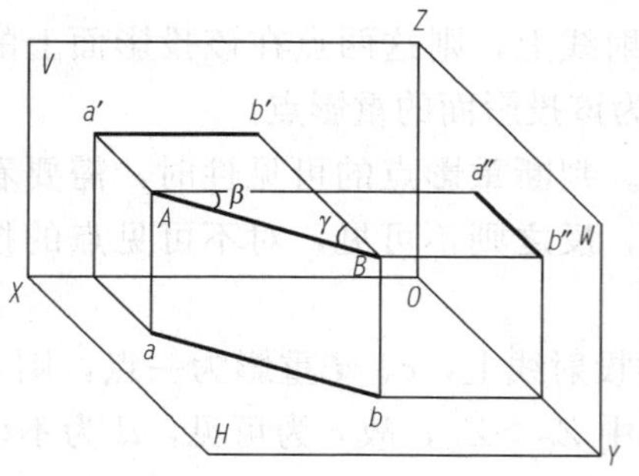	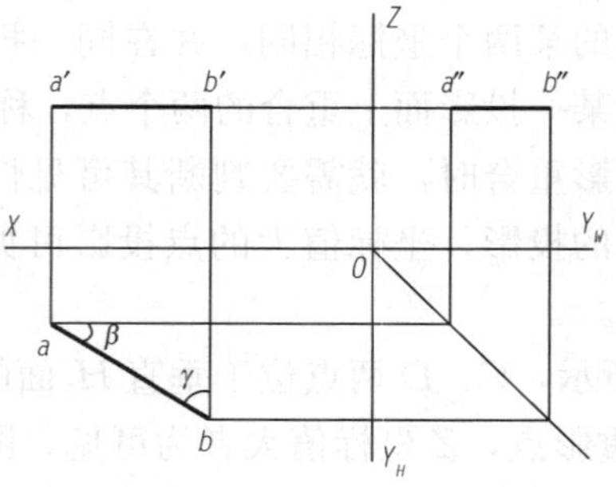	(1)在 H 面上投影反映实长，即 $ab=AB$。 (2)在 V、W 面上的投影平行投影轴，即 $a'b'//OX$，$a''b''//OY$
正平线	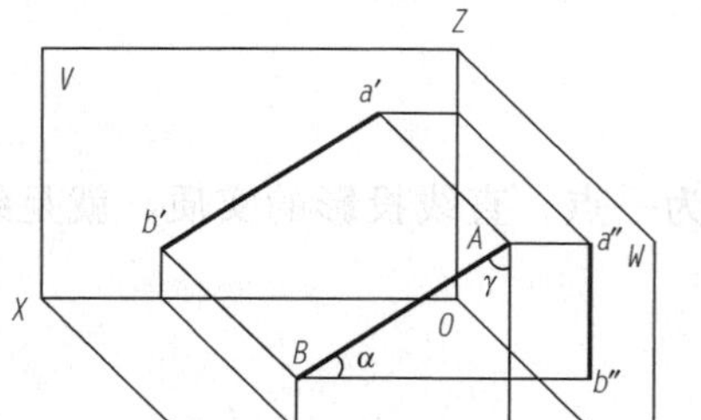	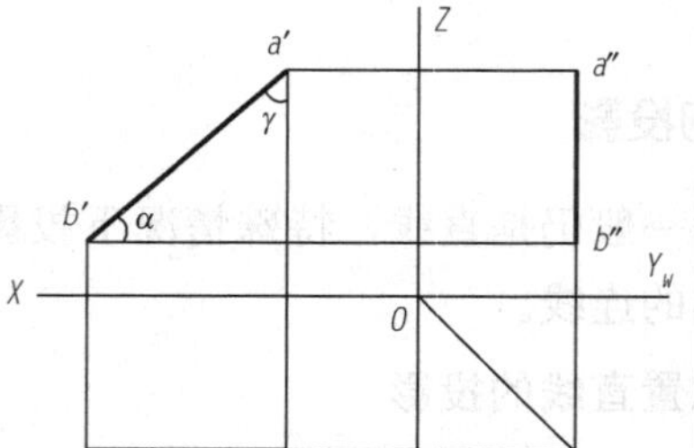	(1)在 V 面上投影反映实长，即 $a'b'=AB$。 (2)在 H、W 面上的投影平行投影轴，即 $ab//OX$，$a''b''//OZ$

续表

名称	直观图	投影图	投影特性
侧平线	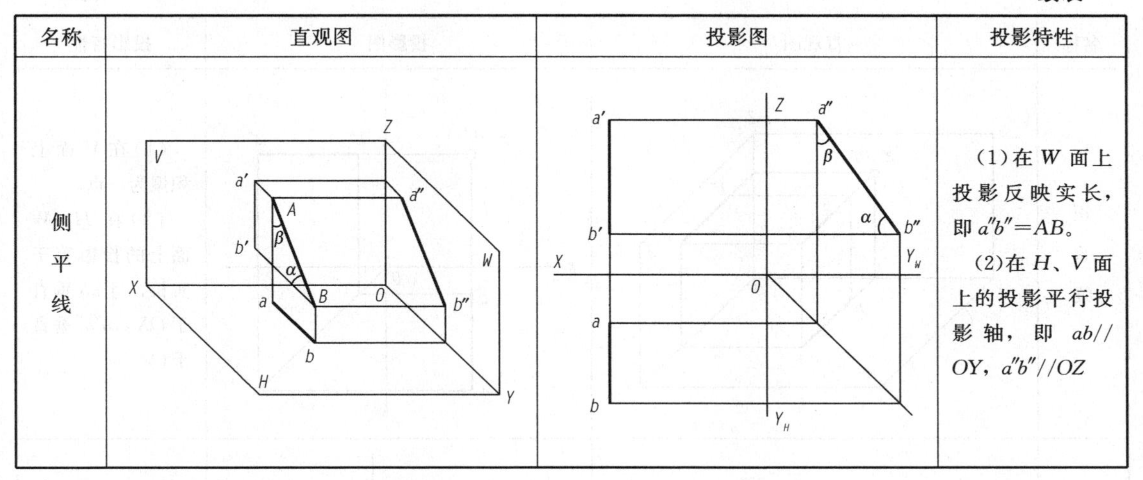		(1)在 W 面上投影反映实长，即 $a''b''=AB$。 (2)在 H、V 面上的投影平行投影轴，即 $ab//OY$，$a''b''//OZ$

投影面平行线的投影特性为：

(1)投影面平行线在所平行的投影面上的投影反映直线的实长，此投影与该投影面所包含的投影轴的夹角反映直线对其他两个投影面的倾角；

(2)投影面平行线的另外两面投影分别平行于该直线平行的投影面所包含的两个投影轴。

2. 投影面垂直线

垂直于一个投影面，平行于另外两个投影面的直线，称为投影面垂直线。投影面垂直线有三种位置，见表 2-2。

(1)铅垂线——垂直于 H 面的直线；

(2)正垂线——垂直于 V 面的直线；

(3)侧垂线——垂直于 W 面的直线。

在三投影面体系中，投影面的垂直线垂直于某个投影面，它必然同时平行于其他两投影面，所以，这类直线的投影具有反映直线实长和积聚的特点。

表 2-2 投影面的垂直线

名称	直观图	投影图	投影特性
铅垂线			(1)在 H 面上积聚为一点。 (2)在 V、W 面上的投影等于实长，且 $a'b'$ 垂直于 OX，$a''b''$ 垂直于 OY

续表

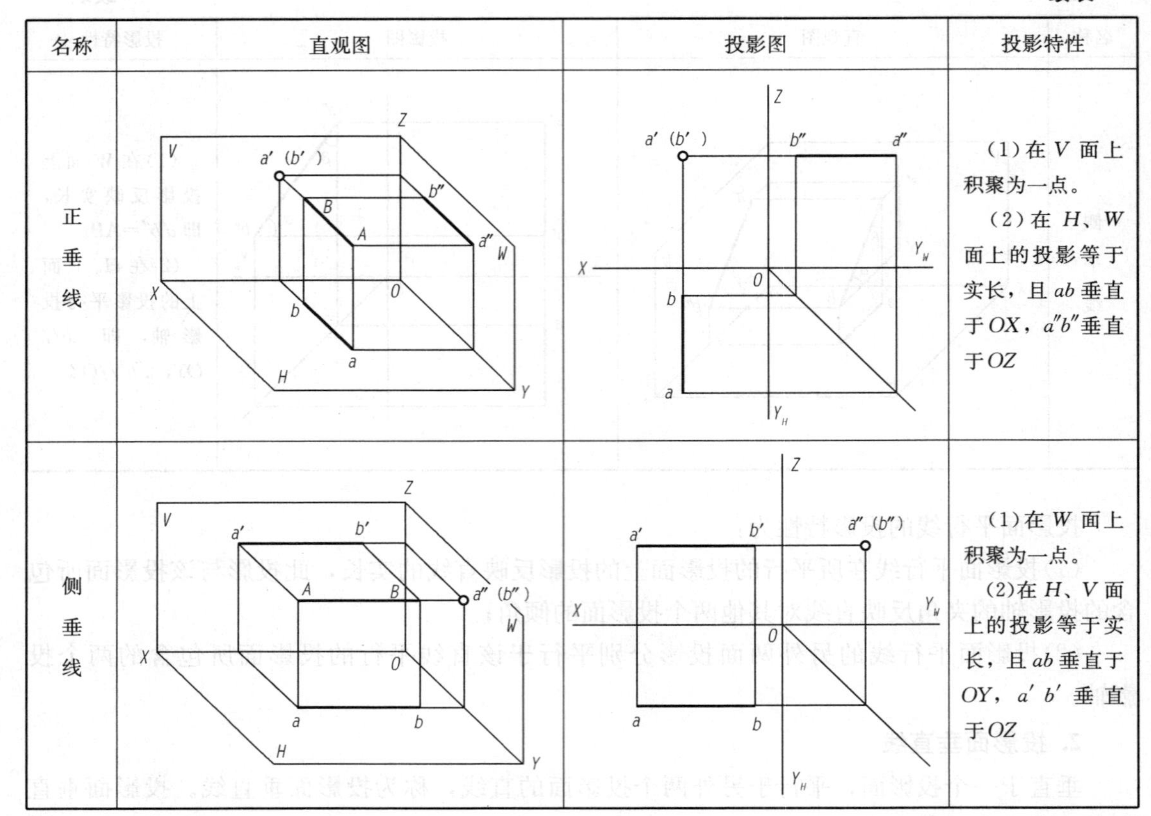

名称	直观图	投影图	投影特性
正垂线			(1)在 V 面上积聚为一点。(2)在 H、W 面上的投影等于实长，且 ab 垂直于 OX，$a''b''$ 垂直于 OZ
侧垂线			(1)在 W 面上积聚为一点。(2)在 H、V 面上的投影等于实长，且 ab 垂直于 OY，$a'b'$ 垂直于 OZ

投影面垂直线的投影特性为：

(1)投影面垂直线在所垂直的投影面上的投影积聚为一点；

(2)投影面垂直线的另外两面投影分别垂直于该直线垂直的投影面所包含的两个投影轴，且均反映此直线的实长。

3. 一般位置直线

对三个投影面都倾斜的直线，称为一般位置直线，如图 2-14 所示。

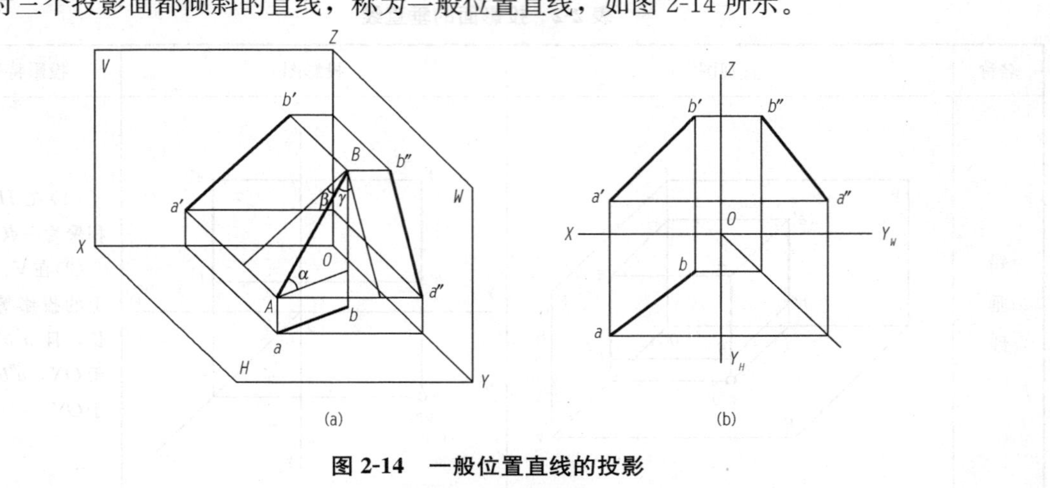

(a)　　(b)

图 2-14　一般位置直线的投影

(a)直观图；(b)投影图

一般位置直线的投影特性为：三个投影都倾斜于投影轴，既不反映直线的实长，也不反映对投影面的倾角。

(二)直线上点的投影

如果点在直线上，则点的各投影必在该直线的同面投影上，且符合点的投影规律，并将直线的各个投影分割成和空间相同的比例。

如图 2-15 所示，直线 AB 上有一点 C，则 C 点的三面投影 c、c'、c''必定分别在该直线 AB 的同面投影 ab、$a'b'$、$a''b''$上，且 $AC/CB=a'c'/c'b'=ac/cb=a''c''/c''b''$。

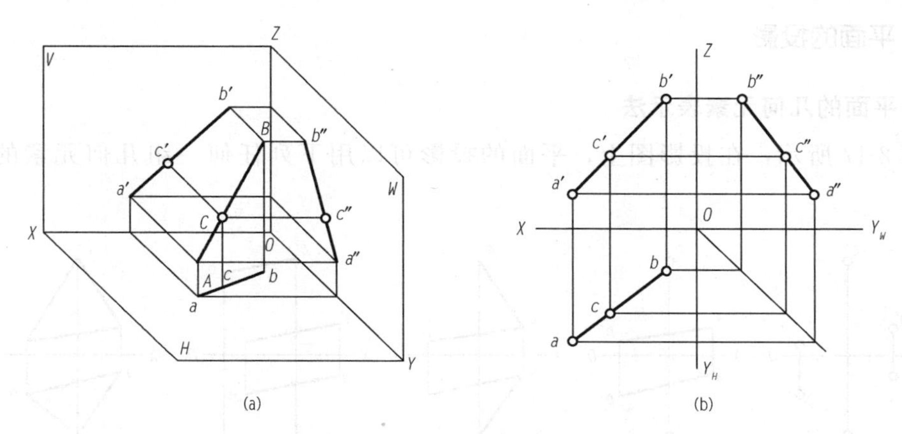

图 2-15　直线上点的投影

(a)直观图；(b)投影图

【例 2-2】 如图 2-16(a)所示，已知侧平线 AB 及点 K 的水平投影 k 和正面投影 k'，判断点 K 是否属于直线 AB。

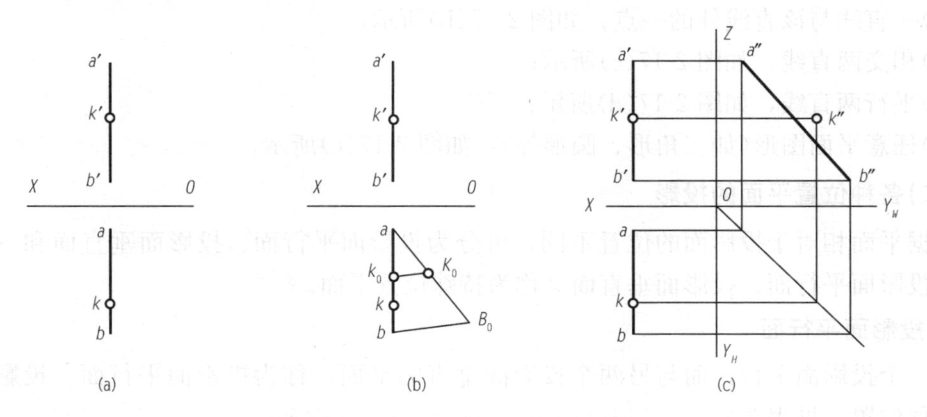

图 2-16　判断点 *K* 是否属于直线 *AB*

解：

分析：假设点 K 的两个投影已知，另一个投影未知，根据点的投影规律求出未知的投影。如果求出的投影与所给的投影重合，则点 K 属于直线 AB；反之，则点 K 不属于直线 AB。

作图：步骤如图 2-16(b)所示。

(1)过点 a 画任一斜线 aB_0，且截取 $aK_0=a'k'$，$K_0B_0=k'b'$；

(2)连接 B_0b，过点 K_0 作 $K_0k_0 // B_0b$，且交 ab 于 k_0，从图中看出，k_0 与 k 不重合。

结论：点 K 不属于直线 AB。

另一种作法，如图 2-16(c)所示。

先作出侧面投影 $a''b''$，再根据点的投影规律由 k、k' 求出 k''。从图中看出，k'' 不属于 $a''b''$，所以得出结论：点 K 不属于直线 AB。

三、平面的投影

(一)平面的几何元素表示法

如图 2-17 所示，在投影图上，平面的投影可以用下列任何一组几何元素的投影来表示。

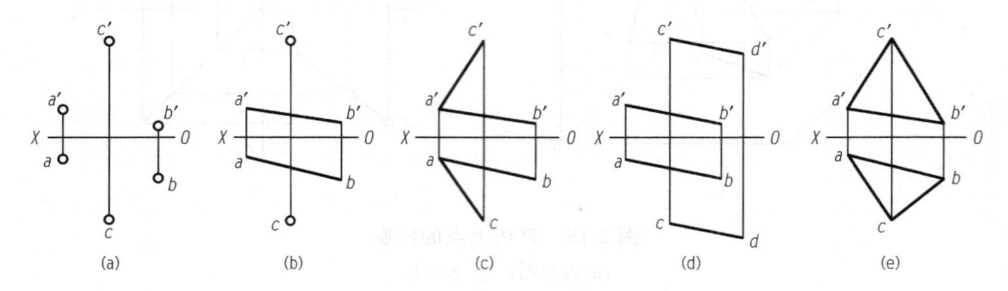

图 2-17　用几何元素表示平面

(1)不在同一直线上的三个点，如图 2-17(a)所示；

(2)一直线与该直线外的一点，如图 2-17(b)所示；

(3)相交两直线，如图 2-17(c)所示；

(4)平行两直线，如图 2-17(d)所示；

(5)任意平面图形(如三角形、圆形等)，如图 2-17(e)所示。

(二)各种位置平面的投影

根据平面相对于投影面的位置不同，可分为投影面平行面、投影面垂直面和一般位置平面。投影面平行面、投影面垂直面又称为特殊位置平面。

1. 投影面平行面

与一个投影面平行，而与另两个投影面垂直的平面，称为投影面平行面。投影面平行面有三种位置，见表 2-3。

(1)水平面——平行于 H 面，垂直于 V、W 面的平面；

(2)正平面——平行于 V 面，垂直于 H、W 面的平面；

(3)侧平面——平行于 W 面，垂直于 V、H 面的平面。

在三投影面体系中，投影面的平行面平行于某一个投影面，与另外两个投影面垂直。这类平面的一面投影具有反映平面图形实形的特点，另两面投影有积聚性。

表 2-3　投影面平行面

名称	直观图	投影图	投影特性
水平面	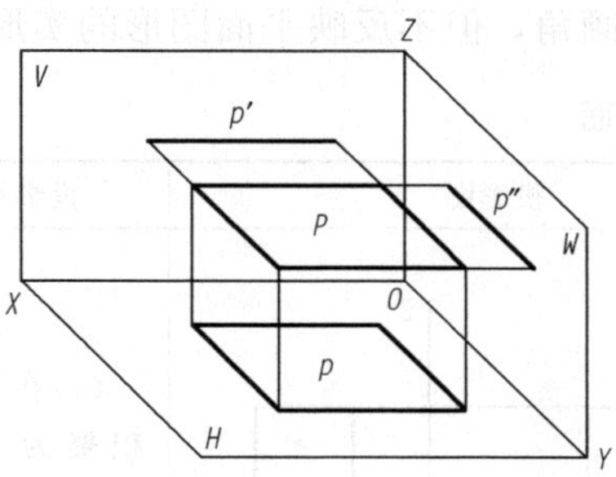	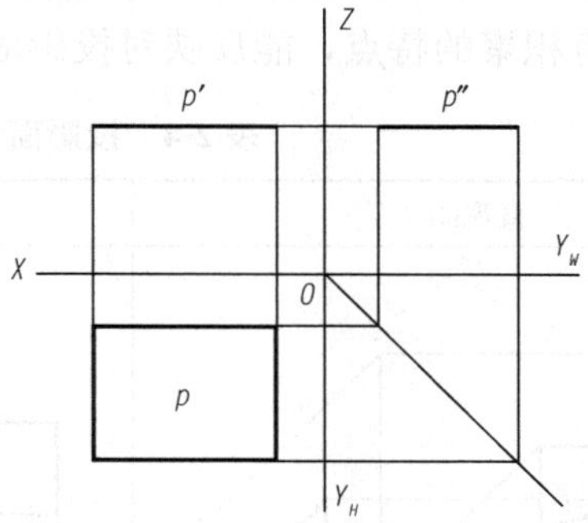	(1)在 H 面上的投影反映实形。 (2)在 V、W 面上的投影积聚成线，且 $p'//OX$，$p''//OY$
正平面	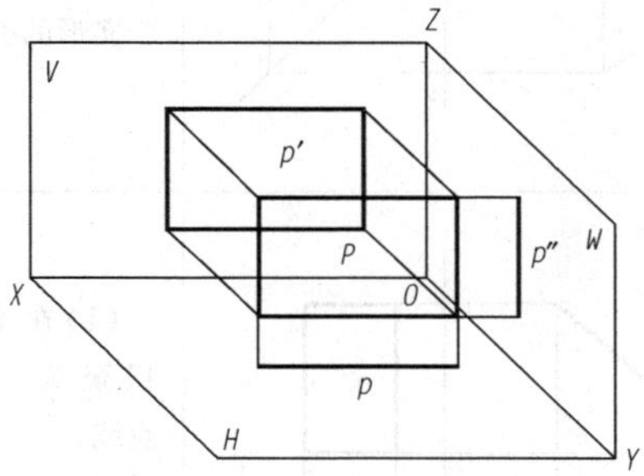	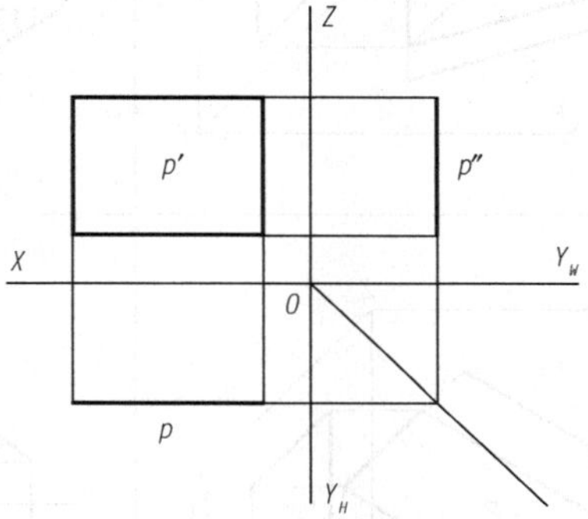	(1)在 V 面上投影反映实形。 (2)在 H、W 面上的投影积聚成线，且 $p//OX$，$p''//OZ$
侧平面	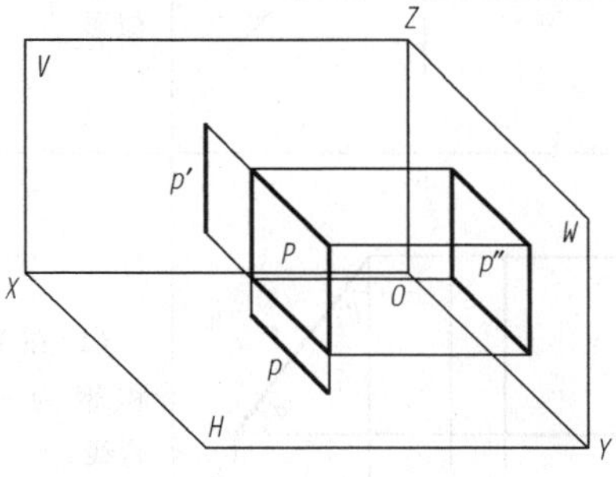	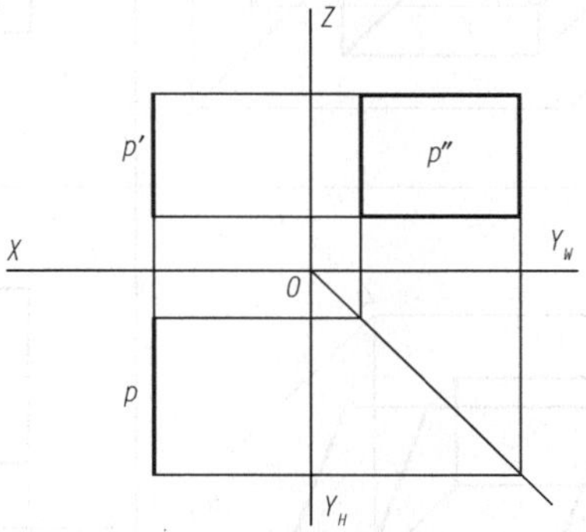	(1)在 W 面上投影反映实形。 (2)在 H、V 面上的投影积聚成线，且 $p//OY$，$p'//OZ$

投影面平行面的投影特性为：

(1)在所平行的投影面上的投影反映实形；

(2)在另两个投影面上的投影积聚为一直线，且分别平行于平行投影面所包含的两个投影轴。

2. 投影面垂直面

与一个投影面垂直，而与另两个投影面倾斜的平面，称为投影面垂直面。投影面垂直面有三种位置，见表 2-4。

(1)铅垂面——垂直于 H 面，倾斜于 V、W 面的平面；

(2)正垂面——垂直于 V 面，倾斜于 H、W 面的平面；

(3)侧垂面——垂直于 W 面，倾斜于 V、H 面的平面。

在三投影面体系中，投影面的垂直面只垂直于某一个投影面，与另外两个投影面倾斜。这类平面的投影具有积聚的特点，能反映对投影面的倾角，但不反映平面图形的实形。

表 2-4　投影面垂直面

名称	直观图	投影图	投影特性
铅垂面	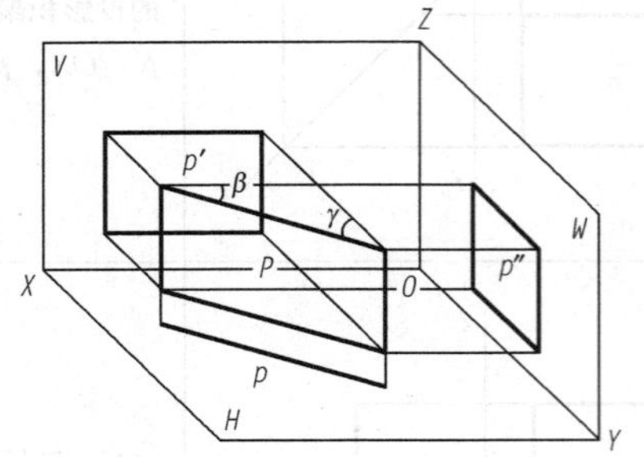 Z, V, p′, β, γ, p, O, p″, W, X, p, H, Y	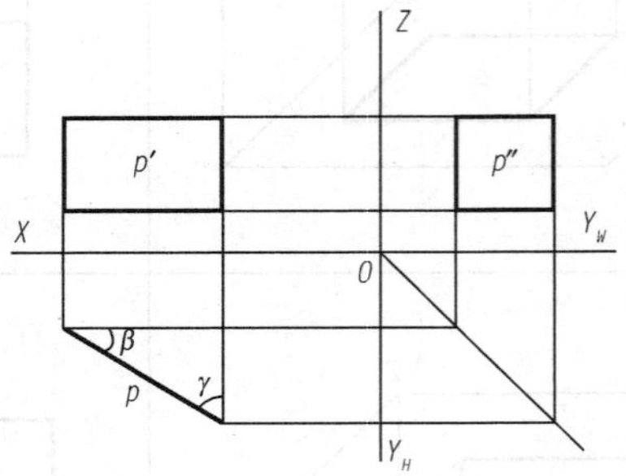 Z, p′, p″, X, Y_W, O, β, p, γ, Y_H	(1)在 H 面上积聚为一倾斜直线。 (2)在 V、W 面上的投影均为小于实形的类似形
正垂面	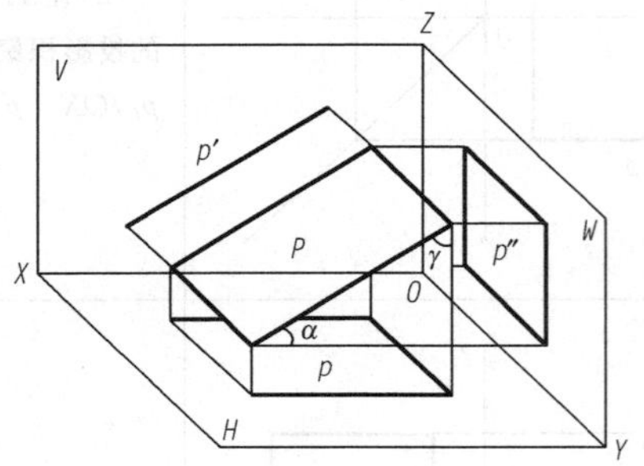 Z, V, p′, W, X, p, γ, p″, O, α, p, H, Y	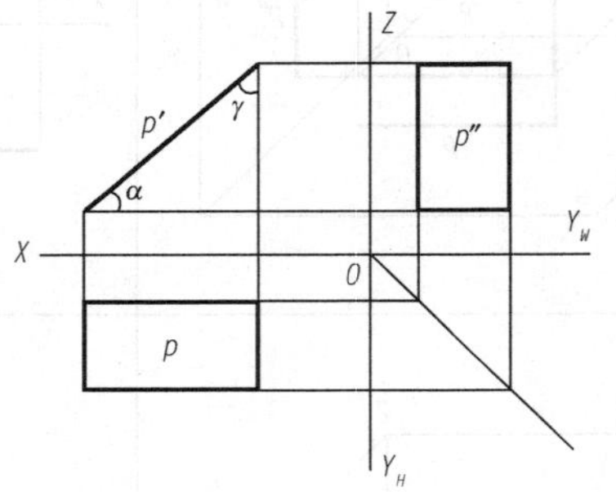 Z, γ, p′, p″, α, Y_W, X, O, p, Y_H	(1)在 V 面上积聚为一倾斜直线。 (2)在 H、W 面上的投影均为小于实形的类似形
侧垂面	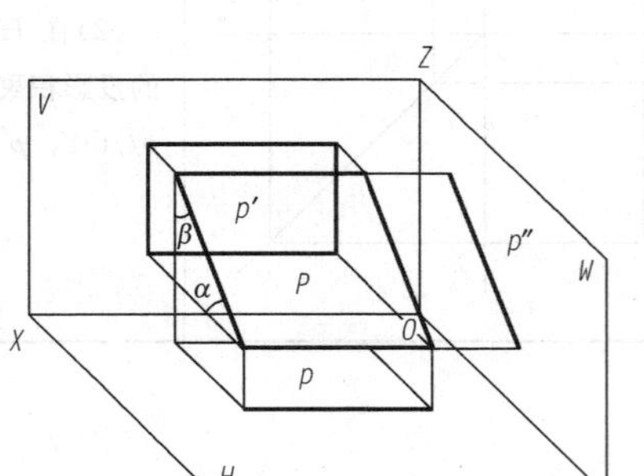 Z, V, p′, β, p″, W, α, p, X, O, p, H, Y	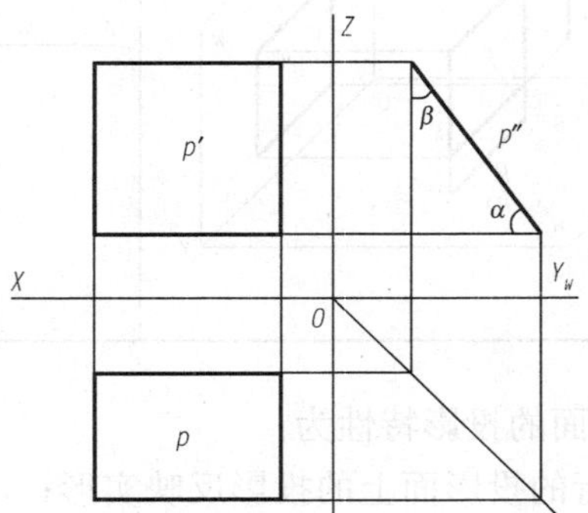 Z, β, p′, p″, α, X, Y_W, O, p, Y_H	(1)在 W 面上积聚为一倾斜直线。 (2)在 H、V 面上的投影均为小于实形的类似形

投影面垂直面的投影特性为：

(1)在所垂直的投影面上的投影积聚为一条直线，该直线与投影轴的夹角反映平面对另两个投影面的倾角；

(2)另外两面投影均为小于实形的类似图形。

3. 一般位置平面

一般位置平面是指对三个投影面既不垂直又不平行的平面，如图 2-18(a)所示。平面与投影面的夹角称为平面对投影面的倾角，平面对 H、V 和 W 面的倾角分别用 α、β 和 γ 表示。由于一般位置平面对 H、V 和 W 面既不垂直也不平行，所以，它的三面投影既不反映平面图形的实形，也没有积聚性，均为类似形，如图 2-18(b)所示。

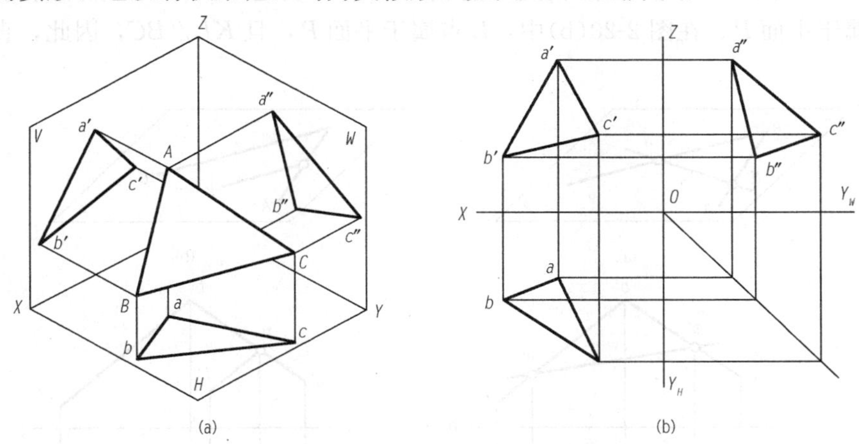

图 2-18　一般位置平面的投影

(a)直观图；(b)投影图

(三)平面上的点和直线

1. 平面上的点

点在平面上的几何条件是：若点在平面内的任一直线上，则此点一定在该平面上。

如图 2-19(a)所示，平面 P 由相交两直线 AB、BC 确定，M、N 两点分别属于直线 AB、BC，故点 M、N 属于平面 P。

在投影图上，若点属于平面，则该点的各个投影必属于该平面内的一条直线的同面投影；反之，若点的各个投影属于平面内一条直线的同面投影，则该点必属于该平面。如图 2-19(b)所示，在直线 AB、BC 的投影上分别作 m、m'、n、n'，则空间点 M、N 必属于由相交两直线 AB、BC 确定的平面。

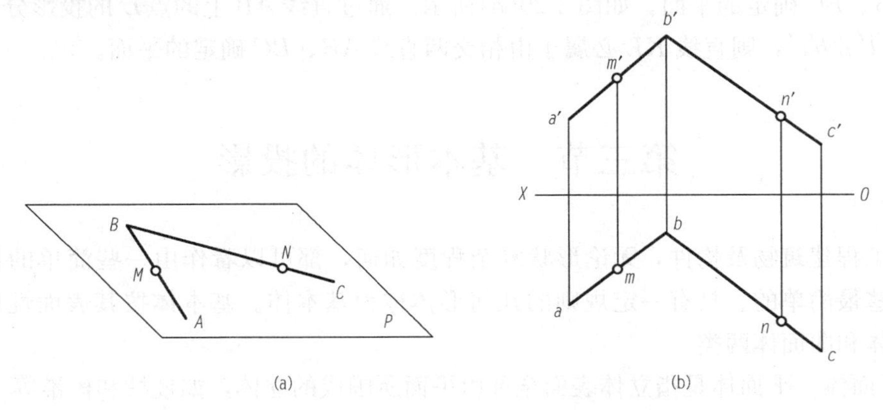

图 2-19　平面上的点

2. 平面上的直线

直线在平面上的几何条件如下：

(1)通过平面上的两点；

(2)通过平面上一点且平行于平面上的一条直线。

如图 2-20(a)所示，平面 P 由相交两直线 AB、BC 确定，M、N 两点属于平面 P，故直线 MN 属于平面 P。在图 2-20(b)中，L 点属于平面 P，且 $KL /\!/ BC$，因此，直线 KL 属于平面 P。

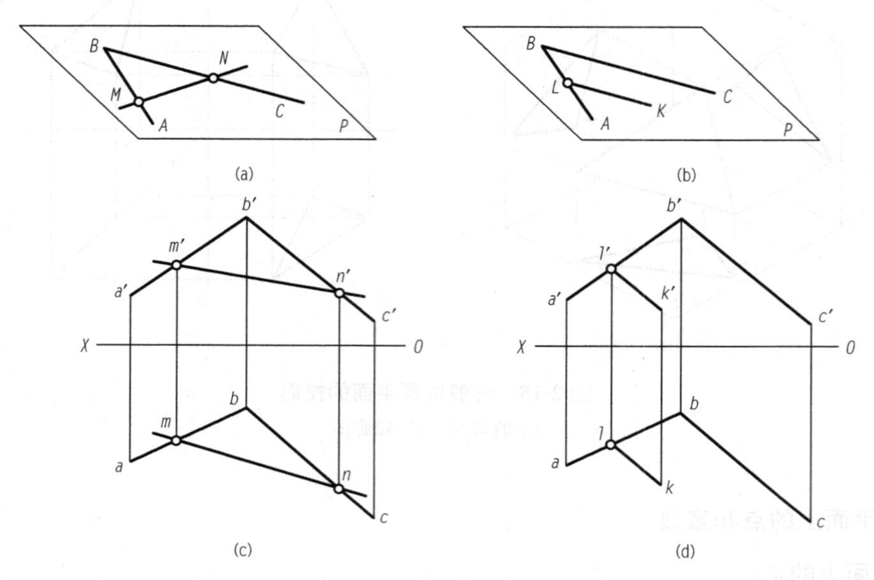

图 2-20　平面上的直线

在投影图上，若直线属于平面，则该直线的各个投影必通过该平面内两个点的同面投影，或通过该平面内一个点的同面投影，且平行于该平面内另一已知直线的同面投影；反之，若直线的各个投影通过平面内两个点的同面投影，或通过该平面内一个点的同面投影，且平行于该平面内另一已知直线的同面投影，则该直线必属于该平面。如图 2-20(c)所示，通过直线 AB、BC 上的点 M、N 的投影分别作直线 mn、$m'n'$，则直线 MN 必属于由相交两直线 AB、BC 确定的平面。如图 2-20(d)所示，通过直线 AB 上的点 L 的投影分别作直线 $kl /\!/ bc$、$k'l' /\!/ b'c'$，则直线 KL 必属于由相交两直线 AB、BC 确定的平面。

第三节　基本形体的投影

任何工程建筑物及构件，无论形状复杂程度如何，都可以看作由一些简单的几何形体组成。这些最简单的、具有一定规则的几何形体称为基本体。基本体按其表面性质，可以分为平面体和曲面体两类。

(1)平面体。平面体是指立体表面全部由平面所围成的立体，如棱柱和棱锥等。

(2)曲面体。曲面体是指立体表面全部由曲面或曲面和平面所围成的立体，如圆柱、圆锥、圆球等(图 2-21)。

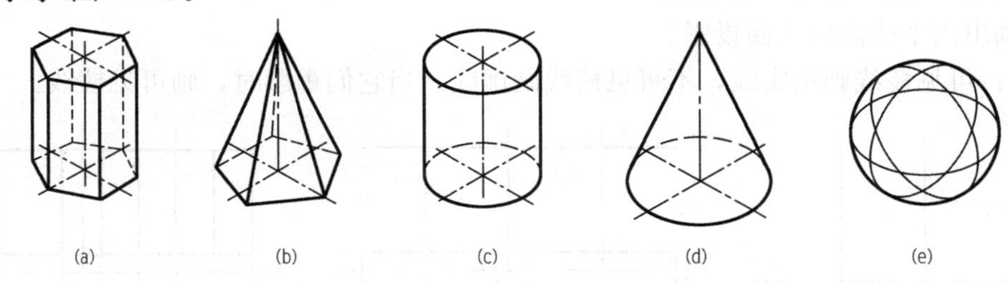

图 2-21 常见的基本体

(a)棱柱；(b)棱锥；(c)圆柱；(d)圆锥；(e)圆球

一、平面体的投影

(一)棱柱

1. 棱柱的投影分析

图 2-22 所示为一正六棱柱，顶面和底面是相互平行的正六边形，六个棱面均为矩形，且与顶面和底面垂直。为作图方便，选择正六棱柱的顶面和底面平行于水平面，并使前、后两个棱面与正面平行。

顶面和底面的水平投影重合，并反映实形——正六边形，六边形的正面和侧面投影分别积聚成一直线；六个棱面的水平投影分别积聚成六边形的六条边；由于前、后两个棱面平行于正面，所以正面投影反映实形，水平投影和侧面投影积聚成两条直线；其余棱面不平行于正面和侧面，所以，它们的正面和侧面投影仍为矩形，但小于原形。

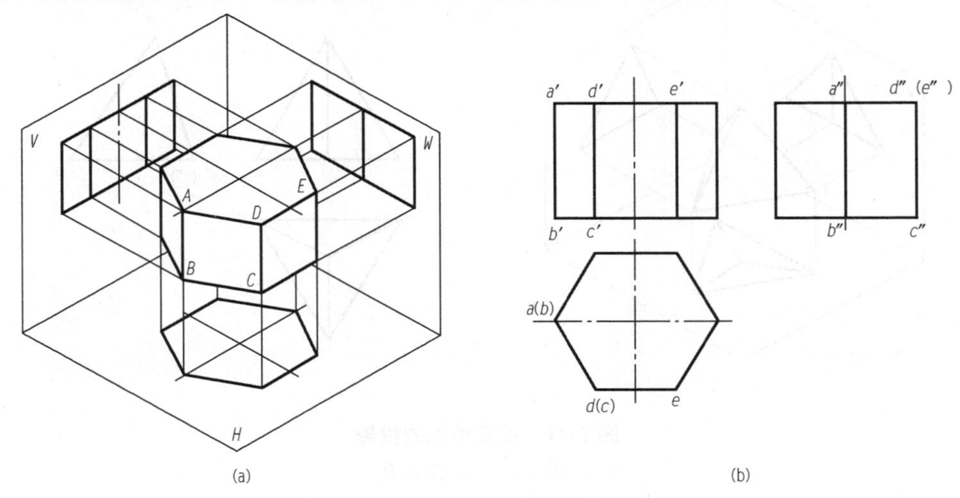

图 2-22 正六棱柱的投影

(a)直观图；(b)投影图

2. 正六棱柱三面投影作图步骤

正六棱柱三面投影的作图步骤(图 2-23)如下：

(1)画出正面投影和侧面投影的对称线、水平投影的对称中心线；

(2)画出顶面、底面的三面投影；

(3)画出六个棱面的三面投影。

注意：可见棱线画粗实线，不可见棱线画虚线。当它们重影时，画可见棱线。

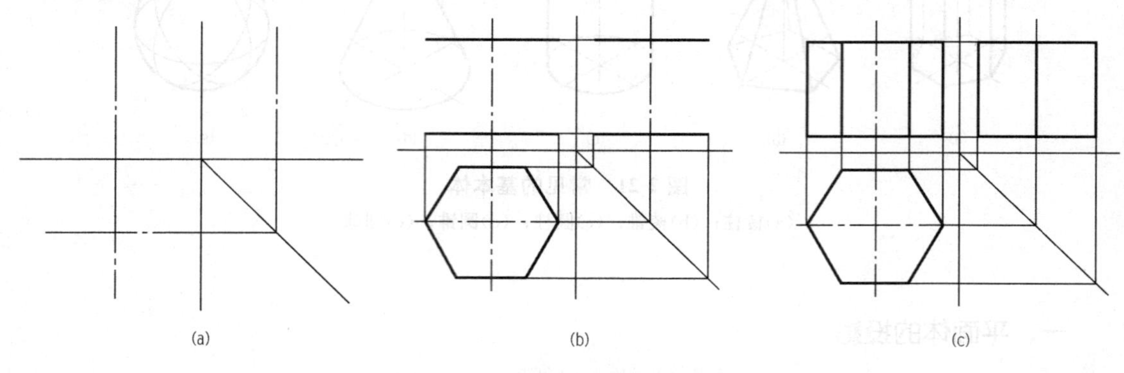

图 2-23　正六棱柱投影图的作图步骤

(二)棱锥

1. 棱锥的投影分析

图 2-24 所示为一正三棱锥，由底面和三个棱面组成。棱锥底面平行于水平面，其水平投影反映实形，正面和侧面投影积聚成一条直线；后面一个棱面垂直于侧面，它的侧面投影积聚成一条直线；其余两个棱面与三个投影面均倾斜，所以，三个投影既没有积聚性也不反映实形。

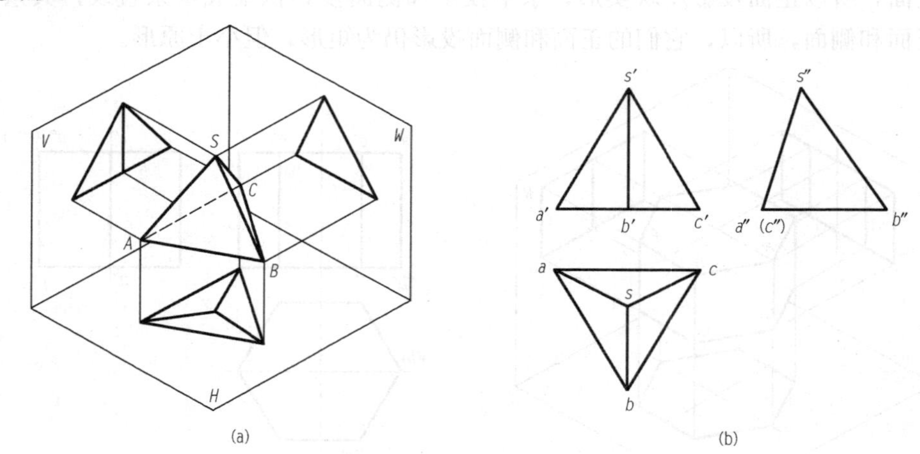

图 2-24　正三棱锥的投影

(a)直观图；(b)投影图

2. 正三棱锥三面投影作图步骤

画棱锥的投影时，画出底面三角形的三面投影和三条棱线的三面投影即可。作图步骤(图 2-25)如下：

(1)先从反映底面三角形实形的水平投影画起，画出三角形的三面投影；

(2)再画出三棱锥锥顶的三面投影；

(3)画出三条棱线的三面投影，判别可见性。

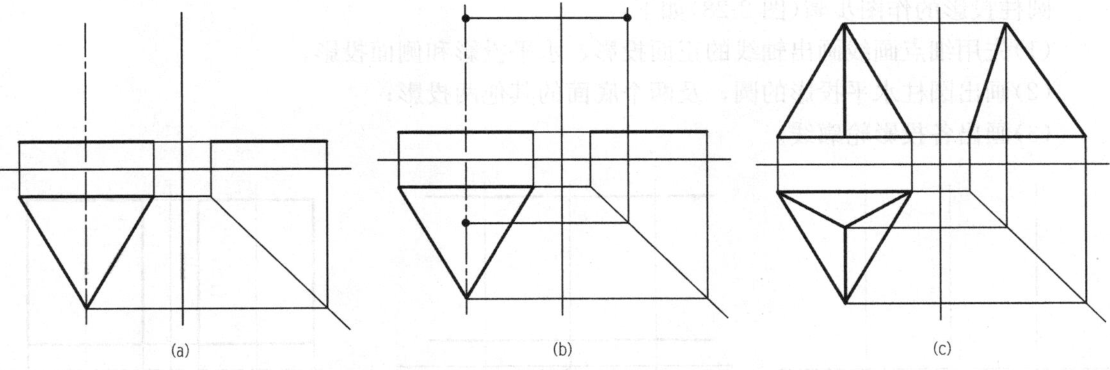

图 2-25　正三棱锥投影图的作图步骤

二、曲面体的投影

(一)圆柱

圆柱表面由圆柱面和两底面所围成。圆柱面可看作一条直母线 AA_1 围绕与它平行的轴线 OO_1 回转而成。圆柱面上任意一条平行于轴线的直线，称为圆柱素线，如图 2-26 所示。

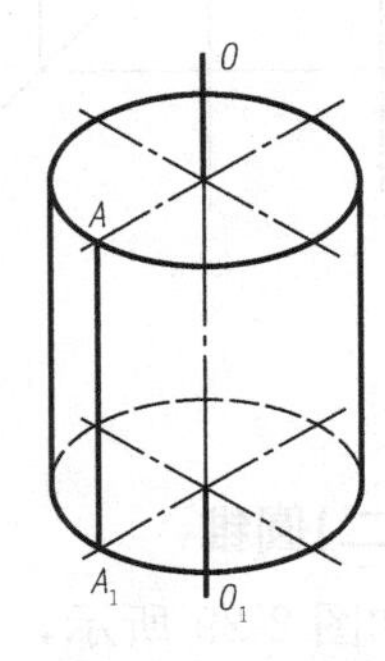

图 2-26　圆柱的形成

1. 圆柱的投影分析

如图 2-27 所示，当圆柱轴线垂直于水平面时，圆柱上、下底面的水平投影反映实形，正面和侧面投影积聚成一直线。圆柱面的水平投影积聚为一圆周，与两底面的水平投影重合。在正投影中，前、后两个半圆柱的投影重合为一矩形，矩形的两条竖线分别是圆柱面最左、最右素线的投影，也是圆柱面前、后分界的轮廓线。在侧面投影中，左、右两个半圆柱面的投影重合为一矩形，矩形的两条竖线分别是圆柱面最前、最后素线的投影，也是圆柱面左、右分界的轮廓线。

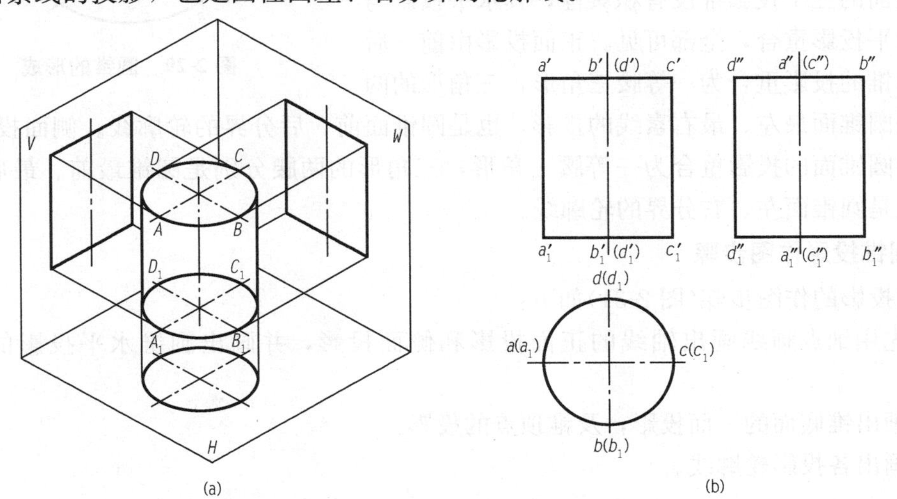

图 2-27　圆柱的投影

(a)直观图；(b)投影图

2. 圆柱投影作图步骤

圆柱投影的作图步骤(图 2-28)如下：

(1)先用细点画线画出轴线的正面投影、水平投影和侧面投影；

(2)画出圆柱水平投影的圆，及两个底面的其他两投影；

(3)画出各投影轮廓线。

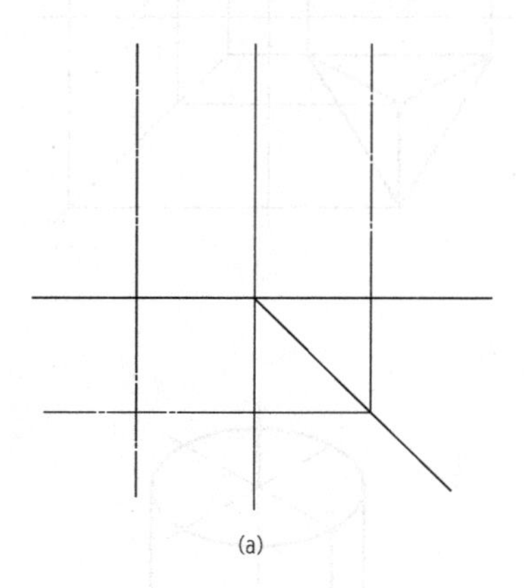

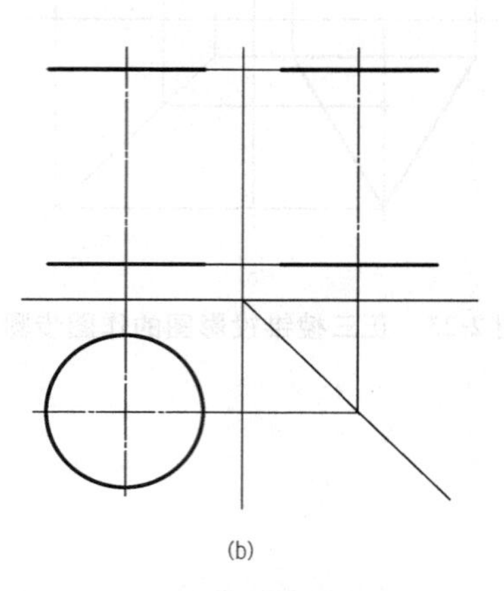

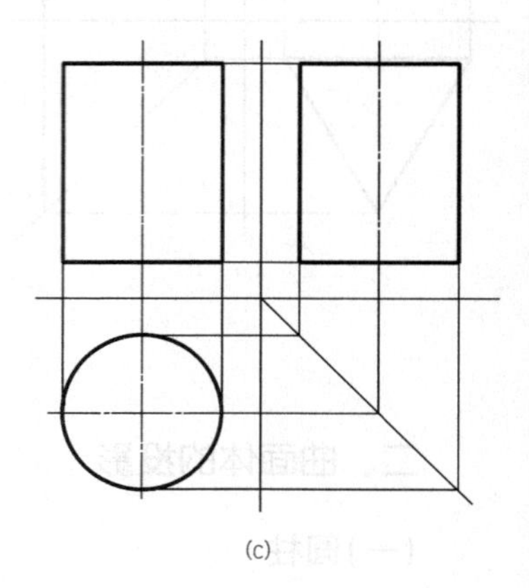

图 2-28　圆柱体投影图的作图步骤

(二)圆锥

如图 2-29 所示，以直线 AB 为母线，绕与它相交的轴线 OO_1 回转一周所形成的面称为圆锥面。圆锥面和锥底平面围成圆锥体，简称圆锥。

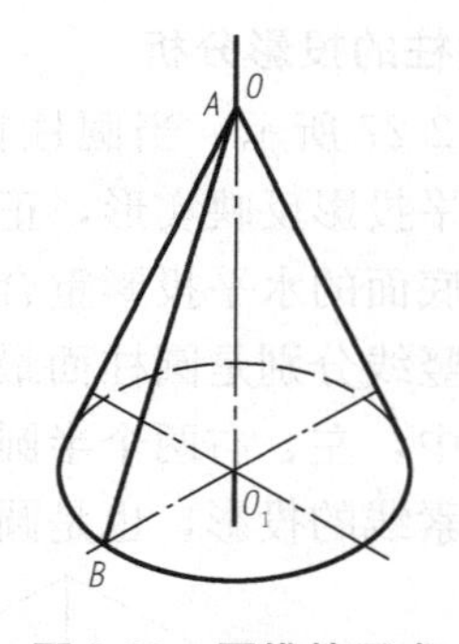

图 2-29　圆锥的形成

1. 圆锥的投影分析

图 2-30 所示为一正圆锥，锥底面平行于水平面，水平投影反映实形，正面和侧面投影积聚成一条直线。圆锥面的三个投影都没有积聚性，其水平投影与底面的水平投影重合，全部可见。正面投影由前、后两个半圆锥的投影重合为一等腰三角形，三角形的两腰分别是圆锥面最左、最右素线的投影，也是圆锥面前、后分界的轮廓线。侧面投影由左、右两个半圆锥面的投影重合为一等腰三角形，三角形的两腰分别是圆锥最前、最后素线的投影，也是圆锥面左、右分界的轮廓线。

2. 圆锥投影作图步骤

圆锥投影的作图步骤(图 2-31)如下：

(1)先用细点画线画出轴线的正面投影和侧面投影，并画出圆锥水平投影的对称中心线；

(2)画出锥底面的三面投影，及锥顶点的投影；

(3)画出各投影轮廓线。

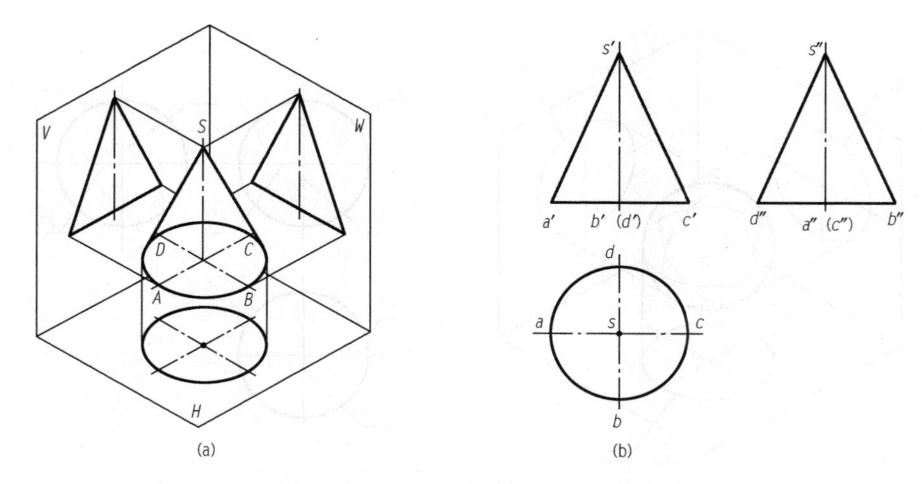

图 2-30　圆锥的投影

(a)直观图；(b)投影图

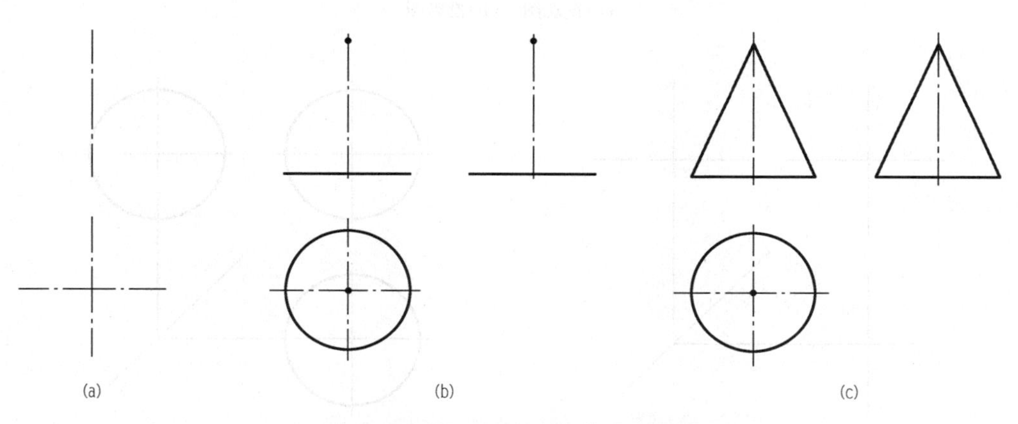

图 2-31　圆锥体投影图的作图步骤

(三)圆球

圆球的表面是球面，圆球面可看作是一条圆母线绕通过其圆心的轴线回转而成。

1. 圆球的投影分析

如图 2-32(a)所示为圆球的立体图，图 2-32(b)所示为圆球的投影。圆球在三个投影面上的投影都是直径相等的圆，但这三个圆分别表示三个不同方向的圆球面轮廓素线的投影。正面投影的圆是平行于 V 面的圆素线 A(它是前面可见半球与后面不可见半球的分界线)的投影。与此类似，侧面投影的圆是平行于 W 面的圆素线 C 的投影；水平投影的圆是平行于 H 面的圆素线 B 的投影。这三条圆素线的其他两面投影，都与相应圆的中心线重合，不应画出。

2. 圆球投影作图步骤

圆球投影的作图步骤(图 2-33)如下：

(1)先确定球心的三面投影；

(2)过球心分别画出圆球垂直于投影面的轴线的三面投影；

(3)画出与球等直径的圆。

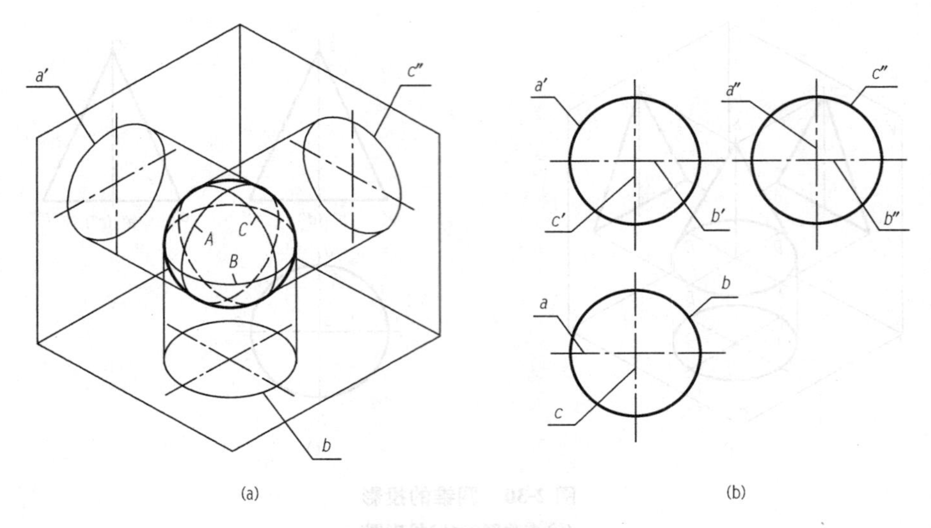

图 2-32 圆球的投影

(a)直观图；(b)投影图

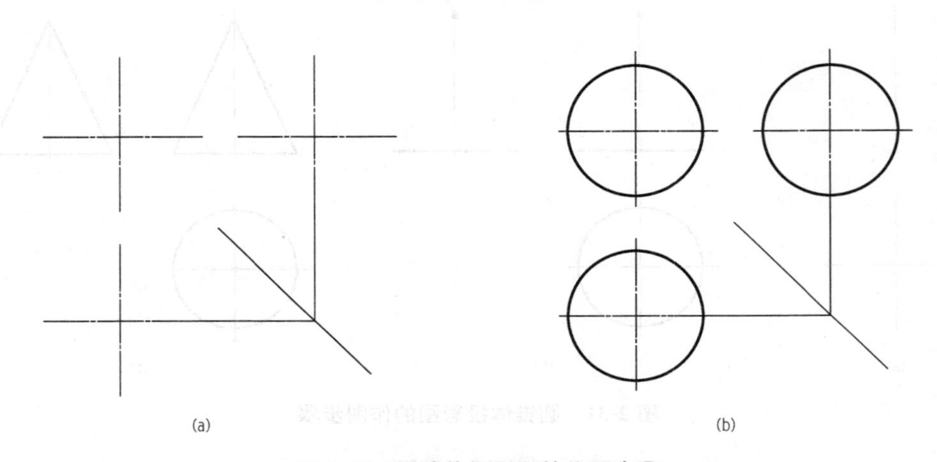

图 2-33 圆球体投影图的作图步骤

三、求立体表面上点的投影

确定立体表面上点的投影，是绘制组合体投影的基础。点位于立体表面的位置不同，求其投影的方法不同。

(一)平面体上的点

1. 棱柱体表面上取点

如图 2-34 所示，已知棱柱表面上 M 点的正面投影 m'，求其水平投影 m 和侧面投影 m''。

分析：由于 m'可见，所以 M 点在立体的左前棱面上。棱面为铅垂面，其水平投影具有积聚性，M 点的水平投影 m 必在其水平投影上。所以，由 m' 按投影规律可得 m，再由 m' 和 m 可求得 m''。

2. 棱锥体表面上取点

如图 2-35 所示，已知正三棱锥表面上点 M 的正面投影 m' 和点 N 的水平面投影 n，求

作 M、N 两点的其余投影。

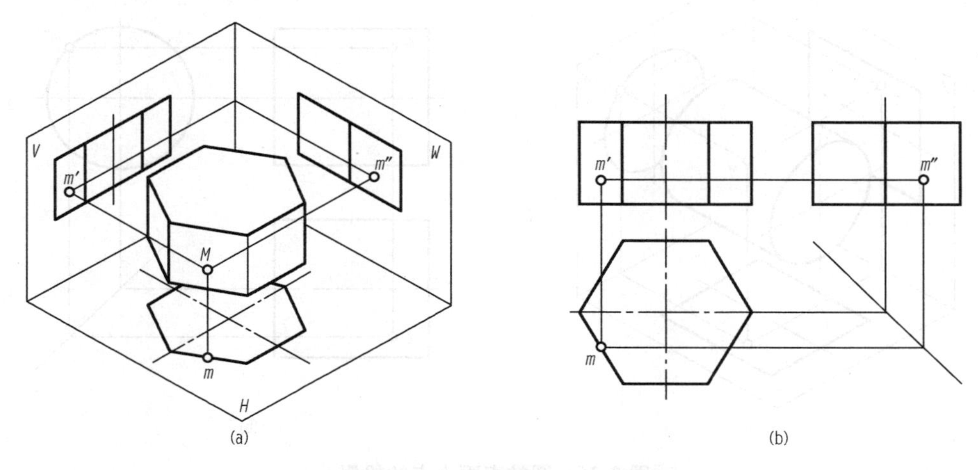

图 2-34 正六棱柱表面上点的投影

(a)直观图；(b)投影图

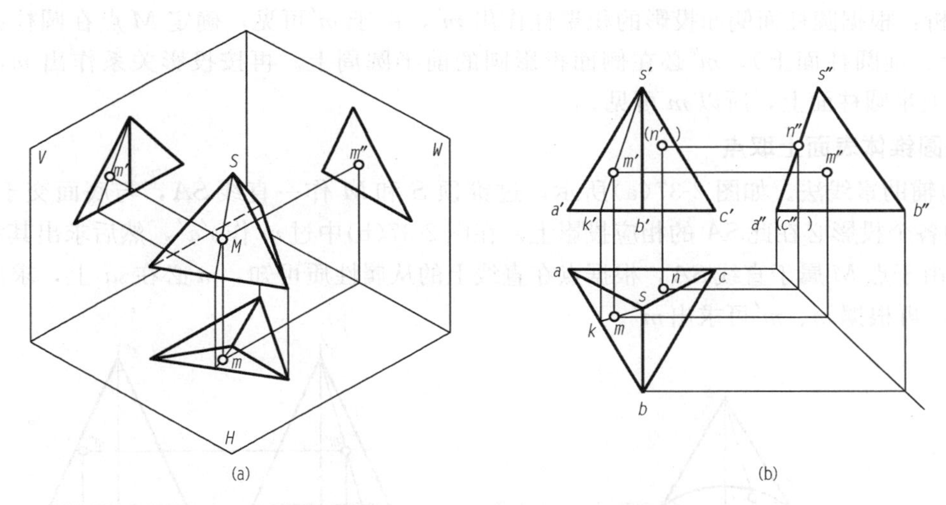

图 2-35 正三棱锥表面上点的投影

(a)直观图；(b)投影图

分析：因为 m'可见，因此点 M 必定在△SAB 上。△SAB 是一般位置平面，采用辅助线法，过点 M 及锥顶点 S 作一条直线 SK，与底边 AB 交于点 K。图 2-35 中过 m'作 $s'k'$，再作出其水平投影 sk。由于点 M 属于直线 SK，根据点在直线上的从属性质可知，m 必在 sk 上，求出水平投影 m，再根据 m、m'可求出 m''。

因为点 N 不可见，故点 N 必定在棱面△SAC 上。棱面△SAC 为侧垂面，它的侧面投影积聚为直线段 $s''a''(c'')$，因此 n''必在 $s''a''(c'')$上，由 n、n''即可求出 n'。

(二)曲面体上的点

1. 圆柱体表面上取点

如图 2-36 所示，已知圆柱表面上 M 点的正面投影 m'，求 M 点的其他投影。

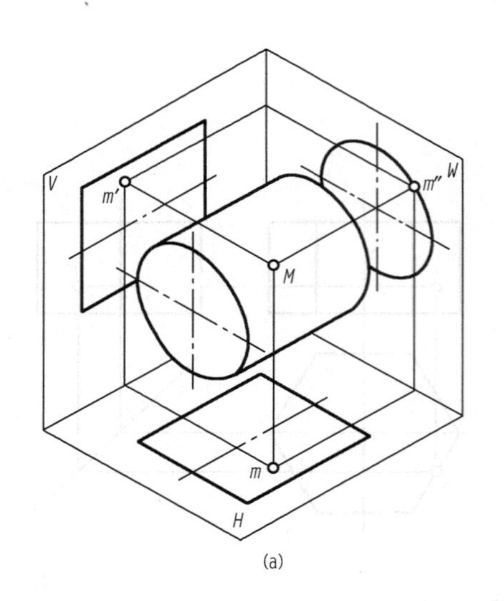

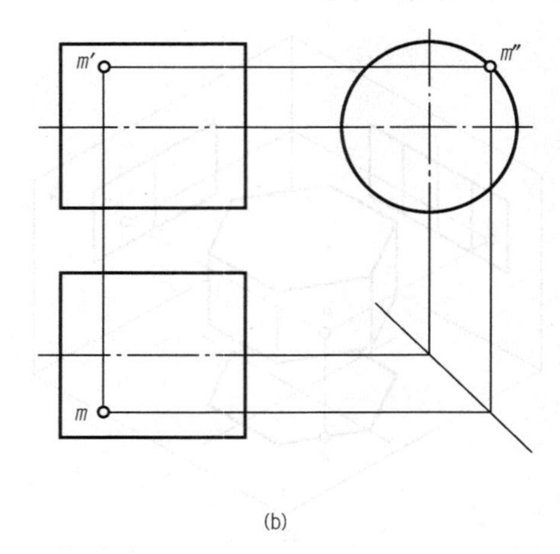

图 2-36　圆柱表面上点的投影

(a)直观图；(b)投影图

分析：根据圆柱面侧面投影的积聚性作出 m''，由于 m'可见，确定 M 点在圆柱面上的位置(上、前圆柱面上)，m''必在侧面投影圆的前半圆周上。再按投影关系作出 m，由于 M 点在上半圆柱面上，所以 m 可见。

2. 圆锥体表面上取点

(1)辅助素线法。如图 2-37(a)所示，过锥顶 S 和 M 作一直线 SA，与底面交于点 A，点 M 的各个投影必在此 SA 的相应投影上。在图 2-37(b)中过 m'作 $s'a'$，然后求出其水平投影 sa。由于点 M 属于直线 SA，根据点在直线上的从属性质可知，m 必在 sa 上，求出水平投影 m，再根据 m、m'可求出 m''。

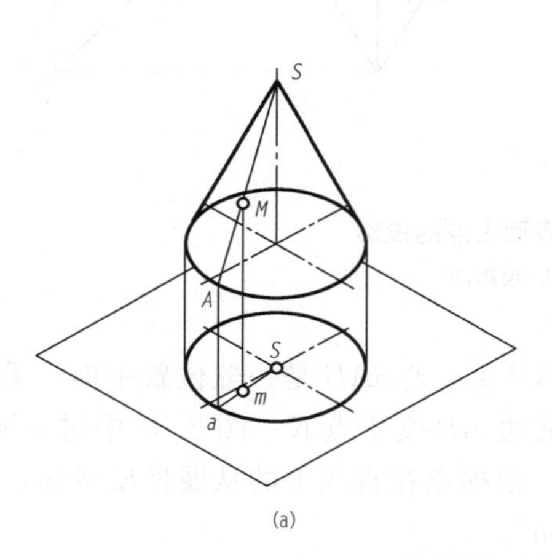

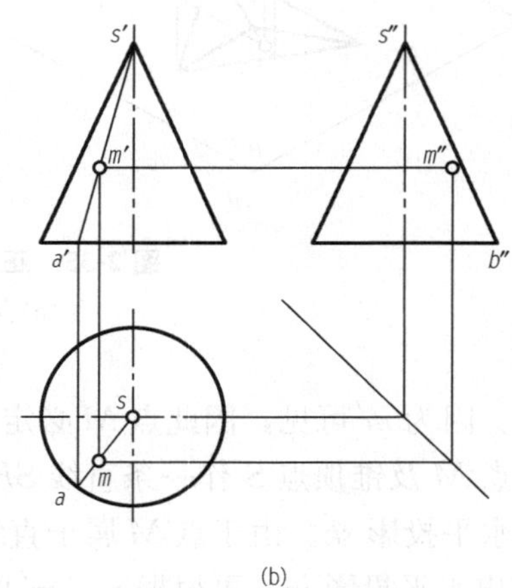

图 2-37　利用辅助素线法求圆锥表面上点的投影

(a)直观图；(b)投影图

(2)辅助圆法。如图 2-38(a)所示，过圆锥面上点 M 作一垂直于圆锥轴线的辅助圆，点 M 的各个投影必在此辅助圆的相应投影上。在图 2-38(b)中过 m' 作水平线 $a'b'$，此为辅助圆的正面投影积聚线。辅助圆的水平投影为一直径等于 $a'b'$的圆，圆心为 s，由 m'向下引垂线与此圆相交，且根据点M的可见性，即可求出m。然后再由m'和m可求出m''。

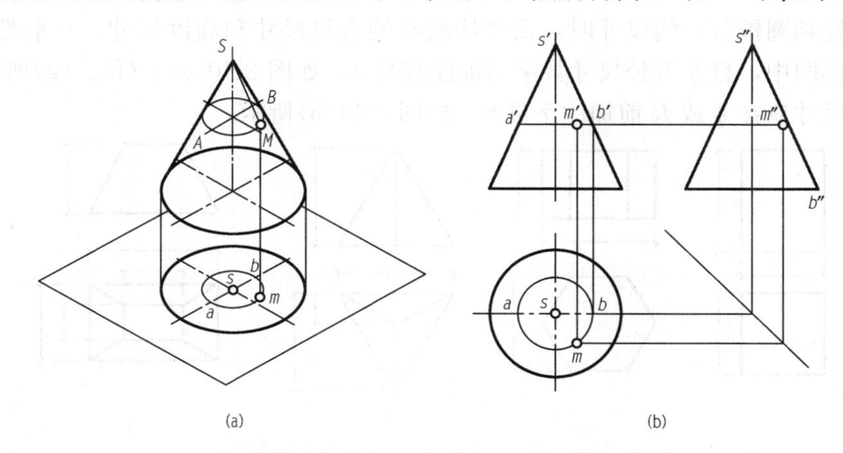

图 2-38　利用辅助圆法求圆锥表面上点的投影

(a)直观图；(b)投影图

3. 圆球面上取点

圆球面上取点的方法称为辅助圆法。圆球面的投影没有积聚性，求作其表面上点的投影需采用辅助圆法，即过该点在球面上作一个平行于任一投影面的辅助圆。

如图 2-39(a)所示，已知球面上点M的水平投影，求作其余两个投影。过点M作一平行于正面的辅助圆，它的水平投影为过m的直线ab，正面投影为直径等于ab长度的圆。自m向上引垂线，在正面投影上与辅助圆相交于两点。又由于m可见，故点M必在上半个圆周上，据此可确定位置偏上的点即为m'，再由m、m'可求出m''，如图 2-39(b)所示。

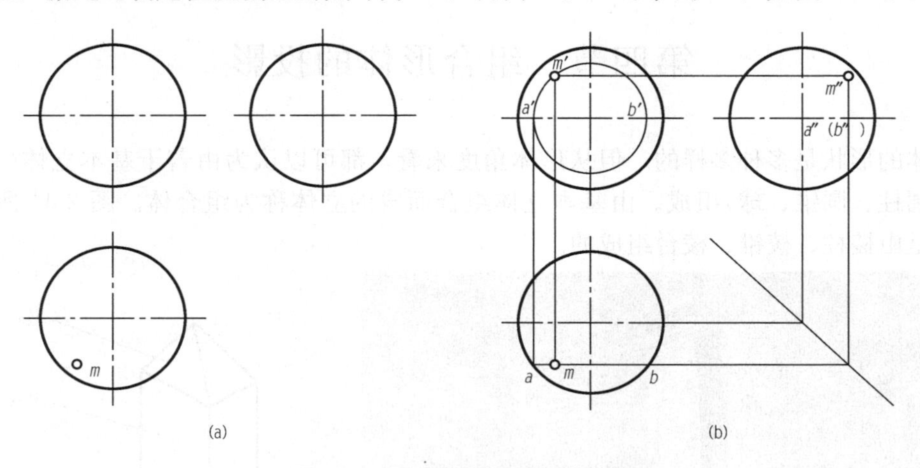

图 2-39　圆球体表面上点的投影

(a)已知条件；(b)作图方法

四、基本体尺寸标注

基本立体一般只需注出长、宽、高三个方向的尺寸。

标注平面立体如棱柱、棱锥的尺寸时，应注出底面(或上、下底面)的形状和高度尺寸，如图 2-40(a)、(b)、(c)、(d)所示。

标注圆柱和圆锥(台)的尺寸时，需要注底圆的直径尺寸和高度尺寸。一般把这些尺寸注在非圆投影图中，且在直径尺寸数字前加注符号 ϕ，如图 2-40(e)、(f)、(g)所示。

球体的尺寸应在 ϕ 或 R 前加注字母 S，如图 2-40(h)所示。

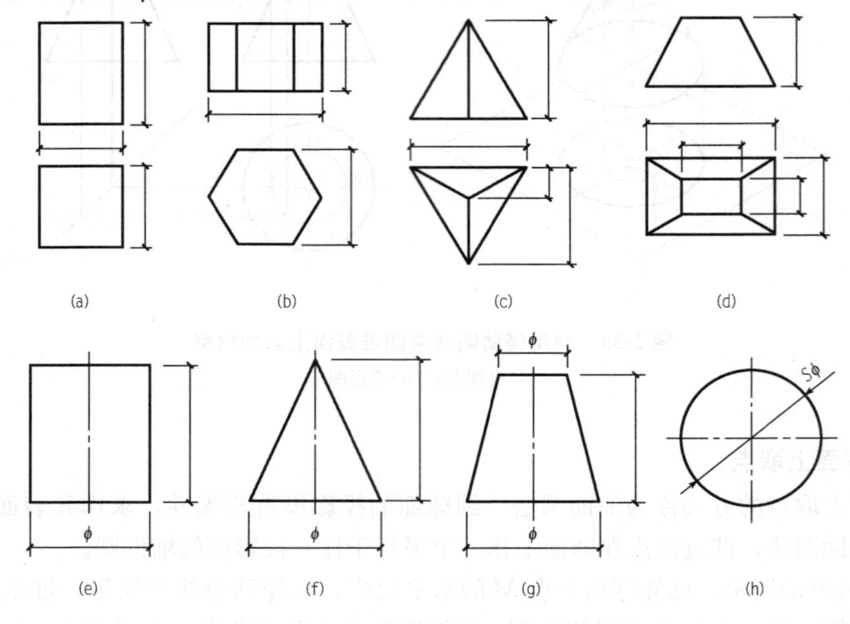

图 2-40　基本体尺寸标注

第四节　组合形体的投影

物体的形状是多种多样的，但从形体角度来看，都可以认为由若干基本立体(如棱柱、棱锥、圆柱、圆锥、球)组成。由基本立体组合而成的立体称为组合体。图 2-41 所示的纪念碑，是由棱柱、棱锥、棱台组成的。

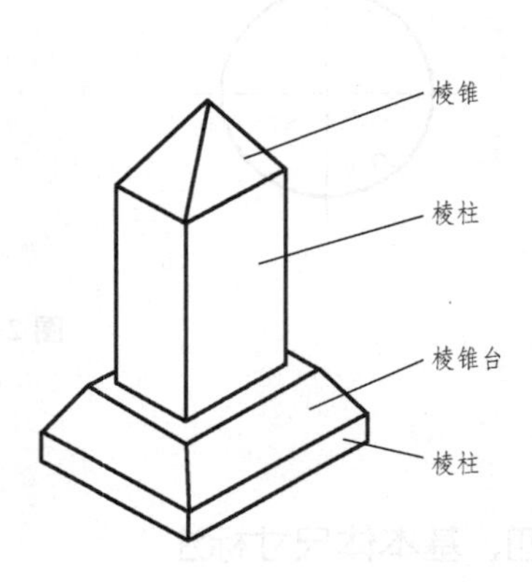

图 2-41　组合体

一、组合体的组合方式

(1)组合体按其构成的方式分为叠加式、切割式、组合式三种，如图 2-42 所示。

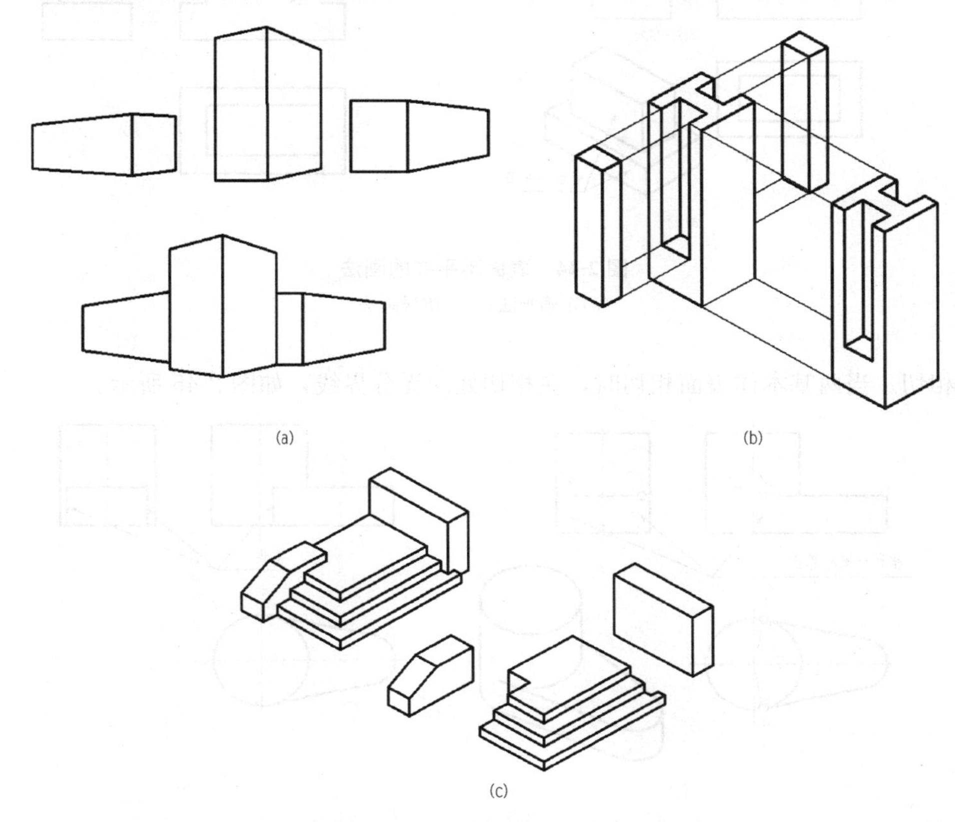

图 2-42　组合体的组合方式

(a)叠加式；(b)切割式；(c)组合式

(2)组合体表面交接处的连接关系。

1)平齐。当两基本体表面平齐时，结合处应无分界线，如图 2-43 所示。

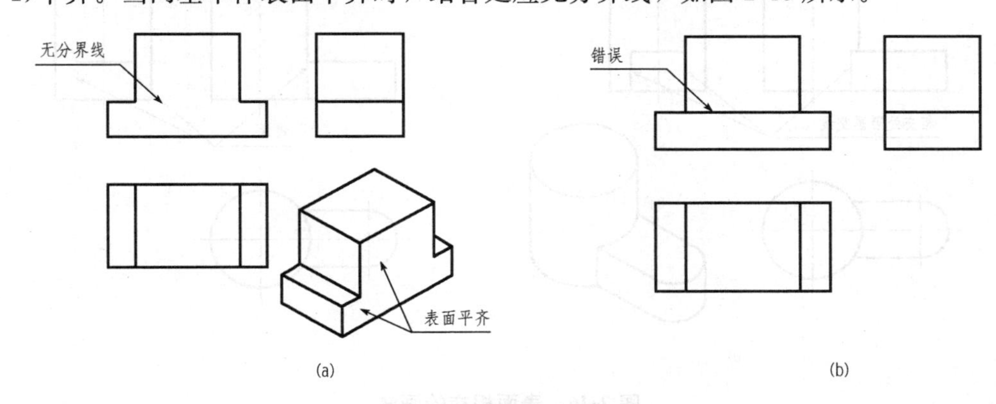

图 2-43　表面平齐的画法

(a)正确画法；(b)错误画法

2)不平齐。当两基本体表面不平齐时，结合处应画出分界线，如图 2-44 所示。

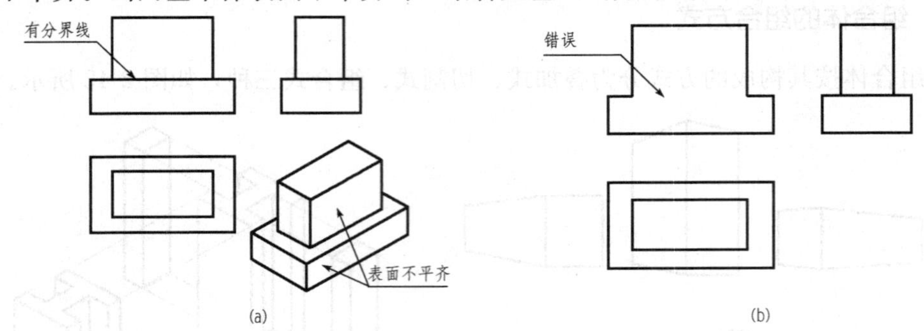

图 2-44 表面不平齐的画法

(a)正确画法；(b)错误画法

3)相切。当两基本体表面相切时，在相切处应无分界线，如图 2-45 所示。

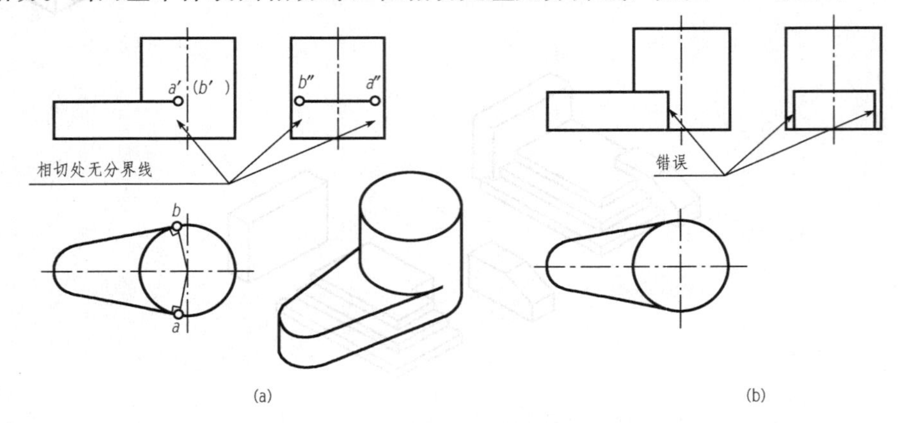

图 2-45 表面相切的画法

(a)正确画法；(b)错误画法

4)相交。当两基本体表面相交时，在相交处应画出分界线，如图 2-46 所示。

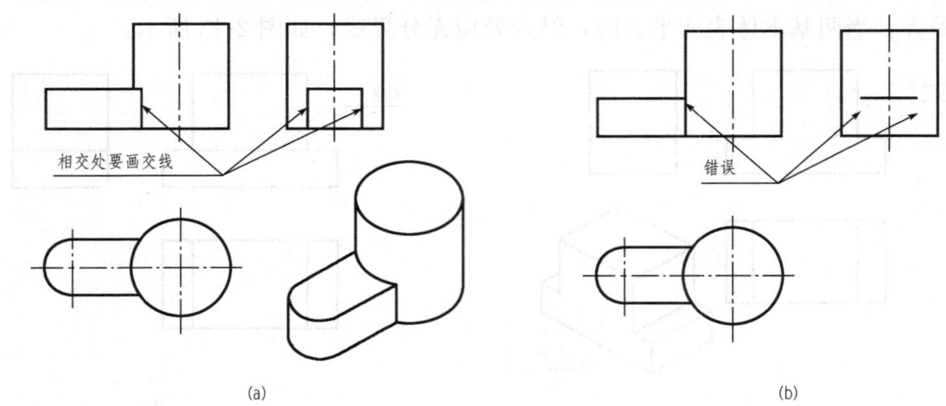

图 2-46 表面相交的画法

(a)正确画法；(b)错误画法

二、组合体的画法

画组合体的投影图时，由于形体较为复杂，应采用形体分析法。现以图 2-47 为例，说明组合体投影图的画法步骤。

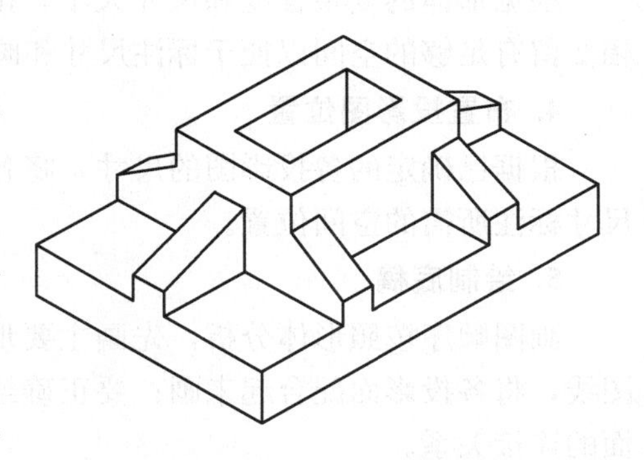

图 2-47 肋式杯形基础

1. 形体分析

形体分析是分析一个组合体，假想将组合体分解为若干基本体，或是将基本体切掉某些部分，然后再分析各基本体的形状、相对位置和组合形式，将基本体的投影按其相互位置进行组合，弄清组合体的形体特征。

图 2-47 中的形体可以看作是由四棱柱底板、中间四棱柱(挖去中间一楔形块)和六块梯形肋板叠加组成，如图 2-48 所示。四棱柱在底板中央，前后各肋板的左、右外侧面与中间四棱柱左、右侧面共面，左、右两块肋板在四棱柱左、右侧面的中央。通过对形体支座进行这样的分析，弄清它的形体特征，对于画图有很大帮助。

2. 选择视图

正立面图是表达形体最主要的视图，正立面投影选定后，水平面投影和侧立面投影也就随之确定了。选择的原则有以下几点：

(1)尽量反映出形体各组成部分的形状特征及其相对位置；

(2)尽量减少图中的虚线；

(3)尽量合理利用图幅。

根据基础在房屋中的位置，形体应平放，使 H 面平行于底板平面；V 面平行于形体的正面，还应使正立面能充分反映建筑形体的形状特征，如图 2-49 所示。

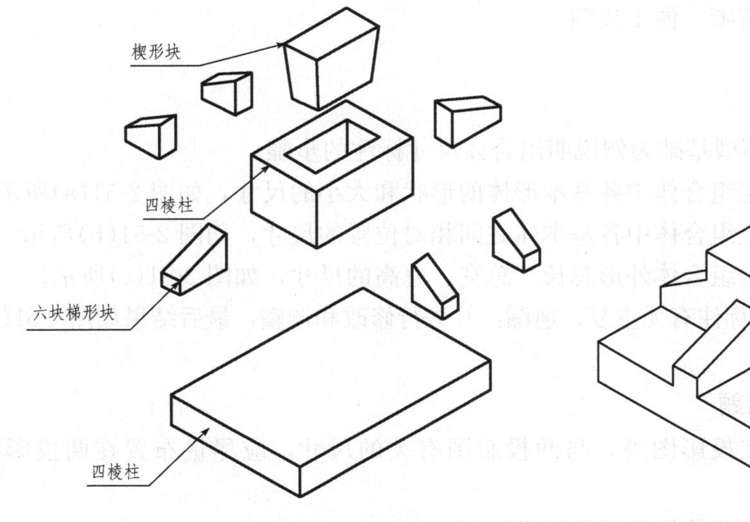

图 2-48 组合体的形体分析

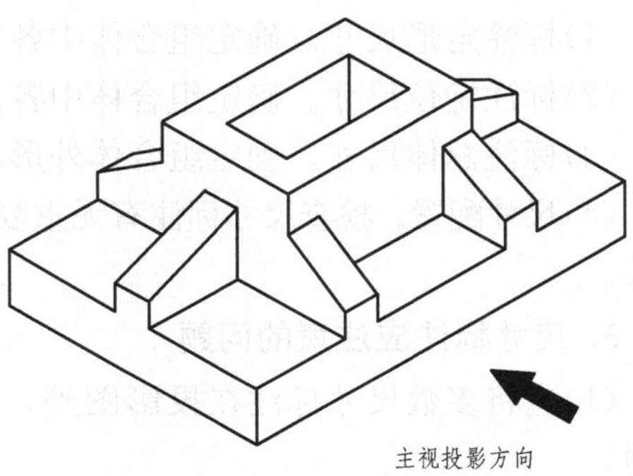

图 2-49 主视方向选择

3. 确定比例和图幅

根据形体的复杂程度和尺寸大小，按照标准的规定选择适当的比例与图幅。选择的图幅要留有足够的空间以便于标注尺寸和画标题栏等。

4. 布置投影图位置

根据已确定的各投影图的尺寸，将各投影图均匀地布置在图幅内。各投影图间应留有尺寸标注所需的空间位置。

5. 绘制底稿

画图顺序按照形体分析，先画主要形体，后画细节；先画可见的图线，后画不可见的图线，将各投影面配合起来画；要正确绘制各形体之间的相对位置；要注意各形体之间表面的连接关系。

布置投影图，画出对称中心的三面投影，如图 2-50(a)所示；画出底板的三面投影，如图 2-50(b)所示；画中间部分四棱柱的三面投影，如图 2-50(c)所示；画四周部分六块梯形肋板的三面投影，如图 2-50(d)所示；左边肋板的左侧面与底板的左侧面，前左肋板的左侧面与中间四棱柱的左侧面，都处在同一个平面上，它们之间都不应画交线，如图 2-50(e)所示；画楔形杯口的三面投影，在正立面和侧立面的投影中杯口是看不见的，应画成虚线，如图 2-50(f)所示。

三、组合体的尺寸标注

投影图只能用来表达组合体的形状和各部分的相互关系，而组合体的大小和其中各构成部分的相对位置，还应在组合体各投影画好后标注尺寸才能明确。

1. 尺寸标注的基本要求

(1)正确：标注尺寸要准确无误，且符合制图标准的规定。

(2)完整：尺寸要完整，注写齐全，不能有遗漏。

(3)清晰：尺寸布置要清晰，便于读图。

(4)合理：标注要合理。

2. 尺寸标注的步骤

以图 2-51 所示的肋式杯型基础为例说明组合体尺寸标注的步骤：

(1)标注定形尺寸。确定组合体中各基本形体的形状和大小的尺寸，如图 2-51(a)所示。

(2)标注定位尺寸。确定组合体中各基本体之间相对位置的尺寸，如图 2-51(b)所示。

(3)标注总体尺寸。确定组合体外形总长、总宽、总高的尺寸，如图 2-51(c)所示。

(4)尺寸配置。检查尺寸标注有无重复、遗漏，并进行修改和调整，最后结果如图 2-51(d)所示。

3. 尺寸标注应注意的问题

(1)应将多数尺寸标注在投影图外，与两投影图有关的尺寸，应尽量布置在两投影图之间。

(2)尺寸应布置在反映形状特征最明显的投影图上。

(3)同轴回转体的直径尺寸，最好标注在非圆的投影图上。

(4)尺寸线与尺寸线不能相交，相互平行的尺寸应使“大尺寸在外，小尺寸在里”。

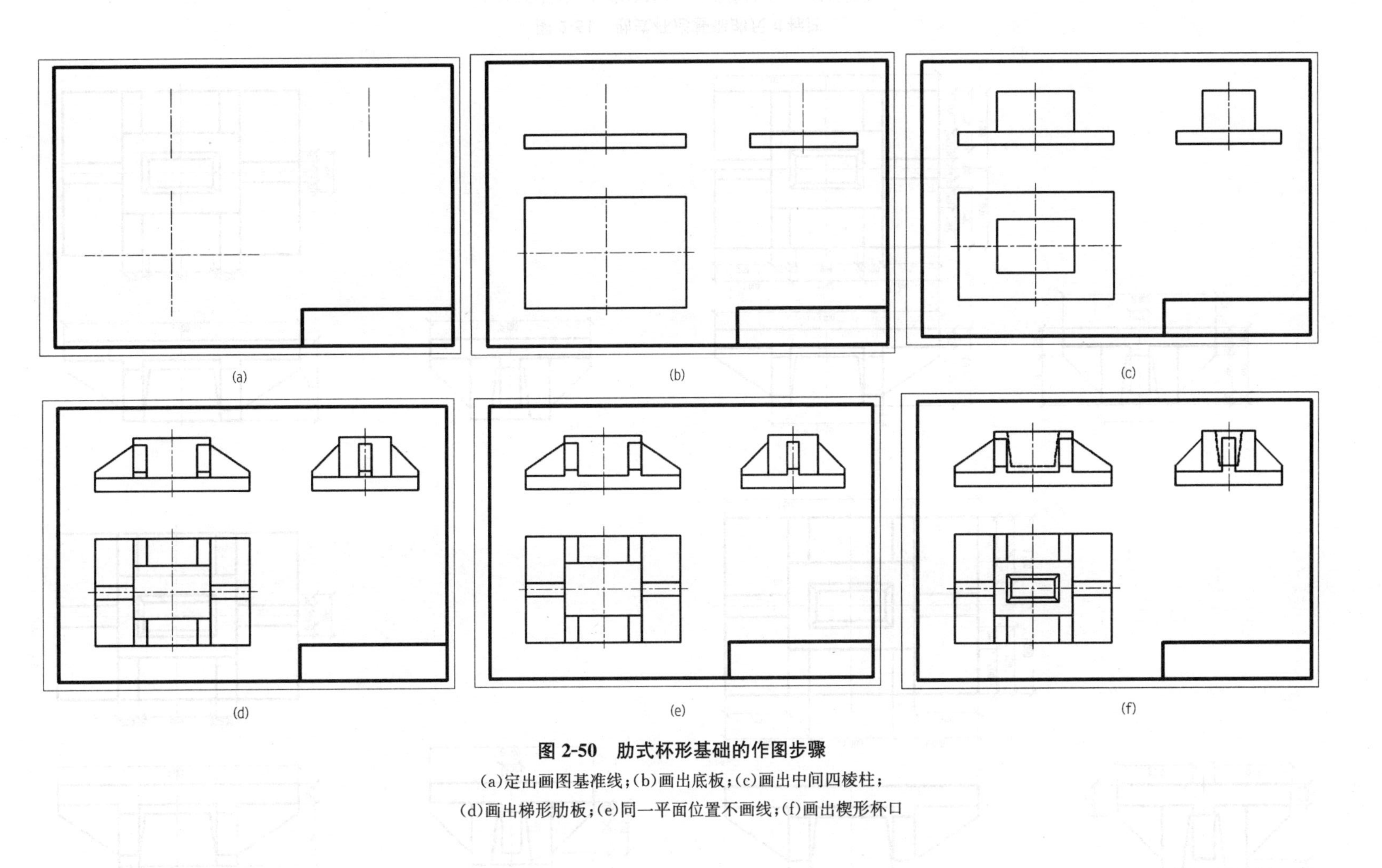

图 2-50　肋式杯形基础的作图步骤

(a)定出画图基准线；(b)画出底板；(c)画出中间四棱柱；

(d)画出梯形肋板；(e)同一平面位置不画线；(f)画出楔形杯口

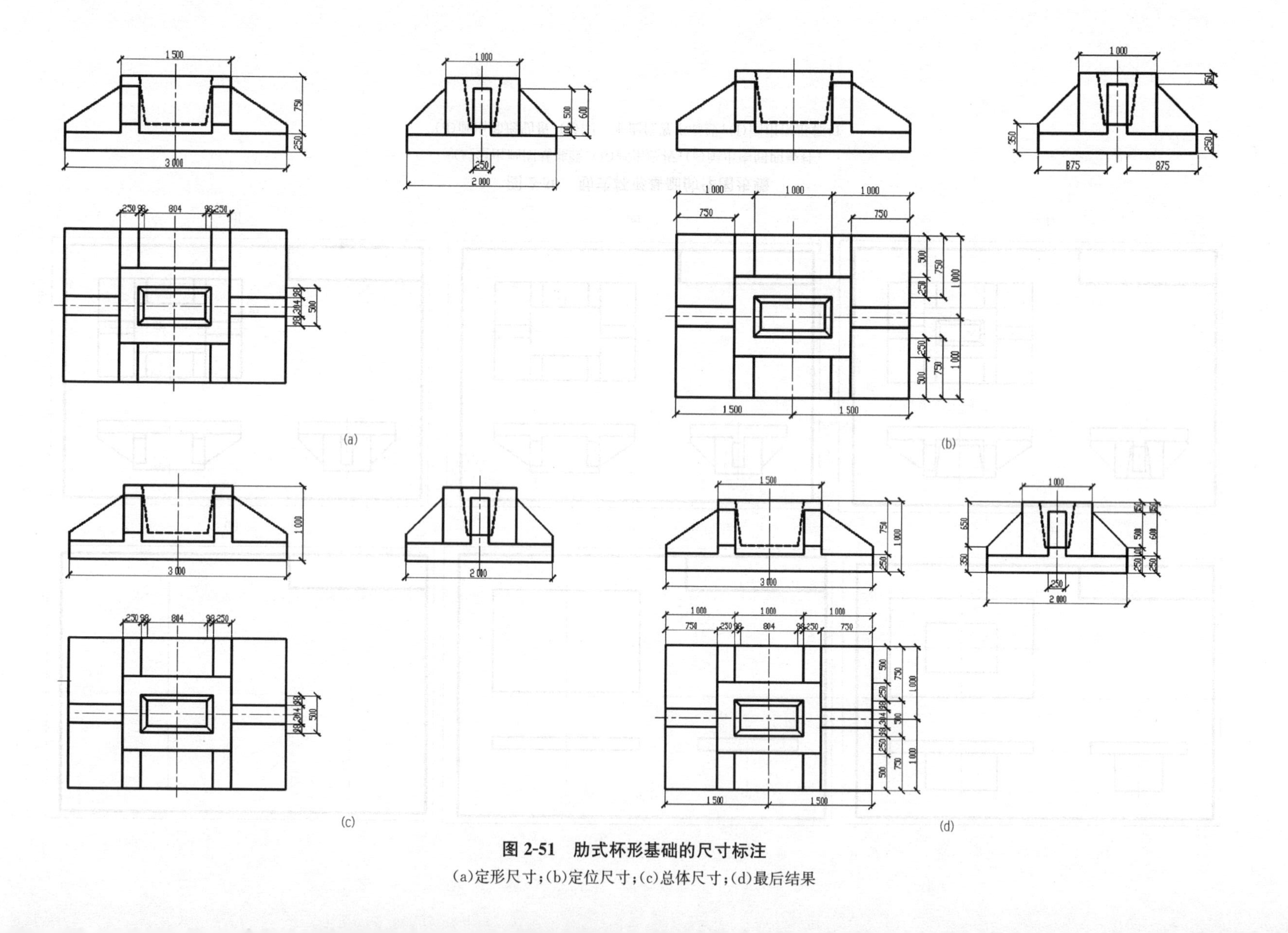

图 2-51　肋式杯形基础的尺寸标注

(a)定形尺寸;(b)定位尺寸;(c)总体尺寸;(d)最后结果

(5)尽量不在虚线上标注尺寸。

(6)同一形体的尺寸尽量集中标注。

(7)同一图幅内尺寸数字大小应一致。

(8)每一方向细部尺寸的总和应等于该方向的总尺寸。

四、组合体投影图的读图

阅读组合体投影图，就是根据图纸上的投影图和所标注尺寸，想象出形体的空间形状、大小、组合形式和构造特点。读图时，应先大致了解组合体的形状，再将投影图按线框假想分解成几个部分，运用三面投影的投影规律，逐个读出各部分的形状及相对位置，最后综合起来想象出整体形状。

对图 2-52 所示的肋式杯形基础进行分析。

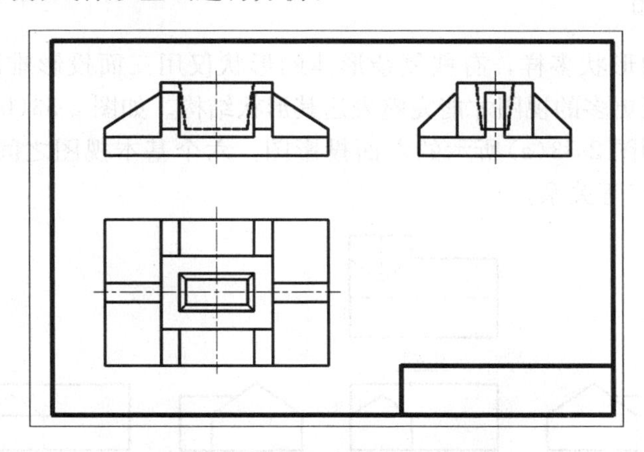

图 2-52　肋式杯形基础的投影图

1. 分析投影抓特征

从反映形体特征明显的正立投面入手，对照水平面、侧立面，分析构成组合体各形体的结构形状。

图 2-52 中 V 面、W 面投影都有斜直线，所以，估计形体有斜平面；都有虚线，估计形体中间有挖切；在 V 面、W 面投影的中间和下方都有长方形的线框，则估计有叠加在一起的长方体，而 H 面上反映的矩形与上面所分析的长方体正好能够对应。

2. 分析形体对投影

按投影关系，分别对照各形体在三面投影中的投影，想象它们的形状。

图 2-52 中 V 面、W 面上的梯形所对的水平面上投影为小矩形，实际对应空间形体为四棱柱，H 面上有 6 个矩形线框，说明有 6 个四棱柱。H 面上的两个矩形线框，对应 V 面、W 面上也是长方形线框，所以对应的有长方体，下方的长方体长度、宽度较大，6 个小四棱柱在下方长方体之上。V 面、W 面上的虚线与 H 面上小矩形对应，说明中间挖切掉部分为四棱台。

3. 综合起来想整体

在读懂组合体各部分形体的基础上，进一步分析各部分形体间的相对位置和表面连接关系。

由以上分析，可以得出该形体是由底面长方体、中间的空心长方体和6个小四棱柱组合而成，通过综合想象，构思出组合体的整体结构形状。

第五节　建筑物的形体表达

建筑形体的形状和结构是多种多样的，要想把它们表达得既完整、清晰，又便于画图和读图，只用前面介绍的三面投影图难以满足要求。本节将介绍国家标准规定的剖面图、断面图的画法，以及如何应用这些方法表达各种形体的结构形状。

一、六面投影图

房屋建筑形体的形状多样，有些复杂形体的形状仅用三面投影难以表达清楚，因此，就需要四、五个甚至更多的视图才能完整表达其形状结构。如图 2-53(b)所示，可有不同的方向投射，从而得到图 2-53(a)所示的六面投影图。六个基本视图之间仍然符合“长对正，高平齐，宽相等”的三等关系。

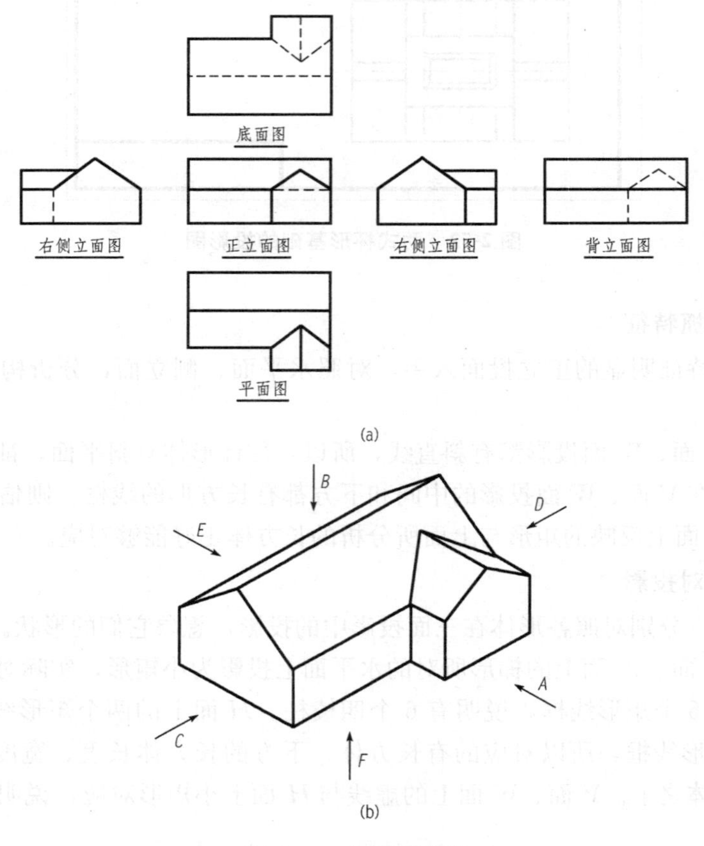

图 2-53　六面投影图

(a)六面投影图；(b)直观图

二、剖面图

在用投影图表达工程图样时，将可见的轮廓线绘制成实线，将不可见的轮廓线绘制成虚线。因此，内部结构形状复杂的形体，投影图中就会出现较多虚线，这样会影响图面清晰，不便于看图和标注尺寸。为了减少视图中的虚线，使图面清晰，工程上可以采用剖切的方法来表达形体的内部结构和形状。

(一)剖面图的形成

假想用一个平面(剖切面)在形体的适当部位将其剖开，移去观察者与剖切面之间的部分，将剩余部分投射到投影面上，所得的图形称为剖面图，简称剖面。剖视图的形成如图 2-54 所示。

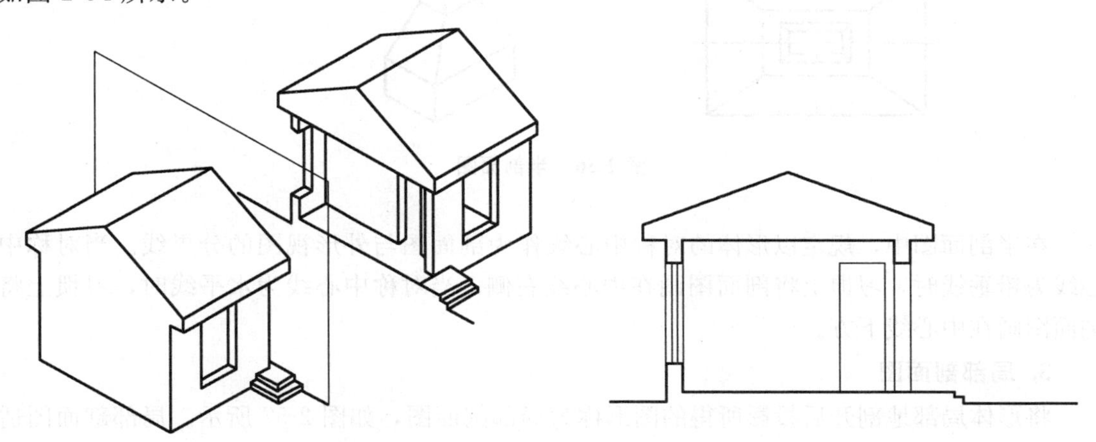

图 2-54　剖面图的形成

(二)剖面图的种类

1. 全剖面图

用一个平行于基本投影面的剖切平面，将形体全部剖开后，所得的投影图称为全剖面图，如图 2-55 所示。全剖面图适用于外形简单、内部结构复杂的形体。

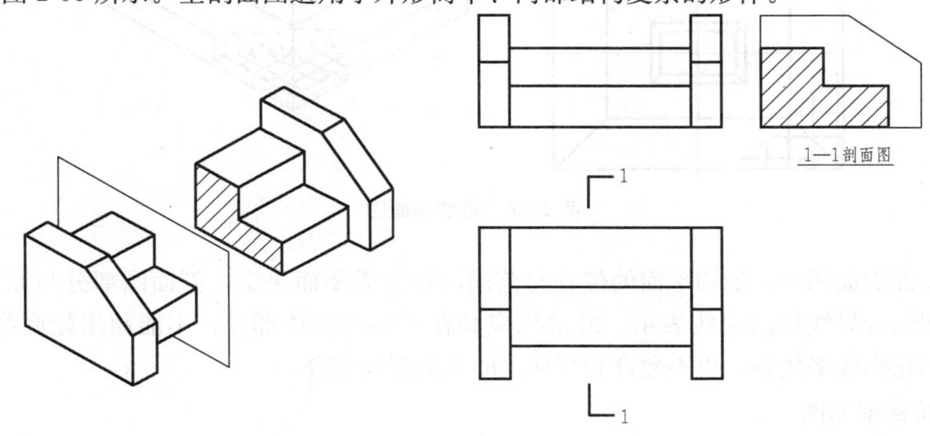

图 2-55　全剖面图

2. 半剖面图

当形体具有对称平面时，可以对称中心线为界，一半画成剖面图，另一半画成外观视图，这样组合而成的图形称为半剖面图，如图 2-56 所示。半剖面图适用于内外结构都需要表达的对称图形。

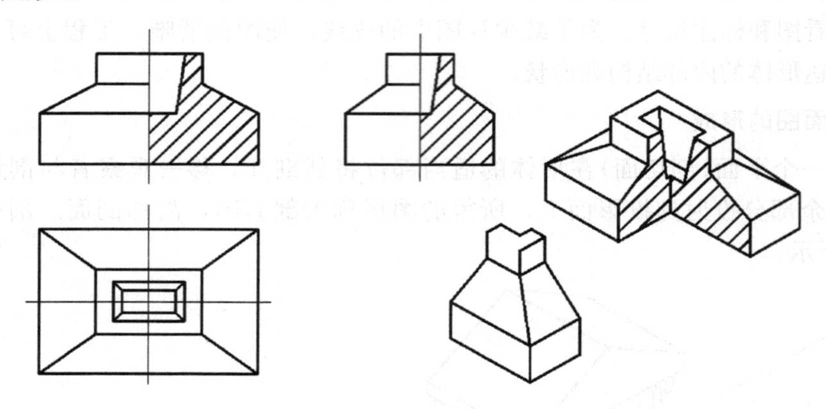

图 2-56　半剖面图

在半剖面图中，规定以形体的对称中心线作为剖面图与外形视图的分界线。当对称中心线为铅垂线时，习惯上将剖面图画在中心线右侧；当对称中心线为水平线时，习惯上将剖面图画在中心线下方。

3. 局部剖面图

将形体局部地剖开后投影所得的图形称为局部剖面图，如图 2-57 所示。局部剖面图适用于内外结构都需要表达，且又不具备对称条件或仅局部需要剖切的形体。

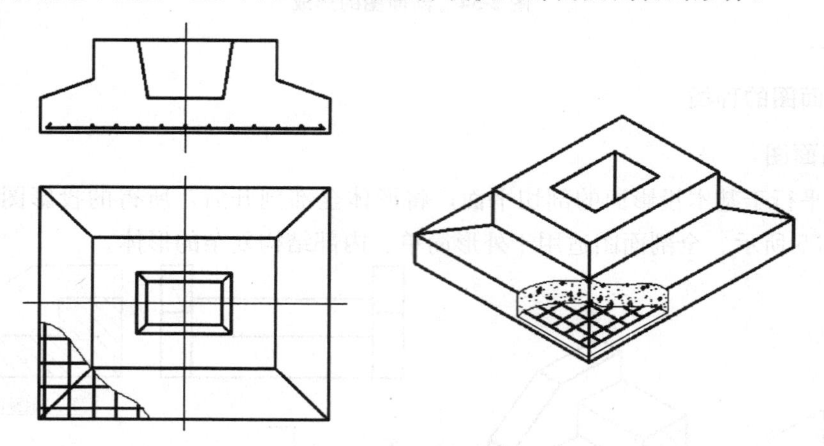

图 2-57　局部剖面图

在局部剖面图中，剖切平面的位置与范围应根据需要而决定，剖面图部分与原投影图部分之间的分界线用波浪线表示。波浪线应画在形体的实体部分，不能超出轮廓线之外，不允许用轮廓线来代替，也不允许和图样上的其他图线重合。

4. 阶梯剖面图

由两个或两个以上互相平行的剖切面将形体剖切后投影得到的剖面图称为阶梯剖面图，

如图 2-58 所示。当形体内部用一个剖切面无法全部剖切到时，可采用阶梯剖。阶梯剖必须标注剖切位置线、投射方向线和剖切编号。

由于剖切是假想的，在作阶梯剖时不应画出两剖切面转折处的交线，并且要避免剖切面在图形轮廓线上的转折。

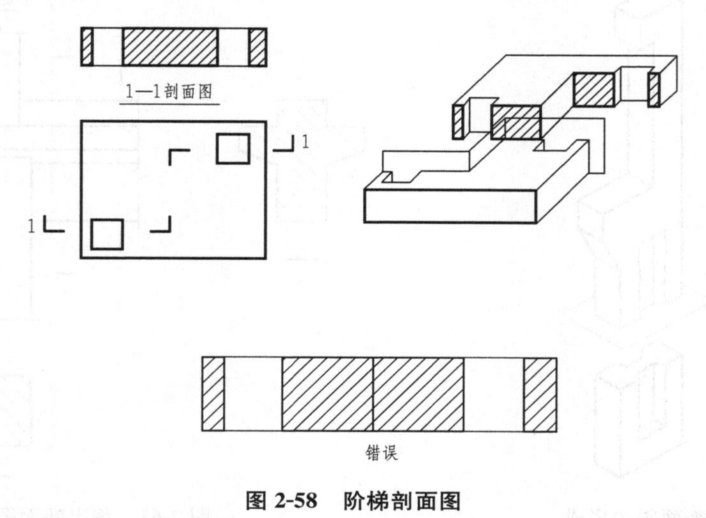

图 2-58 阶梯剖面图

5. 旋转剖面图

当两个剖切平面呈相交位置时，需要通过旋转使之处于同一平面内，这样得到的剖面图称为旋转剖面图。在剖切符号转折处也要写上字母，如图 2-59 所示。

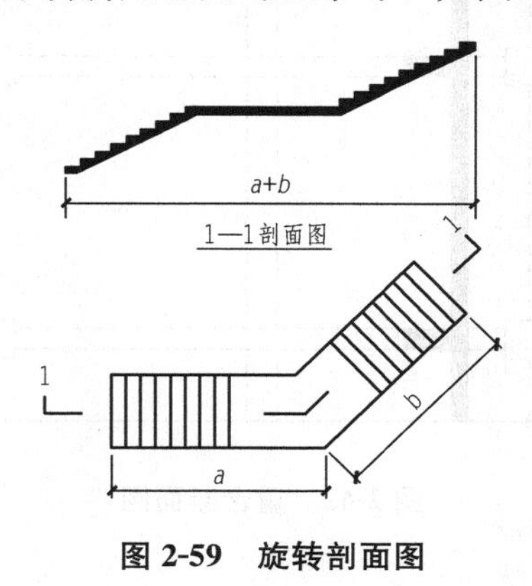

图 2-59 旋转剖面图

三、断面图

1. 断面图的形成

假想用一个剖切平面将形体的某部分切断，仅将截得的图形于平行的投影面投射，所得的图形称为断面图，如图 2-60 所示。

2. 断面图的分类

(1)移出断面图。布置在形体视图轮廓线之外的断面图称为移出断面图，如图 2-61

所示。移出断面图的轮廓线应用粗实线绘制，配置在剖切平面的延长线上或其他适当的位置。

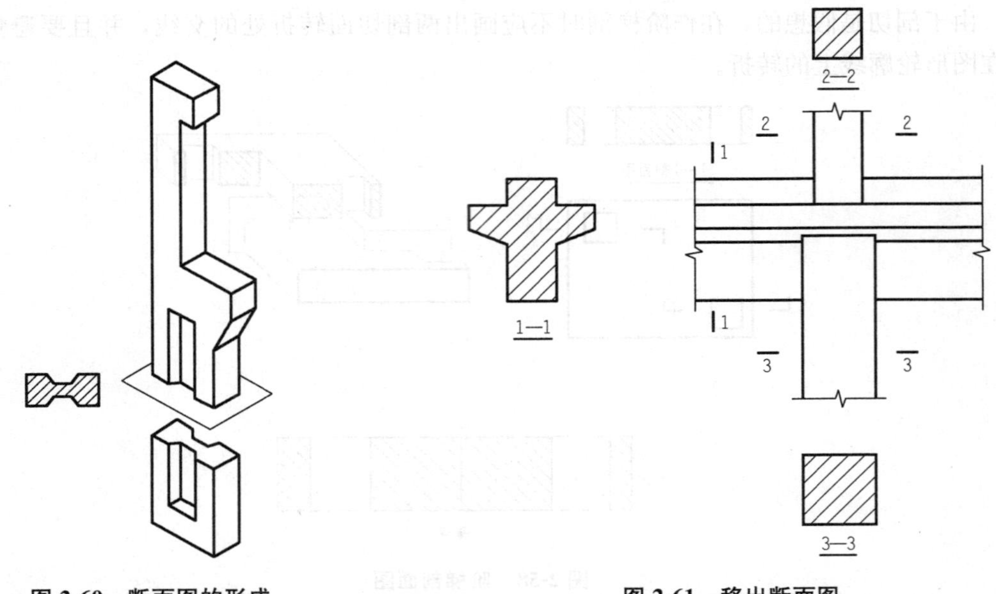

图 2-60　断面图的形成　　　　图 2-61　移出断面图

(2)重合断面图。直接画在视图轮廓线以内的断面图称为重合断面图，如图 2-62 所示。重合断面图的轮廓线用细实线画出的，重合断面图不需标注。

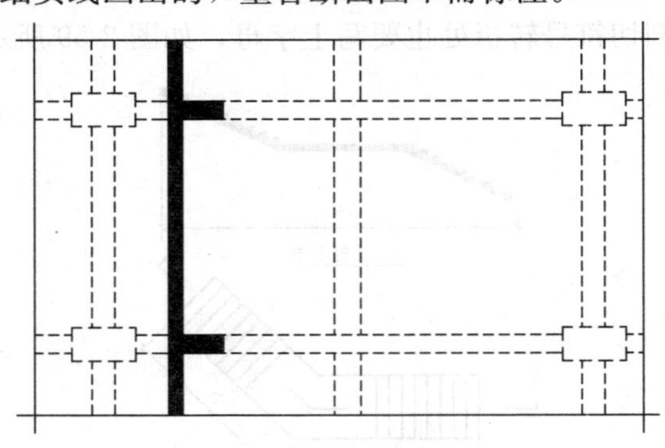

图 2-62　重合断面图

第三章　建筑施工图

教学目标

通过本章的学习，学生应了解建筑施工图的作用，掌握施工图的图示内容及图示方法，能够准确地识读一套完整的建筑施工图，并能依据制图标准绘制建筑施工图。

教学重点与难点

1. 施工图首页的图示内容及图示方法；
2. 建筑总平面图的图示内容及图示方法；
3. 建筑平面图的图示内容及图示方法；
4. 建筑立面图的图示内容及图示方法；
5. 建筑剖面图的图示内容及图示方法；
6. 建筑详图的图示内容及图示方法。

第一节　建筑施工图概述

建筑施工图是根据正投影原理和相关的专业知识绘制的工程图样，其主要表达的是房屋的内外形状、平面布置、楼层层高及建筑构造、装饰做法等，简称“建施”。它是各类施工图的基础和先导，也是建筑工程项目审批、指导施工、编制工程造价文件和竣工验收、工程质量评价的依据之一，是具有法律效力的文件。

一、房屋的类型及其组成

房屋按使用功能可分为民用建筑、工业建筑和农业建筑三种类型。

房屋一般主要由基础、墙或柱、梁、楼面与地面、屋顶、楼梯、门窗几大部分组成，如图 3-1 所示。

(1)基础。基础位于建筑物的最下部，埋于自然地坪以下，承受着建筑的所有荷载，并把这些荷载连同自重传给下面的土层(该土层称为地基)。

(2)墙或柱。墙或柱是房屋的竖向承重构件，它承受着由屋盖和各楼层传来的各种荷载，并把这些荷载可靠地传给基础。墙体还有围护和分隔的功能。

(3)梁。梁是将作用在其上的荷载传递给墙或柱的承重构件。

(4)楼面与地面。楼面与地面是房屋的水平承重和分隔构件，其不仅可将楼板上的各种荷载传递到墙或梁上，还将房屋分隔成若干层。

(5)屋顶。屋顶也称屋盖，其位于房屋的最上部，既是承重构件又是围护构件，主要承受着风、霜、雨、雪的侵蚀，外部荷载以及自身重量。屋顶一般由承重层、防水层和保温(隔热)层三大部分组成。

(6)楼梯。楼梯是建筑的竖向通行设施。

(7)门窗。门与窗属于围护构件，门的主要作用是疏散，窗的主要作用是采光、通风。

此外，还有阳台、雨篷、勒脚、散水、雨水管、台阶、烟道等，以及其他的一些构配件。

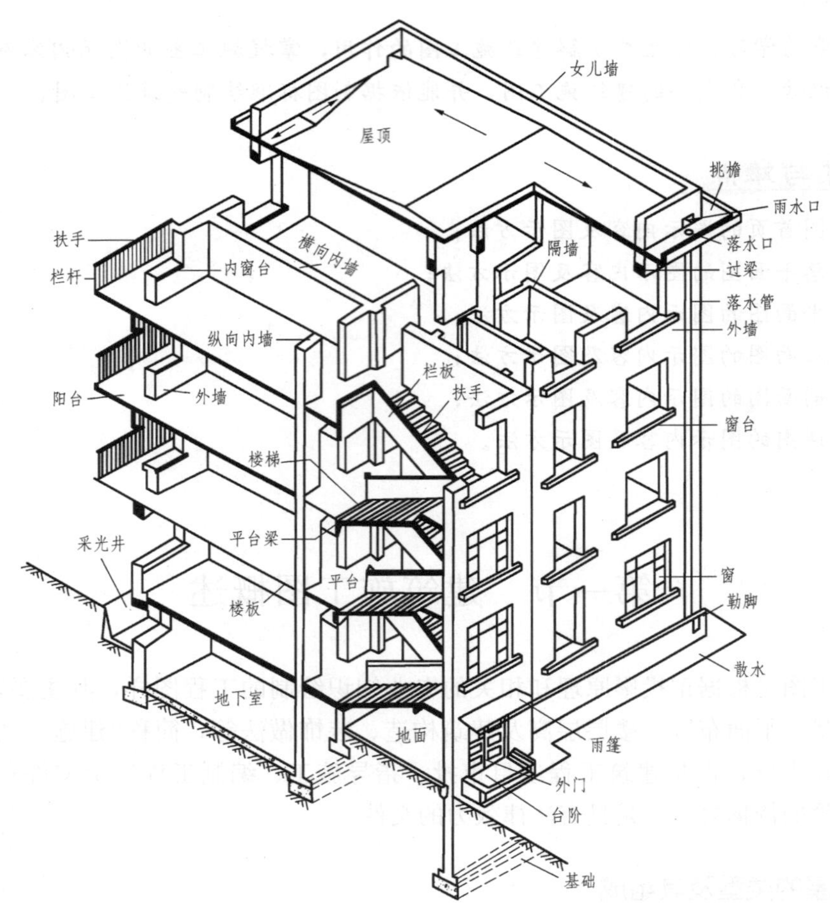

图 3-1　房屋的构造组成

二、房屋施工图的分类和编排顺序

1. 房屋施工图的分类

建造一幢房屋，要经过设计和施工两个阶段。首先，根据所建房屋的要求和有关技术条件，进行初步设计，绘制房屋的初步设计图。当初步设计经征求意见、修改和审批后，就要进行建筑、结构、设备(给水排水、暖通、电气)各专业之间的协调，计算、选用和设计各种构配件及其构造与做法；然后进入施工图设计，按建筑、结构、设备(水、暖、电)

各专业分别完整、详细地绘制所设计的全套房屋施工图，将施工中所需要的具体要求，都明确地反映到这套图纸中。房屋建筑施工图是建造房屋的技术依据，整套图纸应该完整统一、尺寸齐全、明确无误。

一套房屋施工图按照专业分工的不同，可分为建筑施工图、结构施工图和设备施工图三种。

(1)建筑施工图(简称“建施”)。建筑施工图主要表示建筑群体的总体布局，房屋的平面布置、内外观形状、构造做法及所用材料等内容。其一般包括总平面图、建筑平面图、建筑立面图、建筑剖面图和建筑详图等图纸。

(2)结构施工图(简称“结施”)。结构施工图主要表示房屋承重构件的位置、类型、规格大小及所用材料、配筋形式和施工要求等内容。其一般包括结构计算说明书、基础平面图、结构平面图以及构件详图等。

(3)设备施工图(简称“设施”)。设备施工图主要表示给水排水、采暖通风、电气照明、通信等设备的布置、安装要求和线路敷设等内容。其一般包括给水排水施工图、采暖通风施工图、电气施工图等，主要由平面布置图、系统图和详图组成。

2. 房屋施工图纸的编排顺序

一套完整的房屋施工图纸应按专业顺序编排。各专业的图纸，应按图纸内容的主次关系、逻辑关系进行分类排序。编排顺序一般是总体图在前，局部图在后；基础图在前，详图在后；重要的图纸在前，次要的图纸在后；布置图在前，构件图在后；先施工的在前，后施工的在后等。

施工图的一般编排顺序如下：

(1)图纸目录。图纸目录的主要作用是便于查找图纸。图纸目录一般以表格形式编写，说明该工程由哪几个工种的图纸所组成，各工种的图纸名称、张数、图号、图幅大小、顺序等。

(2)设计说明。设计说明主要说明工程的概貌和总的要求。其内容包括工程设计依据、设计标准、施工要求及需要特别注意的事项等。

(3)建筑施工图。

(4)结构施工图。

(5)给水排水施工图。

(6)采暖通风施工图。

(7)电气施工图。

三、建筑施工图的识读

1. 施工图的识读

房屋建筑施工图是用投影原理的各种图示方法和规定画法综合应用绘制的，因此，识读房屋建筑施工图，必须具备相关的知识，按照正确的方法步骤进行识读。下面简单介绍施工图识读的一般方法与步骤。

识读施工图的一般方法是：先看首页图(图纸目录和设计说明)，按图纸顺序通读一遍，然后按专业次序仔细识读，先基本图，后详图，再分专业对照识读(看是否衔接一致)。

一套房屋施工图是由不同专业工种的图样综合组成的，简单的有几张，复杂的有几十张，甚至几百张，它们之间有着密切的联系，读图时应注意前后对照，以防出现差错和遗漏。识读施工图的一般步骤如下：

(1)对于全套图样来说，先看说明书、首页图，后看建施、结施和设施。

(2)对于每一张图样来说，先看图标、文字，后看图样。

(3)对于建施、结施和设施来说，先看建施，后看结施和设施。

(4)对于建筑施工图来说，先看平面图、立面图、剖面图，后看详图。

(5)对于结构施工图来说，先看基础施工图、结构布置平面图，后看构件详图。

当然上述步骤并不是孤立的，而是要经常相互联系进行，反复阅读才能看懂。

2. 标准图的识读

一些常用的构配件和构造做法，通常直接采用标准图集，所以，在阅读了首页图之后，就要查阅本工程所采用的标准图集。按编制单位和使用范围分类，标准图集可分为以下三类：

(1)国家通用标准图集(常用 J102 等表示建筑标准图集、G105 等表示结构标准图集)。

(2)省级通用标准图集。

(3)各大设计单位(院级)通用标准图集。

标准图的查阅方法和步骤如下：

(1)按施工图中注明的标准图集的名称、编号和编制单位，查找相应图集。

(2)识读时应先看总说明，了解该图集的设计依据、使用范围、施工要求及注意事项等内容。

(3)按施工图中的详图索引编号查阅详图，核对有关尺寸和要求。

第二节　施工图首页

施工图首页一般包括图纸目录、设计说明、工程做法说明和门窗表等，用表格或文字说明。

一、图纸目录

图纸目录是为了便于阅图者对整套图样有一个概略了解和方便查找图样而列的表格。其内容包括图纸的图纸编号、图纸名称、图幅大小、专业类别、图纸张数等。表 3-1 为某住宅楼工程项目的建筑施工图图纸目录。

表 3-1　图纸目录(示例)

<table>
<tr><td colspan="3" rowspan="3">×××建筑设计研究院
图纸目录</td><td>工程项目</td><td colspan="4">＊＊市赵苑小区经济适用房 11 号住宅楼</td></tr>
<tr><td>业务号</td><td>A2009－08</td><td>日期</td><td>2009.1</td><td>第 1 张</td></tr>
<tr><td>专业负责人</td><td>＊＊＊</td><td>专业</td><td>建筑</td><td>共 13 张</td></tr>
<tr><td>顺序</td><td>图幅</td><td>图纸编号</td><td colspan="4">图纸名称</td><td>备注</td></tr>
<tr><td>1</td><td>A1</td><td>建筑 11－01</td><td colspan="4">首层平面图 1∶100</td><td></td></tr>
</table>

续表

<table>
<tr><td colspan="3" rowspan="3">×××建筑设计研究院
图纸目录</td><td>工程项目</td><td colspan="4">**市赵苑小区经济适用房11号住宅楼</td></tr>
<tr><td>业务号</td><td>A2009—08</td><td>日期</td><td>2009.1</td><td>第1张</td></tr>
<tr><td>专业负责人</td><td>***</td><td>专业</td><td>建筑</td><td>共13张</td></tr>
<tr><td>顺序</td><td>图幅</td><td>图纸编号</td><td colspan="4">图纸名称</td><td>备注</td></tr>
<tr><td>2</td><td>A1</td><td>建筑11—02</td><td colspan="4">二层平面图 1∶100</td><td></td></tr>
<tr><td>3</td><td>A1</td><td>建筑11—03</td><td colspan="4">三～十一层平面图 1∶100</td><td></td></tr>
<tr><td>4</td><td>A1</td><td>建筑11—04</td><td colspan="4">十二～十五层平面图 1∶100</td><td></td></tr>
<tr><td>5</td><td>A1</td><td>建筑11—05</td><td colspan="4">屋顶平面图　1—1平面图 1∶100</td><td></td></tr>
<tr><td>6</td><td>A1</td><td>建筑11—06</td><td colspan="4">①～㊷立面图 1∶100</td><td></td></tr>
<tr><td>7</td><td>A1</td><td>建筑11—07</td><td colspan="4">㊷～①立面图 1∶100</td><td></td></tr>
<tr><td>8</td><td>A1</td><td>建筑11—08</td><td colspan="4">Ⓜ～Ⓐ立面图　Ⓐ～Ⓜ立面图</td><td></td></tr>
<tr><td>9</td><td>A1</td><td>建筑11—09</td><td colspan="4">TFAL楼梯大样 1∶50</td><td></td></tr>
<tr><td>10</td><td>A1</td><td>建筑11—10</td><td colspan="4">TC2 C楼梯大样 1∶50</td><td></td></tr>
<tr><td>11</td><td>A1</td><td>建筑11—11</td><td colspan="4">厨房卫生间大样 1∶50</td><td></td></tr>
<tr><td>12</td><td>A1</td><td>建筑11—12</td><td colspan="4">外墙饰板平面 1∶100</td><td></td></tr>
<tr><td>13</td><td>A1</td><td>建筑11—13</td><td colspan="4">门窗大样 1∶50</td><td></td></tr>
</table>

二、设计说明

设计说明是工程概貌和总设计要求的说明。其内容包括工程概况、工程设计依据、工程设计标准、主要的施工要求和经济技术指标、建筑用料说明等。其内容包括以下几点：

(1)本工程的设计依据，包括有关的地质、水文情况等。

(2)设计标准，如建筑标准、结构荷载等级、抗震要求、采暖通风要求、照明标准等。

(3)施工要求，如施工技术及材料的要求。

(4)技术经济指标，如建筑面积、总造价、单位造价等。

(5)建筑用料说明，如砖、混凝土等的强度等级等。

下面为某单位办公楼的设计说明举例。

设计说明

一、本工程设计依据

(1)某单位(甲方)设计委托书。

(2)甲方提供的详细规划图及地形图。

(3)规划部门的设计方案审查批复。

(4)国家现行有关的设计规范。

二、本工程概况

1. 建筑名称：某单位综合楼

2. 概况

本工程共4层，坡屋顶，西侧一～三层为办公，东侧一～三层为接待，顶层为单身宿舍。耐火等级为二级。设计使用年限为50年。结构形式为砖混结构，基础采用条形基础。本工程按民用建筑工程设计等级为三级，按6度抗震设防。屋面防水等级为Ⅱ级。

3. 规模

建筑面积为3 998.5 m^2，建筑高度为15.70 m。

三、竖向设计

(1)本建筑±0.000，相当于绝对标高71.3 m。

(2)室外道路及场地的标高及排水根据甲方提供的地形图的设计标高确定。

(3)环境设计中庭院及绿地标高的确定应以不影响本设计的室内外标高为原则。

四、建筑装饰装修

(1)本图纸室内装修设计为参考做法，如做二次装修，具体做法详见装修公司所作装修施工图，但不应破坏承重体系及违反防火规范。

(2)建筑物内装修材料，其燃烧性能等级应满足下列要求：

顶棚A级；地面、隔断B1级；固定家具、窗帘B1级；其他装饰材料B2级。

注：A级为不燃烧材料，B1级为难燃烧材料，B2级为可燃烧材料。

(3)室内装饰装修活动，禁止下列行为：

①未经原设计单位或者具有相应资质等级的设计单位提出设计方案，变动建筑主体和承重结构。

②将没有防水要求的房间或者阳台改为卫生间、厨房。

③扩大承重墙上原有的门窗尺寸。

④损坏房屋原有节能设施，降低节能效果。

⑤其他影响建筑结构和使用安全的行为。

五、建筑材料及门窗

(1)为保证工程质量，主要建筑装修材料必须选用优质绿色环保产品，花岗岩、大理石、地面砖、吊顶、门窗、铁艺栏杆、涂料等材料应有产品合格证书和必要的性能检测报告，材料的品格规格、色彩、性能应符合现行国家产品标准和设计要求，不合格的材料不得在工程中使用。

(2)所有门窗，其选用的玻璃厚度和框料均应满足安全强度要求，其抗风压变形、雨水渗透、空气渗透、平面内变形、保温、隔声及耐撞击等性能指标均应符合国家现行产品标准的规定。

(3)所有门窗制作安装前需现场校核尺寸及数量。

六、有关注意事项

(1)图中所注标高除屋面外，均为施工完成后的面层标高。

(2)洗漱间、卫生间的地坪均低于室内地坪30 mm，且按1%坡度坡向地漏。洗漱间、卫生间的防水层应从地面延伸到墙面，高出地面300 mm以上，楼板上翻挡水沿300 mm高。浴室墙面的防水层应高出地面1 800 mm以上。

(3)楼梯、室内回廊及室外楼梯等临空处设置的栏杆应采用不易攀登的构造，垂直栏杆间的净距不应大于110 mm。

(4)施工单位应严格遵照国家现行施工及验收规范进行施工，若遇图纸有误或不明确之处，应及时与设计人员协商，待进行处理答复后方可继续施工。

(5)施工单位应认真参阅设备、电气施工图，协调与土建施工的关系，做好预埋件、预留孔洞等。

(6)本设计除注明外，施工单位尚应遵照国家现行的有关标准、规范、规程和规定。

三、工程做法说明

工程做法说明是对工程的细部构造及要求加以说明，一般采用表格形式制作《工程做法表》。其内容包括工程构造的部位、名称、做法及备注说明等，例如，对楼地面、内外墙、散水、台阶等处的构造做法和装修做法。当大量引用通用图集中的标准做法时，使用工程做法表方便、高效。有时中、小型房屋的工程做法说明也常与设计说明合并。

表 3-2 为某单位综合楼的工程做法表，在表中对各施工部位的名称、做法等作了详细的说明和要求。如采用标准图集中的做法，应注明所采用标准图集的代号，做法如有改变，可在备注中说明。

表 3-2　工程做法表(示例)

编号	名称		施工部位	做法	备注
1	外墙面	干粘石墙面	见立面图	98JI 外 10—A	内抹保温砂浆 30 mm 厚
		瓷砖墙面	见立面图	98JI 外 22	
		涂料墙面	见立面图	98JI 外 14	
2	内墙面	乳胶漆墙面	用于砖墙	98JI 内 17	楼梯间墙面抹 30 mm 厚保温砂浆
		乳胶漆墙面	用于加气混凝土墙	98JI 内 19	
		瓷砖墙面	仅用于厨房、卫生间阳台	98JI 内 43	规格及颜色由甲方定
3	踢脚	水泥砂浆踢脚	厨房用卫生间不做	98JI 踢 2	
4	地面	水泥砂浆地面	用于地下室	98 对地 4—C	
5	楼面	水泥砂浆楼面	仅用于楼梯间	98JI 楼 1	
		铺地砖楼面	仅用于厨房及卫生间	98JI 楼 14	规格及颜色由甲方定
		铺地砖楼面	用于客厅、餐厅、卧室	98JI 楼 12	规格及颜色由甲方定
6	顶棚	乳胶漆顶棚	所有顶棚	98JI 棚 7	
7	油漆		用于木件	98JI 油 6	
			用于铁件	98JI 油 22	
8	散水			98JI 散 3—C	宽 1 000 mm
9	台阶		用于楼梯入口处	98JI 台 2—C	
10	层面			98JI 屋 13(A. 80)	

四、门窗表

门窗表是对建筑物上所有不同类型门窗的统计表格。它主要反映门窗的类型、大小、所选用的标准图集及其类型编号等，如有特殊要求，应在备注中加以说明。表 3-3 为某住宅工程门窗表。

表 3-3　门窗表(示例)

类别	设计编号	洞口尺寸 mm		数量					采用标准图集及编号	备注
		宽	高	总计	一层	二层	三层	四层		
门	M—1	1 000	1 800	2	2				参 L92J601P66M2—185	木制空心门
	M—2	1 000	2 100	6		2	2	2	(甲方自定)	阻燃乙级防火门
	M—3	900	2 400	18		6	6	6	参 L92J601P66M2—201	木制空心门
	M—4	800	2 400	6		2	2	2	参 L92J601P66M2—22	木制空心门
	M—5	2 700	2 400	6		2	2	2	参 L92J601P66M2—185	塑钢门
	M—6	965	1 800	4	4					木制空心门
门连窗	MC—1	2 180	2 400	6		2	2	2		塑钢门窗
	MC—2	1 800	1 800	2	2					塑钢门窗
窗	C—1	1 200	900	4	4					塑钢窗
	C—2	1 300	900	2	2					塑钢窗
	C—3	1 300	1 200	4		2	2			塑钢窗
	C—4	1 800	1 500	8		4	4			塑钢窗
	C—5	1 500	1 500	6		2	2	2		塑钢窗
	C—6	2 300	1 500	6		2	2	2		塑钢窗
	C—7	1 400	1 500	1		1				塑钢窗
	C—8	1 800	900	4	4					塑钢窗
	C—9	1 800	1 500	4						塑钢窗
	C—10	1 300	1 200	2						塑钢窗
	C—11	1 400	1 500	1						塑钢窗

第三节　建筑总平面图

一、总平面图的图示内容

建筑总平面图是新建房屋在基地范围内的总体布置图。它反映新建房屋、构筑物的平面轮廓形状、位置和朝向，室外场地、道路、绿化等的布置，地貌、标高等情况以及与原有环境的关系和邻界情况等。

同一张总平面图内，若应表示的内容过多，可以分为几张总平面图。

二、总平面图的图示方法

1. 比例

总平面图所包括的区域面积较大，因此，一般常采用 1∶500、1∶1 000、1∶2 000 的比例绘制，布置方向一般按上北下南方向。

2. 图例

应用图例来表示新建、原有、拟建的建筑物，附近的地物、环境、交通和绿化布置等情况，在总平面图上一般应画上所采用的主要图例及其名称。对于标准中缺乏规定而需要自定的图例，必须在总平面图中绘制清楚，并注明其名称。表 3-4 为总平面图常用的一部分图例：

表 3-4　总平面图中常用图例

序号	名称	图　　例	备　　注
1	新建建筑物	X= Y= ① 12F/2D H=59.00 m	新建建筑物以粗实线表示与室外地坪相接处±0.00 外墙定位轮廓线。 建筑物一般以±0.00 高度处的外墙定位轴线交叉点坐标定位。轴线用细实线表示，并标明轴线号。 根据不同设计阶段标注建筑编号，地上、地下层数，建筑高度，建筑出入口位置(两种表示方法均可，但同一图纸采用一种表示方法)。 地下建筑物以粗虚线表示其轮廓。 建筑上部(±0.00 以上)外挑建筑用细实线表示。 建筑物上部连廊用细虚线表示并标注位置
2	原有建筑物		用细实线表示
3	计划扩建的预留地或建筑物		用中粗虚线表示
4	拆除的建筑物		用细实线表示
5	建筑物下面的通道		—
6	散状材料露天堆场		需要时可注明材料名称

续表

序号	名称	图　　例	备　　注
7	其他材料露天堆场或露天作业场		需要时可注明材料名称
8	铺砌场地		—
9	敞棚或敞廊		—
10	高架式料仓		—
11	漏斗式贮仓		左、右图为底卸式，中图为侧卸式
12	冷却塔(池)		应注明冷却塔或冷却池
13	水塔、贮罐		左图为卧式贮罐，右图为水塔或立式贮罐
14	水池、坑槽		也可以不涂黑
15	明溜矿槽(井)		—
16	斜井或平硐		—
17	烟囱		实线为烟囱下部直径，虚线为基础，必要时可注写烟囱高度和上、下口直径
18	围墙及大门		—
19	挡土墙	5.00 1.50	挡土墙根据不同设计阶段的需要标注 墙顶标高 墙底标高
20	挡土墙上设围墙		—

续表

序号	名称	图例	备注
21	台阶及无障碍坡道	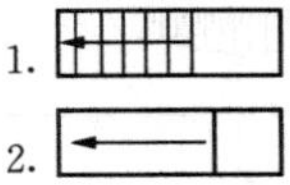 1. 2.	1. 表示台阶(级数仅为示意); 2. 表示无障碍坡道
22	露天桥式起重机	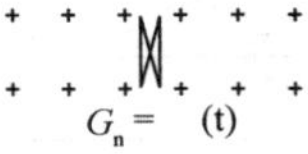 G_n= (t)	起重机起重量 G_n，以吨计算。“+”为柱子位置
23	露天电动葫芦	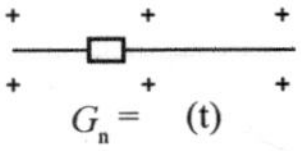 G_n= (t)	起重机起重量 G_n，以吨计算。“+”为支架位置
24	门式起重机	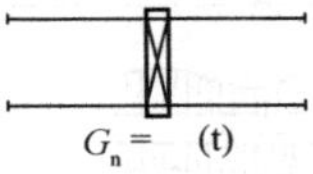 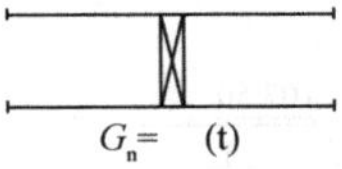 G_n= (t) G_n= (t)	起重机起重量 G_n，以吨计算。 上图表示有外伸臂; 下图表示无外伸臂
25	架空索道		“I”为支架位置
26	斜坡卷扬机道	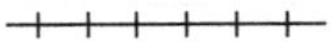	—
27	斜坡栈桥(皮带廊等)	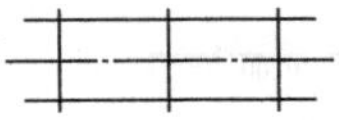	细实线表示支架中心线位置
28	坐标	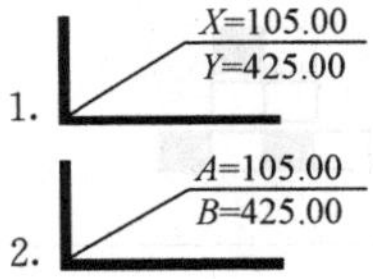 1. X=105.00 Y=425.00 2. A=105.00 B=425.00	1. 表示地形测量坐标系; 2. 表示自设坐标系: 坐标数字平行于建筑标注
29	方格网交叉点标高	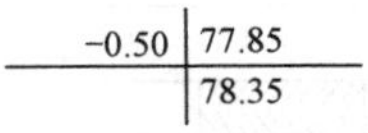 -0.50 77.85 78.35	“78.35”为原地面标高; “77.85”为设计标高; “-0.50”为施工高度; “-”表示挖方(“+”表示填方)
30	填方区、挖方区、未整平区及零线	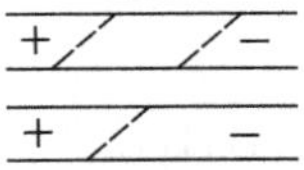 + − + −	“+”表示填方区; “-”表示挖方区; 中间为未整平区; 点画线为零点线

续表

序号	名称	图　例	备　注
31	填挖边坡		—
32	分水脊线与谷线		上图表示脊线； 下图表示谷线
33	洪水淹没线		洪水最高水位以文字标注
34	地表排水方向		—
35	截水沟	1 40.00	“1”表示1%的沟底纵向坡度，“40.00”表示变坡点间距离，箭头表示水流方向
36	排水明沟	107.50 1 40.00 107.50 1 40.00	上图用于比例较大的图面； 下图用于比例较小的图面； “1”表示1%的沟底纵向坡度，“40.00”表示变坡点间距离，箭头表示水流方向； “107.50”表示沟底变坡点标高（变坡点以“+”表示）
37	有盖板的排水沟	1 40.00 1 40.00	—
38	雨水口	1. 2. 3.	1. 雨水口； 2. 原有雨水口； 3. 双落式雨水口
39	消火栓井		—
40	急流槽		箭头表示水流方向
41	跌水		
42	拦水(闸)坝		—

续表

序号	名称	图　例	备　注
43	透水路堤		边坡较长时，可在一端或两端局部表示
44	过水路面		—
45	室内地坪标高	151.00 (±0.00)	数字平行于建筑物书写
46	室外地坪标高	143.00	室外标高也可采用等高线
47	盲道		—
48	地下车库入口		机动车停车场
49	地面露天停车场		—
50	露天机械停车场		露天机械停车场

3. 指北针及风向频率玫瑰图

在总平面图中，除图例以外，通常还要画出带有指北方向的风向频率玫瑰图，用来表示该地区的常年风向频率和房屋的朝向。总平面图应按上北下南方向绘制。根据场地形状或布局，可向左或右偏转，但不宜超过45°。

4. 坐标

确定新建、改建或扩建工程的具体位置，一般根据原有房屋或道路来定位，并以"m"为单位标出定位尺寸。当新建成片的建筑物和构筑物或较大的公共建筑或厂房时，往往用坐标来确定每一建筑物及道路转折点的位置，地形起伏较大的地区，还应画出地形等高线。坐标分为测量坐标和建筑坐标两种系统，如图3-2所示。

测量坐标是国家或地区测绘的，X轴方向为南北方向，Y轴方向为东西方向，以100 m×100 m或50 m×50 m为一方格，在方格交点处画十字线表示。用新建房屋的两个角点或三个角点的坐标值标定其位置，放线时根据已有的导线点，用仪器测出新建房屋的坐标，以便确定其位置。

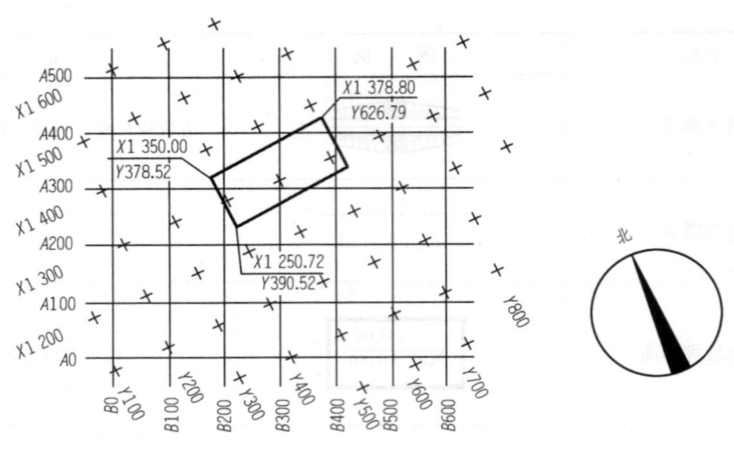

图 3-2　测量坐标定位

建筑坐标将建设地区的某一点定为原点 O，轴线用 A、B 表示，A 相当于测量坐标网的 X 轴，B 相当于测量网的 Y 轴(但不一定是南北方向)，其轴线应与主要建筑物的基本轴线平行，用 100 m×100 m 或 50 m×50 m 的尺寸画成网格通线。放线时根据原点 O 可导测出新建房屋的两个角点的位置。朝向偏斜的房屋采用建筑坐标较合适。

5. 建筑物尺寸及层数

在总平面图中常标出新建房屋的总长、总宽和定位尺寸及层数(多层常用黑小圆点数表示层数，层数较多时用阿拉伯数字表示)。

6. 标高

总平面图中还要标注新建房屋室内底层地面和室外地面的绝对标高，尺寸标高都以"m"为单位，注写到小数点后两位数字，不足时以 0 补齐。

三、建筑总平面图的识读要点

(1)了解工程性质、图纸比例，阅读文字说明，熟悉图例。

(2)了解建设地段的地形、范围、建筑物的布置、周围环境道路布置。

(3)了解建筑物自身的占地尺寸及相对距离。

(4)了解拟建建筑物的室内外高差、道路标高、坡度及排水挖填情况。

(5)了解建筑物的朝向和常年风向频率。

四、建筑总平面图的识图举例

以图 3-3 为例，介绍识读建筑总平面图的方法。

(1)了解图名、比例及建筑布局。从图 3-3 中可以看出，这是某小区新建别墅的总平面图，比例为 1∶500。小区内新建住宅 21 栋，连排别墅 2 栋，独立别墅 16 栋，9 层公寓 2 栋，还有一座幼儿园。主入口在西南，旁边是物业管理办公室和门卫，对面是喷水池，园区西北有幼儿园，北部有游泳池，东北有网球场，北面小山上有面积 30 000 m^2 的植物公园。

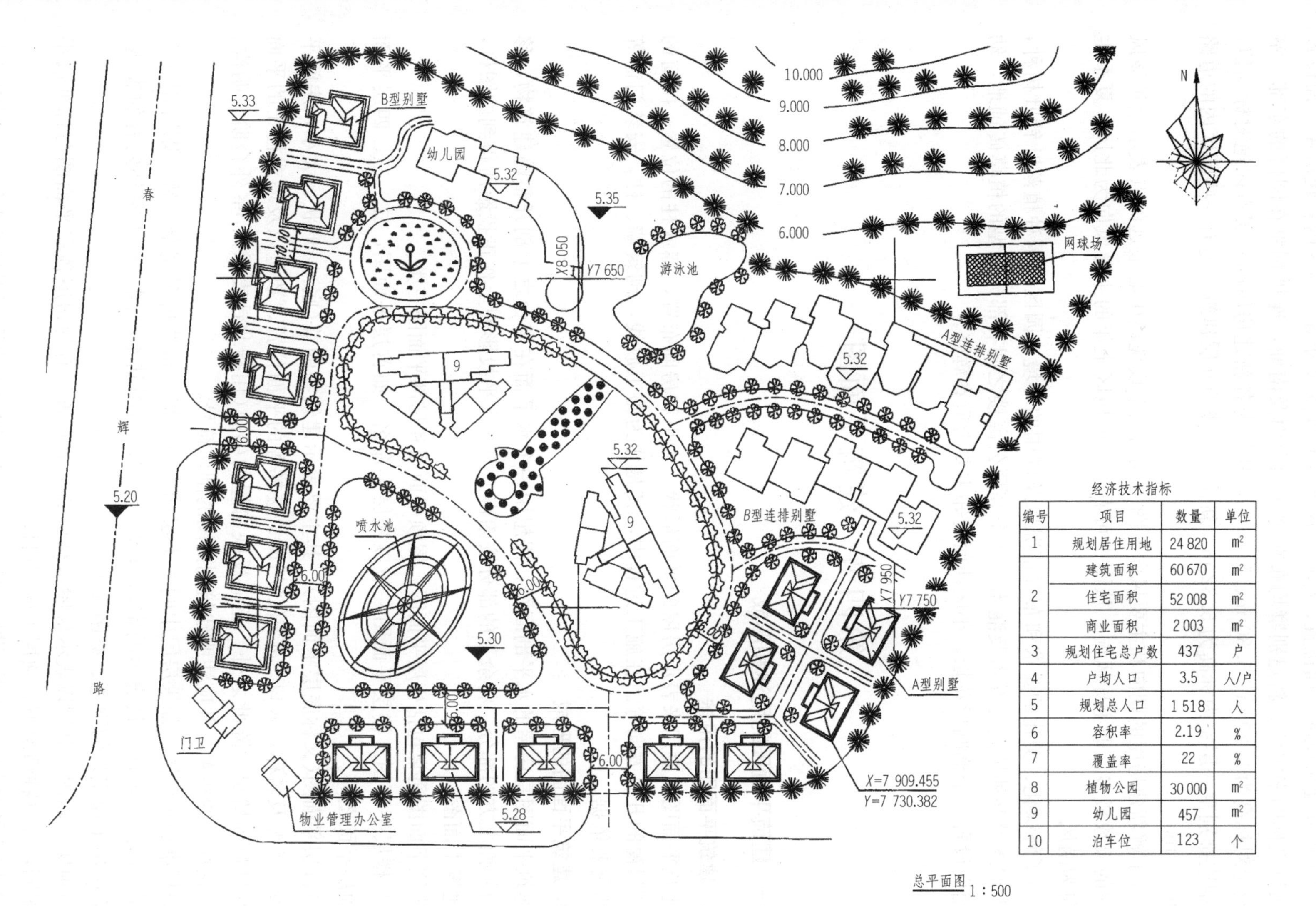

经济技术指标

编号	项目	数量	单位
1	规划居住用地	24 820	m²
2	建筑面积	60 670	m²
	住宅面积	52 008	m²
	商业面积	2 003	m²
3	规划住宅总户数	437	户
4	户均人口	3.5	人/户
5	规划总人口	1 518	人
6	容积率	2.19	%
7	覆盖率	22	%
8	植物公园	30 000	m²
9	幼儿园	457	m²
10	泊车位	123	个

图 3-3　总平面图

(2)了解新建房屋的平面位置、标高、层数及其外围尺寸等。小区内新建房屋平面位置通过测量坐标网来定位。新建别墅均布在园区的西面及南面，连排别墅在园区的东部。室外地面绝对标高为5.20 m、5.30 m、5.35 m，其他为各新建房屋的一层室内绝对标高值，如A型连排别墅一层室内标高为5.32 m。新建公寓楼为9层建筑，还有一些园区内的道路宽为6.00 m.

(3)了解新建房屋的朝向和主要风向。图中风向频率玫瑰离中心最远的点表示全年该风向风吹的天数最多，即主导风向。从图中可看到，该地区全年的主导风向为北风，夏季主导风向为南风。

(4)了解绿化、美化的要求和布置情况以及周围的环境。园区外围种植落叶针叶树种，园区内围绕道路种植阔叶乔木及灌木，两个高层公寓楼之间有部分造型的植草砖铺地，幼儿园南面设置一个椭圆形花坛。小区西面毗邻主要街道春辉路。

第四节　建筑平面图

一、建筑平面图的用途和形成

1. 建筑平面图的用途

建筑平面图主要用来表示房屋的平面形状、大小和房间布置，墙或柱的位置、门窗的位置、门窗的开启方向等。在施工过程中，其是作为施工放线，砌筑墙、柱，安装门窗等工作的重要依据。

2. 建筑平面图的形成

建筑平面图是房屋的水平剖面图。假想用一个水平面在窗台之上剖开整幢建筑物，移去剖切平面上方的部分，将余下的部分按俯视方向在水平投影面上作正投影所得到的图样，称为建筑平面图。

建筑平面图通常包括楼层平面图、屋顶平面图和局部平面图三类。

(1)楼层平面图。楼层平面图一般以楼层来命名，如首层平面图，二、三、四层平面图，顶层平面图等。

1)首层平面图(又称底层平面图)。其主要表示建筑物的首(底)层形状、大小，房间平面的布置情况及名称，入口、走道、门窗、楼梯等的平面位置、数量以及墙或柱子的平面形状及材料等情况。除此之外，还应反映房屋的朝向(用指北针表示)、室外台阶、明沟、散水、花坛等的布置，并应注明建筑剖面图的剖切符号。

2)标准层平面图。如果房屋中间若干层的平面布局、构造情况完全一致，则可用一个标准层平面图来表达。其表示的室内内容与首层平面图基本相同；对于室外内容的表达，主要需画出下层室外的雨篷、遮阳板等。

3)顶层平面图。其用以表示房屋最高层的平面布置。有的房屋顶层平面图与标准层平面图相同，在这种情况下，顶层平面图可以省略。

(2)屋顶平面图。屋顶平面图是将屋顶自上向下作水平投影而得到的平面图，用它来表示屋顶的情况，如屋面排水方向、坡度、雨水管的位置及屋顶的构造等。

(3)局部平面图。局部平面图可以用于表示两层或两层以上合用平面图中的局部不同处，也可以用来将平面图中某个局部以较大的比例另行画出，以便能较为清晰地表示出室内一些固定设施的形状和标注它们的定形、定位尺寸。

二、建筑平面图的图示方法及内容

下面结合某联排别墅平面图，如图 3-4～图 3-8 所示，说明建筑平面图的内容及图示方法。

1. 比例、图名及朝向

如图 3-5 所示，一层平面图采用的比例为 1∶50。平面图的图名以楼层层次命名，图名标注通常在图样的下方中间区域，图名文字下方加画一条粗实线，比例标注在图名右方，其字高比图名字高小一号或两号。平面图要求底层平面图上应画出指北针，指北针所指风向应与总平面图中风玫瑰的指北针方向一致，指北针表明了房屋的朝向。

2. 平面布局

一层平面图表示房屋底层的平面布局情况，即各房间的分隔与组合，房间的名称，出入口、楼梯的布置，门窗的位置，室外台阶、雨水管的布置，厨房、卫生间的固定设施等。

3. 定位轴线

如图 3-5 所示，该联排别墅有横向定位轴线 19 根，纵向定位轴线 13 根。定位轴线是确定房屋各承重构件(如承重墙、柱、梁)位置及标注尺寸的基线。定位轴线之间的距离，这里横向称为“开间”，竖向称为“进深”。如图 3-5 所示，⑦～⑩轴客厅的开间尺寸为 5 500 mm，Ⓐ～Ⓒ轴客厅的进深尺寸为 5 400 mm。

4. 墙柱的断面及门窗

平面图中凡是剖切到的墙用粗实线双线表示，门扇的开启示意线用中粗线单线表示，其余可见轮廓线则用细实线表示。

当比例用 1∶100～1∶200 时，建筑平面图中的墙、柱断面通常不画建筑材料图例，可画简化的材料图例(如柱的混凝土断面涂黑表示)，且不画抹灰层；比例大于 1∶50 的平面图，应画出抹灰层的面层线，并画出材料图例；比例等于 1∶50 的平面图，抹灰层的面层线应根据需要而定；对于比例小于 1∶50 的平面图，可以不画出抹灰层，但宜画出楼地面、屋面的面层线。

门窗等构配件参见图例画法，并标注门窗代号。门窗代号分别为 M 和 C，代号后面注写编号，如 M1、C6 等，同一编号表示同一类型，即形式、大小、材料均相同的门窗。如果门窗类型较多，可单列门窗表，至于门窗的具体做法，则要查阅门窗构造详图。

5. 必要的尺寸、标高及楼梯的标注

(1)尺寸标注。平面图中必要的尺寸包括表明房屋总长、总宽，各房间的开间、进深，门窗洞的宽度和位置，墙厚，以及其他一些主要构配件与固定设施的定形和定位尺寸等。标注的尺寸分为外部尺寸和内部尺寸两部分。

外部尺寸为便于读图和施工，一般注写三道：

第一道：标注外轮廓的总尺寸，即外墙的一端到另一端的总长和总宽尺寸，如一层总长为 26 540 mm，总宽为 15 040 mm。

第二道：标注轴线之间的距离，如①～②轴线之间的距离为 900 mm，⑥～⑦轴线之间的距离为 2 100 mm。

第三道：表示细部的位置及大小，如门窗洞口的宽度尺寸、墙柱等的位置和大小。室外台阶(或坡道)、花池、散水等细部尺寸，可单独标注。

内部尺寸表示房间的净空大小、室内门窗洞的大小与位置、固定设施的大小与位置、墙体的厚度、室内地面标高(相对于±0.000 m 地面的高度)。

(2)标高。房屋建筑图中，宜标注室内外地坪、楼地面、地下层地面、阳台、平台、檐口、门、窗、台阶等处的标高。标高的数字一律以“m”为单位，并注写到小数点以后第三位。常以房屋的底层室内地面作为零点标高，注写形式为±0.000；零点标高以上为“正”，标高数字前不必注写“＋”号；零点标高以下为“负”，标高数字前必须注写“－”号。如图 3-5 所示，客厅的地面标高为±0.000 m，会客厅的标高为－0.600 m 等。

(3)楼梯标注。楼梯在平面图中按照图例绘制，但要标注上下行方向线，一些图纸还标注了踏步的级数。由于楼梯构造比较复杂，通常要另画详图表示。

6. 有关的符号

一层平面图中，必须在需要绘制剖面图的部位，画出剖切符号，以及在需要另画详图的局部或构件处，画出索引符号。

(1)剖切符号及其编号。平面图中剖切符号及其编号的制图标准见“本书第一章第六节”，若剖面图与被剖切的图样不在一张图纸内，可在剖切位置线的另一侧注明其所在的图纸号，也可在图纸上集中说明，如图 3-5 所示，显示了 1－1、2－2、3－3 的剖切位置。

(2)索引符号。根据需要可应用索引符号来指引详图所在位置，便于了解细部构造，索引符号的制图标准见“本书第一章第六节”。

图 3-4 所示为地下室平面图，用于表示本案例地下室的平面布局。

图 3-6 所示为标准层平面图，用于表示本案例二层、三层的平面布局，应画出一层平面图无法表达的雨篷、阳台、窗楣等内容。对一层平面图上已经表达清楚的台阶、散水等内容就不必画出。

图 3-4　某联排别墅地下室平面图

图 3-5　某联排别墅一层平面图

图 3-6　某联排别墅标准层平面图(二层、三层平面图)

图 3-7 所示为顶层平面图，用于表示本案例阁楼层的平面布局。只需画出本层的投影内容及下一层的窗楣、雨篷等在下一层平面图中无法表达的内容。

图 3-8 所示为屋顶平面图，表示了屋面的形状、交线以及屋脊线的标高等内容。

图 3-7 某联排别墅顶层平面图（阁楼平面图）

图 3-8 某联排别墅屋顶平面图

三、建筑平面图的绘制步骤

(1)先画出所有定位轴线，然后画出墙、柱的轮廓线，并补全未定轴线的次要非承重墙。

(2)确定门窗洞口的位置，绘出所有的建筑构配件、卫生器具等细部的图例或外形轮廓，如楼梯、台阶、卫生间、散水、花池等。

(3)经检查无误后，擦去多余的图线，按规定线型加粗。

(4)标注轴线编号、标高尺寸、内外部尺寸、门窗编号、索引符号以及书写其他文字说明。在底层平面图中，还应画剖切符号以及在图外适当的位置画上指北针图例，以表明方位。

(5)在平面图下方注写出图名及比例等。

第五节 建筑立面图

一、建筑立面图的用途和形成

从建筑物的前后、左右等方向对建筑物各个立面所作的正投影图，称为建筑立面图，简称立面图。

建筑立面图主要反映建筑物的立面外貌、各构配件的形状和相互关系，同时反映房屋的高度、层数，屋顶的形式，外墙面装饰的色彩、材料和做法，门窗的形式、大小和位置，以及窗台、阳台、雨篷、檐口、勒脚、台阶等构造和配件各部位的标高等。建筑立面图在施工过程中，主要用于室外装修，以表现房屋立面造型的处理。它是建筑及外装饰施工的重要图样。

二、建筑立面图的图示方法及内容

下面以图 3-9、图 3-10 所示的联排别墅的立面图为例，说明图示方法及内容。

1. 建筑立面图的比例及图名

建筑立面图常用比例和平面图相同，根据《建筑制图标准》(GB/T 50104—2010)规定，常用的有 1∶50、1∶100、1∶200。本图采用 1∶100 的比例与平面图吻合。

建筑立面图的数量视房屋各立面的复杂程度而定，一般为 4 个立面图。立面图的图名，常用以下三种方式命名：

(1)按首尾两端轴线编号来命名，如①～⑧立面图、Ⓐ～Ⓕ立面图等。

(2)按建筑物的朝向来命名，如南立面图、北立面图、东立面图、西立面图。

(3)按建筑物立面的主次(房屋主出入口所在的墙面为正面)来命名，如正立面图、背立面图、左侧立面图、右侧立面图。

2. 定位轴线

在立面图中，一般只标出图两端的轴线及编号，其编号应与平面图一致。

3. 外形外貌及外墙面装饰做法

图3-9中为联排别墅的⑱～②轴立面图，该建筑为四层楼，将其与平面图(图3-4～图3-8)对照阅读可知，该立面图显示人行主出入口有4个，车库入口有4个，建筑风格为简欧式建筑。通常在立面图上以文字说明外墙面装饰的材料和做法，如图3-9所示，地下室及一层外墙饰面为花岗岩大理石，二层、三层外墙饰面为红色外墙砖，顶层为阁楼，屋顶的坡屋顶采用波形屋面瓦装饰，建筑总高度为15 m，地下室层高为2.6 m，一层、二层、三层层高均为3 m。

4. 线型

为增加图面层次，画图时常采用不同的线型。立面图的外形轮廓用粗实线表示；门窗洞口、檐口、阳台、雨篷、台阶等用中实线表示；其余如墙面分隔线、门窗格子、雨水管以及引出线等，均用细实线表示；框选详图区域范围用虚实线；引线、尺寸标注线采用细实线。

5. 图例

在立面图上，门窗应按标准规定的图例画出，通过不同的线型及图线的位置来表示门窗的形式。由于立面图的比例较小，许多细部(门扇、窗扇等)应按《建筑制图标准》(GB/T 50104—2010)所规定的图例绘制。为了简化作图，对于相同型号的门窗，也可只需详细地画出其中的1～2个，其他在立面图中可只绘制简图。如另有详图和文字说明的细部(如檐口、屋顶、栏杆)，在立面图中也可简化绘出。

6. 尺寸标注

立面图上通常只表示高度方向的尺寸，且该类尺寸主要用标高尺寸表示。标高尺寸有两种，即建筑标高和结构标高。一般情况下，用建筑标高表示构件的上表面，用结构标高来表示构件的下表面，但门窗洞的上、下两面必须全都标注结构标高。

立面图上应标出室外地面、台阶、门窗洞口、阳台、雨篷、檐口、屋顶等完成面的标高。对于外墙预留洞口处除标注标高外，还应标注其定形和定位尺寸。标注标高时，应注写在立面图的轮廓线以外，分两侧就近注写。注写时要上下对齐，并尽量使它们位于同一条铅垂线上，但对于一些位于建筑物中部的结构，为了表达更为清楚，在不影响图面清晰的前提下，也可就近标注在轮廓线以内。例如，北立面室外地坪标高为−2.600 m，一层地面标高为±0.000 m，二层楼面和三层楼面的标高分别为3.000 m和6.000 m，顶层楼地面标高为9.000 m，坡屋顶屋脊标高为13.450 m、14.600 m，建筑最高处——排风口标高为15.000 m。

在标高标注的基础上也有用尺寸标注立面图的。尺寸标注在竖直方向标注三道尺寸线：里边一道尺寸标注房屋的室内外高差、门窗洞口高度、垂直方向窗间墙、窗下墙高、檐口高度尺寸；中间一道尺寸标注层高尺寸；外边一道尺寸为总高尺寸。立面图水平方向一般不注尺寸，但如果十分必要也可标注。

7. 索引符号

应根据具体情况标注有关部位详图的索引符号，以引导施工和方便阅读。如图3-9所示，雨篷大样图索引到本套图纸的12页的详图4，阳台详图索引到本套图纸的13页的详图6。

三、建筑立面图的绘制步骤

(1)画室外地坪、两端的定位轴线、外墙轮廓线、屋顶线等。

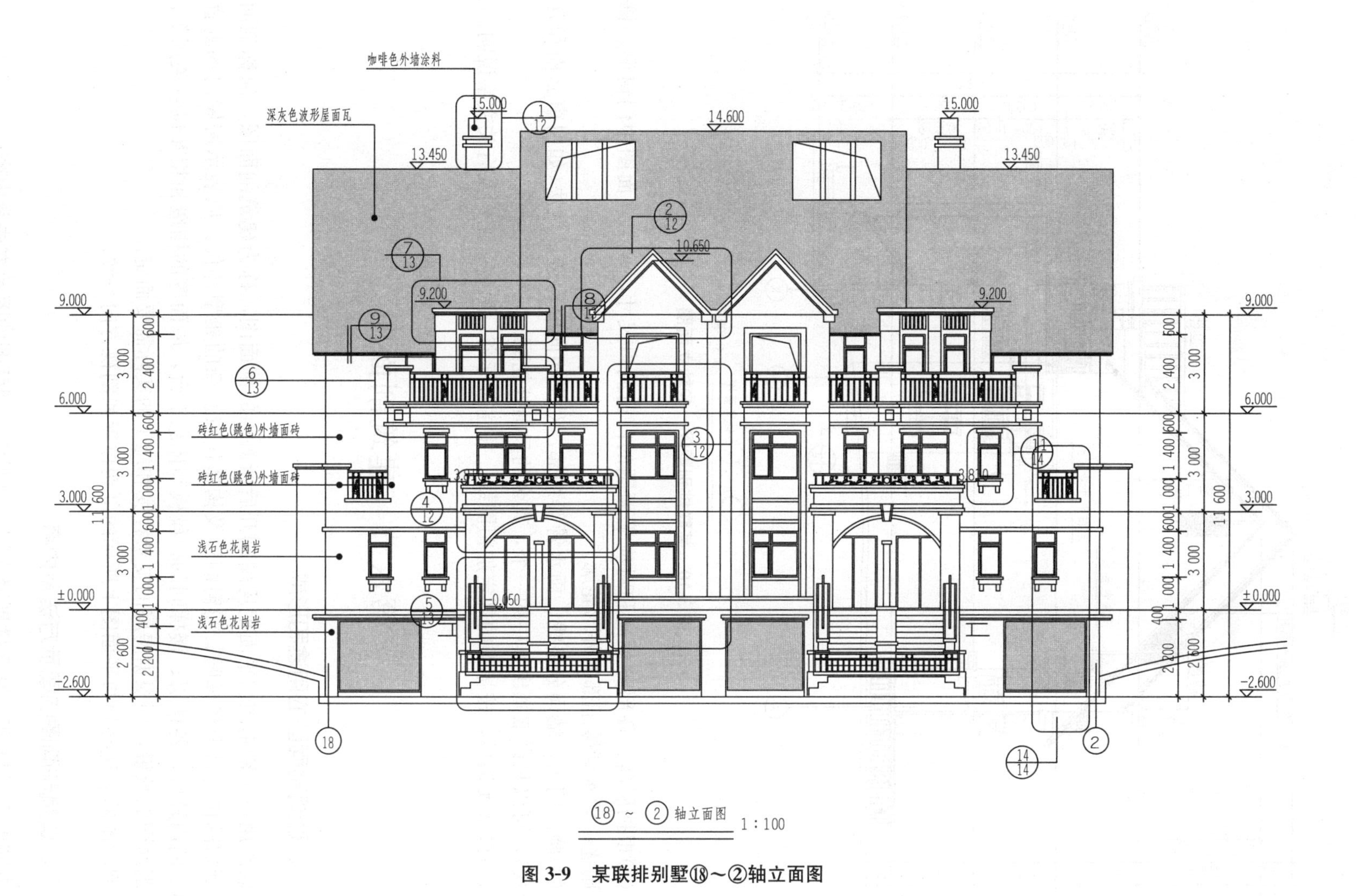

图 3-9 某联排别墅⑱～②轴立面图

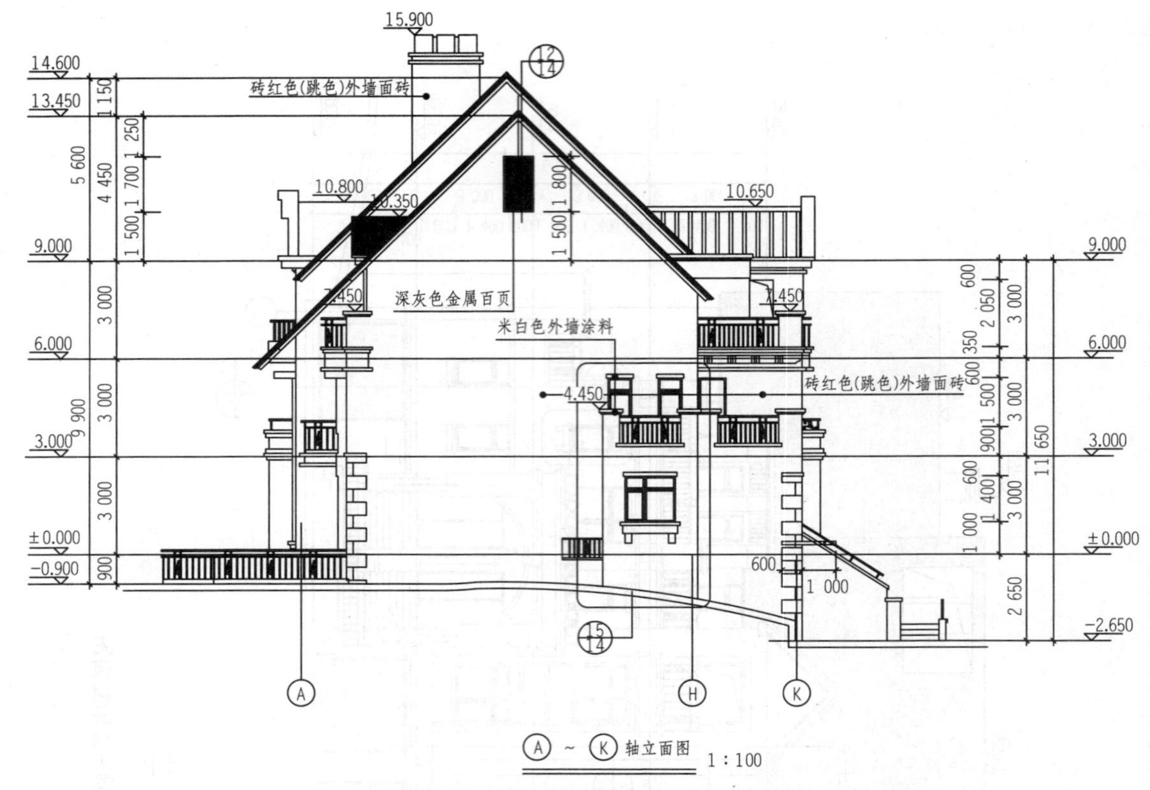

图 3-10　某联排别墅Ⓐ～Ⓚ轴立面图

(2)根据层高、各部分标高和对应平面图的门窗洞口尺寸，画出立面图中门窗洞、檐口、雨篷、雨水管等细部的外形轮廓。

(3)画出门扇、墙面分格线、雨水管等细部，对于相同的构造、做法(如门窗立面和开启形式)，可以只详细画出其中的一个，其余的只画外轮廓。

(4)检查无误后，按标准的规定加粗图线，并注写标高、图名、比例及有关文字说明。

第六节　建筑剖面图

一、建筑剖面图的用途和形成

假想用一个铅垂剖切平面把房屋剖开后所画出的剖面图，称为建筑剖面图，简称剖面图。剖切的位置常取楼梯间、门窗洞口及构造比较复杂的典型部位，以表示房屋内部垂直方向上的内外墙，各楼层、楼梯间的梯段板和休息平台，屋面等的构造和相互位置关系等。至于剖面图的数量，则根据房屋的复杂程度和施工的实际需要而定。

剖面图的表达必须与平面图上所标的剖切位置和剖视方向一致。

二、建筑剖面图的图示方法及内容

下面以图 3-11 所示某联排别墅为例，说明建筑剖面图的图示方法及内容。

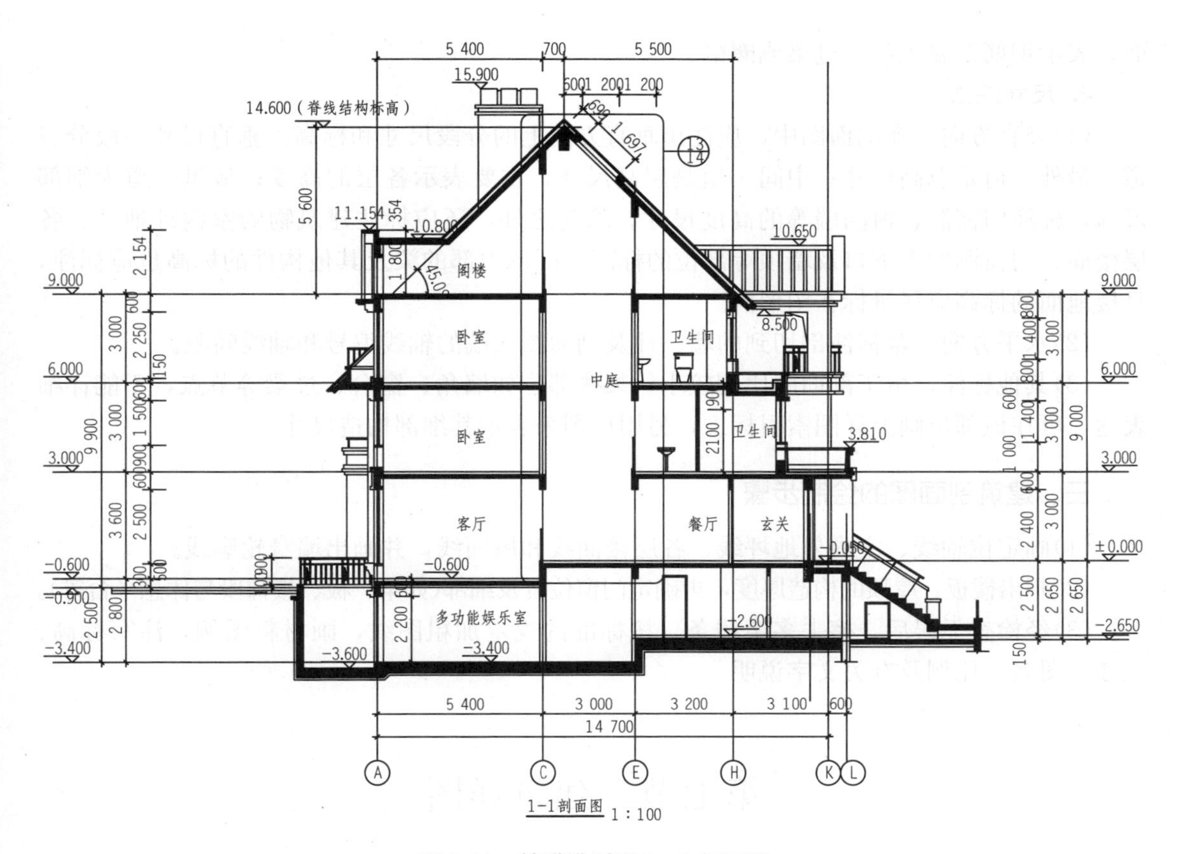

图 3-11　某联排别墅 1—1 剖面图

1. 比例及图名

建筑剖面图的常用比例为 1∶50、1∶100、1∶200，视房屋的大小和复杂程度选定，一般选用与建筑平面图相同或较大一些的比例。

剖面图图名要与对应的平面图中标注的剖切符号的编号一致，如 1—1 剖面图。剖切平面剖切到的部分及投影方向可见的部分都应表示清楚，如图 3-11 所示为联排别墅的 1—1 剖面图，剖切位置如图 3-5 所示。

2. 定位轴线

在剖面图中，应注出被剖切到的各承重墙的定位轴线及与平面图一致的轴线编号和尺寸。画剖面图所选比例，也应尽量与平面图一致。

3. 图线

在剖面图中，室内外地坪线用加粗实线表示，地面以下部分，从基础墙处断开，另由结构施工图表示。被剖切到的墙身、屋面板、楼板、楼梯、楼梯间的休息平台、阳台、雨篷及门窗过梁等用双粗实线表示，其中钢筋混凝土构件较窄的断面可涂黑表示。其他没被剖切到的可见轮廓线，如门窗洞口、楼梯、女儿墙、内外墙的表面均用中实线表示。图中的引出线、尺寸界线、尺寸线等用细实线表示。

如图 3-11 所示，剖切到的构件有室内外地面、楼板、墙、房顶、梁、柱、走廊和屋顶等。各楼面的楼板、坡屋顶的层面板均搁置在砖墙或屋(楼)面梁上，其断面均示意性地涂黑，其详细结构可参见各自的节点详图。在墙身的门窗洞顶面，屋面板底面涂黑的矩形断面，表示钢筋混凝土门窗过梁或圈梁。

4. 尺寸注法

(1)竖直方向。在剖面图中，应注出垂直方向上的分段尺寸和标高。垂直尺寸一般分三道：最外一道是总高尺寸；中间一道是层高尺寸，主要表示各层的高度；最里一道为细部尺寸，标注门窗洞、窗间墙等的高度尺寸。除此之外，还应标注建筑物的室内外地坪、各层楼面、门窗洞的上下口及墙顶等部位的标高。图形内部的梁及其他构件的标高也应标注，且楼地面的标高应尽量标在图形内。

(2)水平方向。常标注剖切到的墙、柱及剖面图两端的轴线编号和轴线间距。

(3)其他标注，由于剖面图比例较小，某些部位如墙角、窗台、过梁等节点，不能详细表达，可在该部位画上详图索引标志，另用详图来表示其细部构造尺寸。

三、建筑剖面图的绘制步骤

(1)画定位轴线、室内外地坪线、各层楼面线和屋面线，并画出墙身轮廓线。

(2)画出楼板、屋顶的构造厚度，再确定门窗位置及细部(如梁、板、楼梯段与休息平台等)。

(3)经检查无误后，擦去多余线条。按标准的规定加粗图线，画材料图例，注写标高、尺寸、图名、比例及有关文字说明。

第七节　建筑详图

一、建筑详图的用途和形成

在建筑施工图中，对于房屋的一些细部(也称节点)的详细构造，如形状、层次、尺寸、材料和做法等，由于建筑平、立、剖面图采用的比例较小，无法表达清楚、完整。因此，为满足施工的需要，除使用局部放大图外，还可以应用索引符号将一些部分从平、立、剖面图中索引出来，再将这些部位的构配件(如门、窗、楼梯、墙身等)或构造节点(如檐口、窗台、窗顶、勒脚、散水等)用较大比例画出，并详细标注其尺寸、材料及做法。这样的图样称为建筑详图，简称详图。

二、关于建筑详图的有关规定

建筑详图的主要特点是：用能清晰表达所绘节点或构配件的较大比例绘制，要求尺寸标注齐全，文字说明详尽。

建筑详图常用的比例是1∶5、1∶10、1∶20、1∶25、1∶50等。

建筑详图必须加注图名(或详图符号)，详图符号应与被索引的图样上的索引符号相对应，在详图符号的右下侧注写比例。对于套用标准图或通用图的建筑构配件和节点，只需注明所套用图集的名称、型号、页次，可不必另画详图。

建筑详图一般应表达出构配件的详细构造；所用的各种材料及其规格；各部分的构造连接方法及相对位置关系；各部位、各细部的详细尺寸；有关施工要求、构造层次及制作方法说明等。

在详图中，对楼地面、地下层地面、楼梯、阳台、平台、台阶等处注写高度尺寸及标高，且规定与建筑平、立、剖面图中的尺寸标高一致。在详图中如需画出定位轴线，除了按前面讲述的规定外，还有如下补充规定：定位轴线端部注写编号的细实线圆直径，在详图中可增加到 10 mm。

三、详图的图示特点及内容

下面结合某联排别墅的有关详图，说明建筑详图的图示内容。

1. 外墙详图

外墙详图主要表达房屋的屋面、楼层、地面和檐口构造、楼板与墙的连接、勒脚、散水等处的构造形式。画图时，通常将各个节点剖面连在一起，中间用折断线断开，各个节点详图都分别注明详图符号和比例。

根据图 3-12 可知，该图为外墙入口雨篷立面造型详图。详图比例均采用比例 1∶50，各构件画出了立面形状，并标注出细部构造尺寸。该图表明了雨篷处的构造形式以及与外墙身的连接关系，还有更细节部位的剖断面位置。

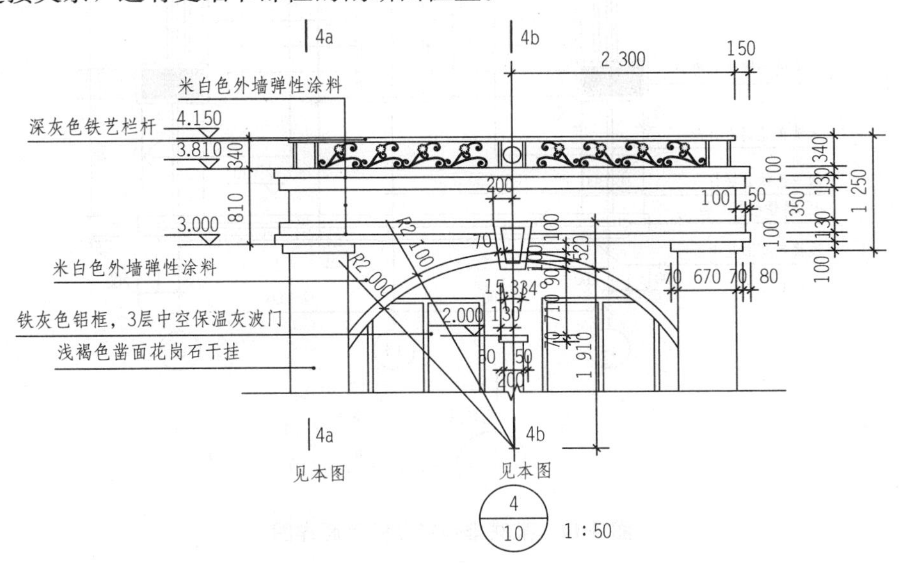

图 3-12　某联排别墅墙身节点 4 号详图

根据图 3-13 可知，该图为外墙 3—3 剖面详图。详图比例均采用比例 1∶25，该图表明了 3—3 剖面处的构造形式、构造做法、构造尺寸、标高、使用材料以及与外墙身的连接关系。

图 3-13　外墙 3—3 剖面详图

2. 台阶、楼梯详图

台阶、楼梯是楼房上下层之间重要的垂直交通设施，一般由楼梯段、休息平台和栏杆(栏板)组成。

台阶、楼梯详图就是楼梯间平面图及剖面图的放大图。它主要反映台阶、楼梯的类型、结构形式、各部位的尺寸及踏步、栏板等装饰做法。它是台阶、楼梯施工放样的主要依据，一般包括台阶、楼梯平面图、剖面图和节点详图。下面主要介绍台阶、楼梯的平面详图和剖面详图。

(1)台阶、楼梯平面详图。台阶、楼梯平面详图是用一个假想的水平剖切平面通过每层向上的第一个梯段的中部(休息平台下)剖切后，向下作正投影所得到的水平投影图。它实质上是房屋各层建筑平面图中楼梯间的局部放大图，通常采用 1∶50 的比例绘制。

如果房屋楼层数在三层以上，当中间各层楼梯位置、梯段数、踏步数都相同时，通常只画出底层、中间层(标图准层)和顶层三个平面图；当各层楼梯位置、梯段数、踏步数不相同时，应分别画出各层楼梯平面图，如图 3-14 所示为某联排别墅的台阶平面详图。在每一梯段处画带有箭头的指示线，并注写“上”或“下”字样。台阶、楼梯平面详图通常画在同一张图纸内，并互相对齐，这样既便于识读又可省略标注一些重复尺寸。

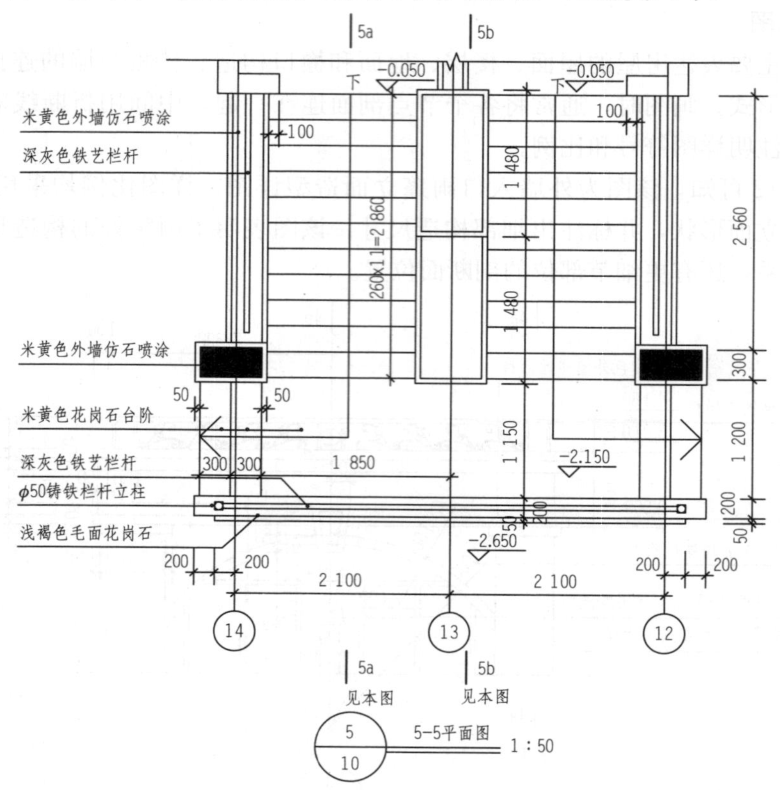

图 3-14　某联排别墅台阶平面详图

台阶、楼梯平面图上要注出轴线编号，表明楼梯在房屋中所在的位置，并注明轴线间尺寸以及楼地面、平台的标高。在楼梯平面图中，每梯段踏步面水平投影的个数均比楼梯剖面图中对应的踏步个数少一个，这是因为平面图中梯段的最上面一个踏步面与楼面平齐。

(2)台阶、楼梯剖面详图。台阶、楼梯剖面详图实际是建筑剖面图的局部放大图。楼梯剖面详图是用一假想的铅垂剖切平面，通过各层的同一位置梯段和门窗洞口，将楼梯垂直剖开向另一未剖到的梯段方向作正投影，所得到的剖面投影图。通常采用 1∶50 的比例绘制。楼梯剖面详图应完整清晰地表示楼梯各梯段、平台、栏杆的构造及其相互关系，以及梯段和踏步数量、楼梯的结构形式等。图 3-15 所示为楼梯剖面详图，它的剖切位置和投影方向已表示在底层楼梯平面图之中。

在多层房屋中，若中间各层的楼梯构造相同时，则剖面图可只画出底层、中间层(标准层)和顶层，中间用折断线分开；当中间各层的楼梯构造不同时，应画出各层剖面。

楼梯剖面图上应标出地面、平台和各层楼面的标高以及梯段的高度尺寸、踏步数。

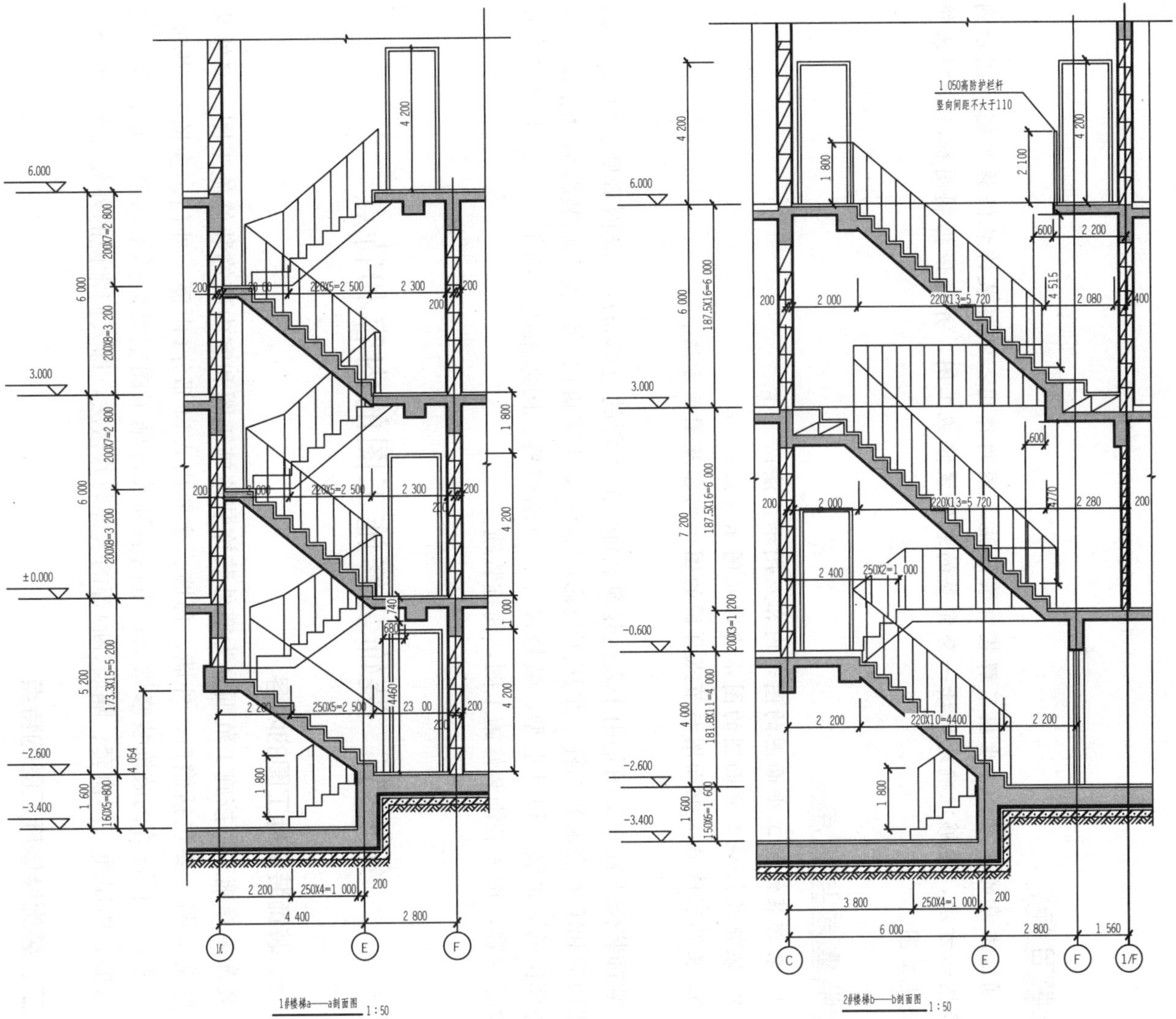

1#楼梯a—a剖面图 1:50

2#楼梯b—b剖面图 1:50

图3-15 某联排别墅楼梯剖面详图

第四章　装饰装修施工图

教学目标

通过本章的学习，学生应了解装饰装修施工图的作用，掌握装饰装修施工图的图示内容及图示方法，能够准确地识读一套完整的装饰装修施工图，并能依据制图标准绘制装饰装修施工图。

教学重点与难点

1. 装饰装修施工平面图的图示内容及图示方法；
2. 装饰装修施工立面图的图示内容及图示方法；
3. 装饰装修施工剖面图与节点详图的图示内容及图示方法。

装饰装修工程施工图是用于表达建筑装饰装修工程的总体布局、立面造型、内部布置、细部构造和施工要求的图样。采用正投影的方法反映建筑内(外)表面的装饰装修情况，包括各部位的装饰装修设计造型、装修尺寸、所用材料、构造做法、施工工艺、所用家具和陈设等内容，称为装饰装修施工图，简称装施。

第一节　装饰装修施工图的内容和特点

一、装饰装修施工图的内容

装饰装修施工图按施工范围分为室外装饰装修施工图和室内装饰装修施工图。室外装饰装修施工图主要包括檐口、外墙、幕墙、主要出入口部分(雨篷、外门、台阶)、花池、橱窗、阳台、栏杆等的装饰装修做法；室内装饰装修施工图主要包括室内空间布置及楼地面、顶棚、内墙面、门窗套、隔墙(断)等的装饰装修做法，即人们常说的外装修与内装修。

二、装饰装修施工图的特点

装饰施工图所反映的内容繁多、形式复杂、构造细致、尺度变化大，目前国家暂时还没有建筑装饰制图标准。因此，装饰装修施工图一般沿用《房屋建筑制图统一标准》(GB/T 50001—2017)和《建筑制图标准》(GB/T 50104—2010)等的规定。装饰装修施工图与建筑施工图密切相关，因为装饰工程依附于建筑工程，所以装饰施工图和建筑施工图有相同之处，但又侧重点不同。为了突出装饰装修，在装饰装修施工图中一般都采用简化建筑结构、突出装饰装修做法的图示方法。在制图和识图上，装饰装修施工图有其自身的特点和规律，如图样的组成、表达对象、投影方向、施工工艺及细部做法的表达等都与建筑施工图有所不同。必要时，还可绘制透视图、轴测图等进行辅助表达。

三、装饰装修施工图的组成

装饰装修施工图一般有装饰装修设计说明、图纸目录、材料表、装饰装修平面图(平面布置图、平面索引图、顶棚平面图、隔墙平面图等)、装饰装修立面图、装饰装修剖面图、装饰装修详图及配套专业设备工程图。

第二节　装饰装修施工平面图

装饰施工平面图是装饰装修施工图的主要图样，它是根据装饰设计原理、人体工程学以及用户的要求画出的用于反映平面布局、装饰空间及功能区域的划分、家具的布置、绿化植物及陈设的布局等内容的图样。它是确定装饰空间平面尺度及装饰形体定位的主要依据。

装饰施工平面图一般包括平面布置图、顶棚平面图。但是有一些复杂的工程，为了施工过程中各个施工阶段、各施工内容以及各专业供应方读图的要求，可将装饰平面图划分为平面布置图、墙体尺寸定位图、地面铺装图、顶棚平面图、顶棚灯位平面图、开关、插座布置图、给水排水点位布置图、索引平面图等。

一、平面布置图

1. 平面布置图的形成

平面布置图是假设用一水平剖切平面，沿着略高于窗台的位置对建筑作水平全剖切，移去上面的部分，对剩下的部分所作的水平正投影图。

2. 平面布置图的图示内容及作用

平面布置图主要用于表达房间内家具、设备等的平面布置、平面形状、位置关系及尺寸大小，表明饰面的材料和工艺要求等内容。它们与建筑平面图表达的内容及表达方式基本相同，所不同的是增加了装饰装修和陈设的内容。

平面布置图所表达的主要内容如下：

(1)建筑主体结构(如墙、柱、台阶、楼梯、门窗等)的平面布置、具体形状以及各种房间的位置和功能等。

(2)室内家具陈设、设施(电器设备、卫生盥洗设备等)的形状、摆放位置和说明。

(3)隔断、装饰构件、植物绿化、装饰小品的形状和摆放位置。

(4)尺寸标注。一是建筑结构体的尺寸；二是装饰布局和装饰结构的尺寸；三是家具、设备的尺寸。

(5)门窗的开启方式及尺寸。

(6)详图索引、各面墙的立面投影符号(内视符号)及剖切符号等。

(7)表明饰面的材料和装修工艺要求等文字说明。

依据平面布置图可进行家具、设备购置单的编制工作，结合尺寸标注和文字说明，可制作材料使用计划和施工安排计划等。

如图 4-1 所示为某住宅装饰装修平面布置图示例，图 4-2 所示为索引平面图示例。

图 4-1　某住宅装饰装修平面布置图

图 4-2　某住宅装饰装修索引平面图

3. 图示方法及绘制步骤

(1)选比例、定图幅(注：计算机绘图按实际尺寸绘制)。

(2)画出建筑主体结构平面图，标注建筑结构体的尺寸及楼地面标高。

(3)画出家具陈设、厨房设备、卫生洁具、电器设备、隔断、装饰构件等的布置。

(4)标注尺寸，如家具、隔断、装饰造型等的定形、定位尺寸。

(5)绘制内视符号、索引符号。

(6)检查。

(7)检查无误后进行区分图线，注写文字说明、图名、比例等。

(8)完成绘图。

二、地面铺装图

1. 地面铺装图的形成

用于表达楼地面铺装形式、铺装选材等楼地面装修情况的平面图，称为地面铺装图。

2. 地面铺装图的图示内容及作用

地面铺装图主要用于表达地面铺装形式、地面标高，饰面材料的名称、规格、拼花样式及有特殊要求的工艺做法。地面铺装图所表达的主要内容如下：

(1)建筑主体结构(如墙、柱、台阶、楼梯、门窗等)的平面布置、具体形状以及各种房间的位置和功能等。

(2)各功能空间地面的铺装形式、规格，饰面材料的名称、拼花样式。

(3)尺寸标注。一是建筑结构体的尺寸；二是铺装规格尺寸。

(4)表明饰面的材料和装修工艺要求等文字说明。

图 4-3　某住宅装饰装修地面铺装图

图 4-3 所示为某住宅装饰装修地面铺装图示例。

3. 图示方法及绘制步骤

地面铺装图主要表示地面分格形式、材料及做法。面层分格线用细实线画出，用于表示地面施工时的外观形式和铺装方向。

(1)选比例、定图幅(注：计算机绘图按实际尺寸绘制)。

(2)画出建筑主体结构平面图，标注建筑结构体的尺寸及楼地面标高。

(3)画出地面面层分格线及分格形式。

(4)标注地面分格尺寸，材料不同时采用图例区分，并用文字说明。

(5)索引符号、图名、比例。

(6)检查并区分图线。

(7)完成作图。

三、顶棚平面图

1. 顶棚平面图的形成

顶棚平面图也称天花平面图、天棚平面图或吊顶平面图，通常采用镜像投影法绘制而成，反映顶棚形状、造型尺寸、标高、装饰做法、所属设备(灯具等)的位置、设备定位尺寸、饰面材料和工艺要求等内容。

2. 顶棚平面图的图示内容与作用

顶棚平面图主要用于表达室内各房间顶棚的造型、构造形式、材料要求，顶棚上设置的灯具的位置、数量、规格、标高，以及在顶棚上设置的其他设备的情况等内容。顶棚平面图所表达的主要内容如下：

(1)建筑主体结构(墙、柱)的形状及位置(门窗洞一般可不表示)。

(2)顶棚的形状、造型尺寸、标高。

(3)灯具灯饰类型、规格说明、定位尺寸。

(4)空调风口、排气扇、消防设施等设备外露件的规格、定位尺寸。

(5)节点详图索引或剖面、断面标注等。

(6)顶棚表面饰面材料、装饰做法和工艺要求等文字说明。

图 4-4 所示为某住宅装饰装修顶棚结构平面图示例，图 4-5 所示为顶棚灯位平面图示例。

图 4-4　某住宅装饰装修顶棚结构平面图

图 4-5　某住宅装饰装修顶棚灯位平面图

3. 图示方法及绘制步骤

(1)选比例、定图幅(注：计算机绘图按实际尺寸绘制)。

(2)画出建筑主体结构平面图，标注建筑结构体的尺寸。

(3)画出顶棚的轮廓线、灯饰、空调风口等设施。

(4)标注尺寸、标注相对于本层楼地面的顶棚底面的标高。

(5)检查无误后进行区分图线。

(6)注写文字说明、图名、比例等。

(7)完成绘图。

第三节　装饰装修施工立面图

室内装饰装修立面图是人立于室内向各墙面观看而形成的正投影图，它主要用来表达内墙立面的造型、材料、色彩、工艺要求，门窗的位置和形式，以及附属的家具、陈设、植物等必要的尺寸和位置，部分天花剖面等，它能表现出整个房间装修后室内空间的布置与装饰效果。

一、室内装饰施工立面图的形成

室内装饰装修立面图一般采用剖立面图表示，即假设用一个与所表达墙面平行的剖切平面将房间从顶棚至地面剖开，投影所得的正投影图即为室内装饰装修立面图。

室内装饰装修立面图一般是以投影方向命名的，其投影方向编号应与平面布置图上内视符号一致，如“A立面图”“B立面图”等；装饰装修立面图的命名方法还可以用房间东、西、南、北立面坐落方向命名，如“主卧室南立面图”；也可用房间主要立面装饰构件的名称命名，如“主卧室电视背景墙立面图”。

二、室内装饰施工立面图的图示内容与作用

室内装饰装修立面图是内墙面装饰装修施工和墙面装饰物布置的主要依据，其主要表达的内容如下：

(1)建筑主体结构以及门窗、墙裙、踢脚线、窗帘盒、窗帘、壁挂装饰物、灯具、装饰线等主要轮廓及材料图例。

(2)墙、柱面装修造型的样式及饰面材料的名称、图案、规格、施工工艺及做法等。

(3)立面造型尺寸的标注，顶棚面距地面的标高，各种饰物及其他设备的定位尺寸标注。

(4)固定家具在墙面中的位置、立面形式和主要尺寸。

(5)节点详图、索引或剖面、断面等符号、比例及文字说明。

如图4-6所示为某住宅装饰装修立面图示例。

三、图示方法及绘制步骤

(1)结合平面布置图，取适当比例绘制建筑结构的轮廓(注：计算机绘图按实际尺寸绘制)。

(2)绘制立面门窗、装饰造型及构配件的样式。

(3)绘制室内各种家具、设备设施的立面图形，如床、柜、窗帘等。

(4)标注各装饰面的材料、色彩。

(5)标注相关尺寸，某些部位若须绘制详图，应绘制相应的索引符号。

(6)检查无误后进行区分图线。

(7)书写图名和比例。

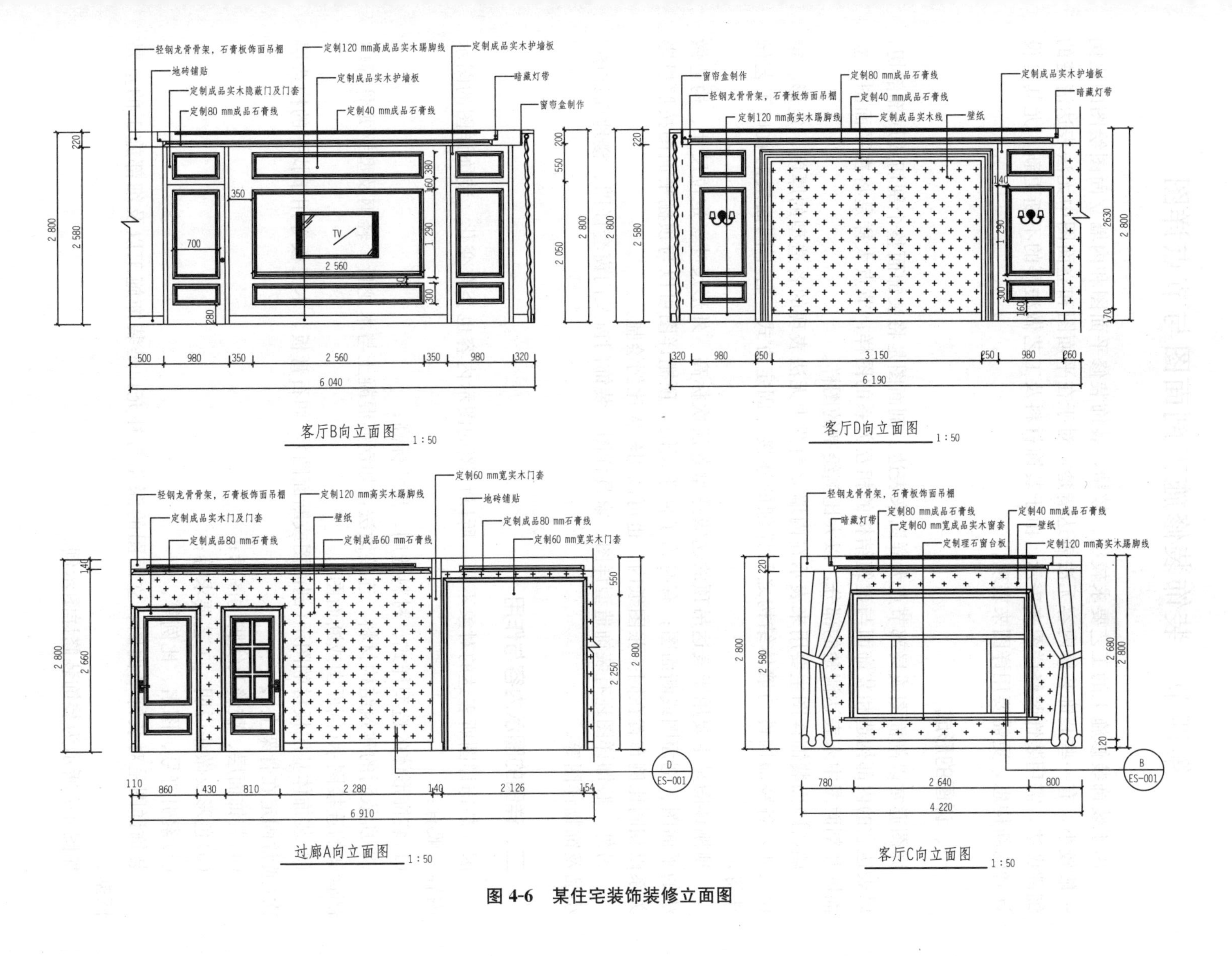

图 4-6　某住宅装饰装修立面图

第四节　装饰装修施工剖面图与节点详图

由于装饰装修施工的工艺要求较细、较精，装饰装修平面图和内墙立面图绘图的比例一般较小，有一些装饰装修内容无法表达清楚，对于在平面图和立面图中无法表达清楚的细部做法，需用装饰装修详图来表示。由于装饰材料及工艺做法等的不断更新，尤其是设计者的新构思，更需要用详图来表现。

一、详图的形成

详图通常以剖面图或局部节点大样图来表达。剖面图是将装饰面整个剖切或局部剖切，以表达它的内部构造和装饰面与建筑结构的相互关系的图样；节点大样是将在平面图、立面图和剖面图中未表达清楚的部分，以大比例绘制的图样。

墙(柱)面装饰详图主要用来表示在内墙立面图中无法表现的各造型的厚度、定形、定位尺寸，各装饰构件与墙体结构之间详细的连接与固定方式，各不同面层的收口工艺做法等。

顶棚详图是主要用于表达吊顶的迭级造型各层次标高、外形尺寸、定位尺寸、构造做法的平面图、剖面图或断面图；有时为了便于读图，顶棚详图可以与顶棚平面图按照投影关系以相同比例布置在同一张图纸内，也可以用较大比例绘制。

另外，装饰详图还有装饰造型详图、家具详图、装饰门窗及门窗套详图、楼地面详图、小品及饰物详图等。

二、详图的图示内容与作用

因为装饰详图所表达的对象不同，所以详图的图示内容也会有变化。装饰详图的图示内容一般有：

(1)装饰形体的造型样式、材料选用、尺寸标高；

(2)所依附的建筑结构材料、连接做法，如钢筋混凝土与木龙骨、轻钢及型钢龙骨等内部骨架的连接图示(剖面图或断面图)；

(3)装饰体基层板材的图示(剖面图或断面图)，如石膏板、木工板等用于找平的构造层次(通常固定在骨架上)；

(4)装饰面层、胶缝及线脚的图示；

(5)色彩及做法说明、工艺要求等；

(6)索引符号、图名、比例等。

装饰详图是对装饰平面图、立面图的深化与补充，是装饰施工以及细部施工的重要依据。

如图 4-7 所示为装饰装修详图示例。

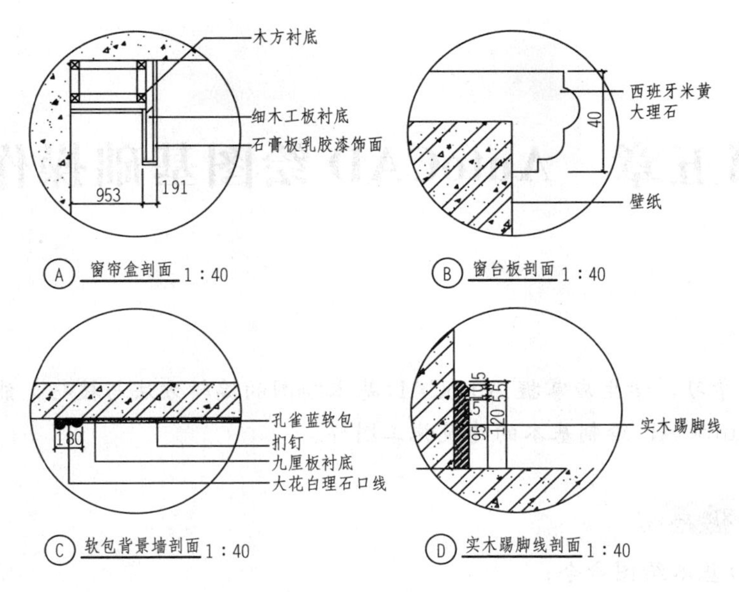

图 4-7　装饰装修详图

三、图示方法及绘制步骤

(1)选取适当比例，根据物体的尺寸绘制轮廓。

(2)绘制细部构造，将图中较重要的部分用粗、细线条加以区分。

(3)绘制材料图例。

(4)详细标注相关尺寸与文字说明，书写图名和比例。

第五章　AutoCAD 绘图基础操作

教学目标

通过本章的学习，学生应掌握 AutoCAD 基本绘图的编辑方法与技巧，能够依据制图标准熟练地运用 AutoCAD 绘制基本的建筑施工图样。

教学重点与难点

1. AutoCAD 基本绘图命令；
2. AutoCAD 基本修改命令；
3. 文字输入与文字样式设置；
4. 尺寸标注与标注样式设置；
5. 图块的创建与编辑。

第一节　AutoCAD 绘图工作界面

启动 AutoCAD，不同版本的界面有所区别，我们采用 CAD 经典风格的界面介绍"AutoCAD 经典"，在右下角的切换工作空间中可以找到。AutoCAD 工作界面包括标题栏、菜单栏、工具栏、绘图区、十字光标、坐标系、命令窗口、状态栏、部局标签和滚动条等，如图 5-1 所示。

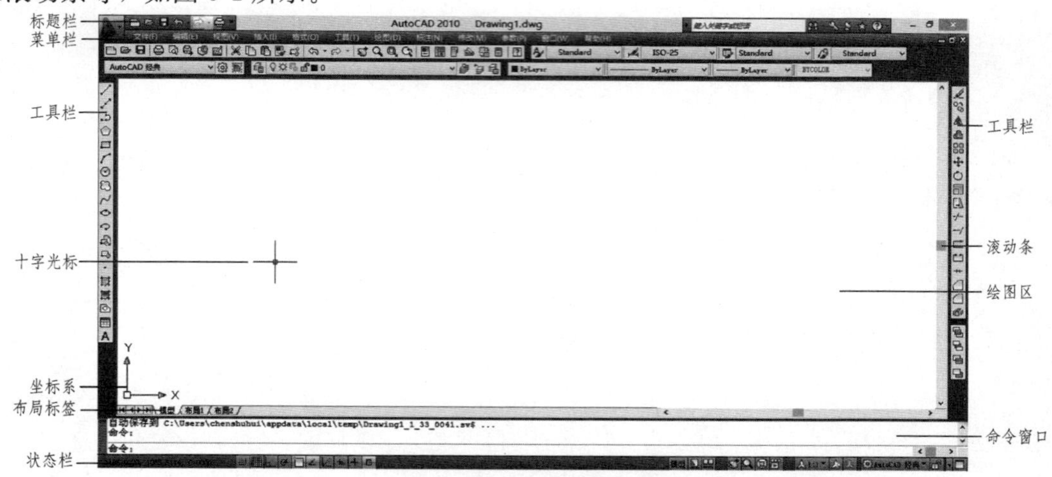

图 5-1　AutoCAD 工作界面

1. 标题栏

在 AutoCAD 窗口的最上方是标题栏。标题栏显示系统正在运行的应用程序和正在使用的图形文件的名称。如果打开的文件是新建的，没有命名，则显示的是 AutoCAD 启动时创建的图形文件名："Drawing1. dwg"。

2. 菜单栏

菜单栏位于标题栏的下方。其包括文件、编辑、视图、插入、格式、工具、绘图、标注、修改等具有下拉形式的 11 个菜单。每个菜单又包含了子菜单。因此，菜单栏几乎包含了 AutoCAD 中的所有绘图命令。

3. 工具栏

工具栏位于窗口的两侧，由各种图标组成，移动鼠标到图标位置停留片刻，会出现相应工具的提示。通常默认状态下，AutoCAD 只显示常用的几种工具栏，包括绘图工具和修改工具等。如果想调出其他工具栏，可以在任一工具栏位置单击鼠标右键，选择相应工具栏即可。

4. 绘图区

在 AutoCAD 窗口中，大片空白区域即为绘图区。用户可以在绘图区进行图形的绘制。

5. 坐标系图标

在绘图区的左下角，有个相互垂直的箭头指向图标，该图标为坐标系图标，表示绘图时所使用的坐标系。

6. 命令窗口

命令窗口是用来输入命令名和显示命令提示的区域。命令窗口位于绘图区下方，由若干文字行组成。

7. 状态栏

状态栏位于窗口的最下方，左侧用来显示绘图区光标的坐标 X、Y、Z，右侧用来显示捕捉、栅格、正交、极轴、对象捕捉、对象追踪、DYN、DUCS、线宽和模型 10 个功能开关。点击这些开关，可以实现关闭或开启。

8. 滚动条

在窗口的右侧和右下方提供了用来浏览绘图区图形的滚动条。单击鼠标左键拖动相应滚动条的滑块，可以在绘图区中左右或上下浏览图形。

第二节 AutoCAD 基本操作及绘图环境设置

使用 AutoCAD 绘图前，要先了解基本的操作方法，包括新建、保存、打开、输出、撤销、终止等。

1. 新建图形

使用以下任一操作都可调出新建文件"选择样板"对话框，如图 5-2 所示。选择新图形文件的样板文件，在右侧预览中可显示样板效果。单击“打开”，即可完成新建图形，如图 5-3 所示。

（1）单击工具栏中的“新建”按钮 ；

（2）在命令行输入“NEW”；

（3）按“Ctrl＋N”组合键；

（4）单击“文件”→“新建”命令。

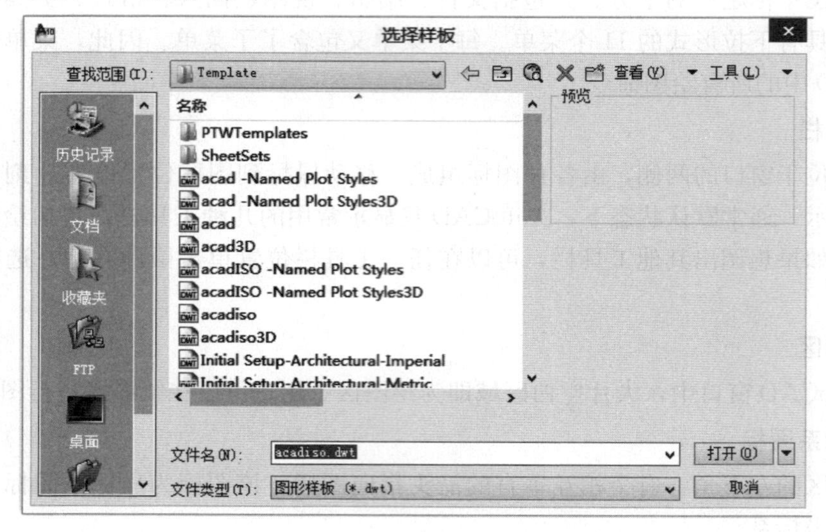

图 5-2 “选择样板”对话框

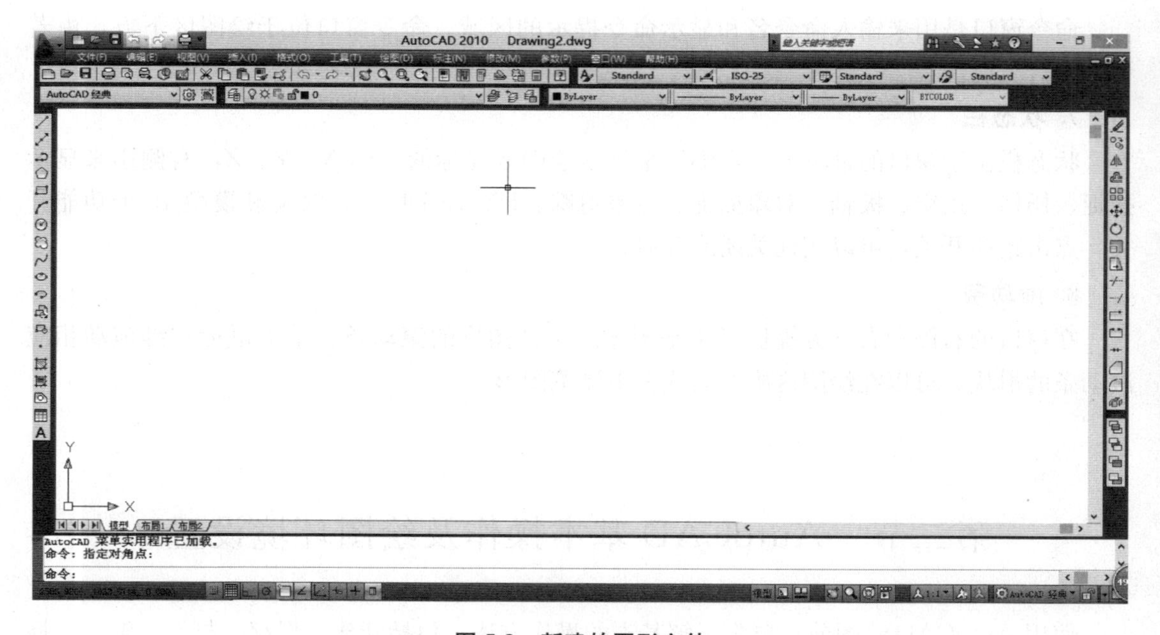

图 5-3 新建的图形文件

2. 保存图形文件

保存与新建类似，使用以下方法都可实现文件的保存。执行保存命令后，会弹出“图形另存为”对话框，如图 5-4 所示。选择相应的保存路径并将文件命名后，单击“保存”按钮保存文件即可，如图 5-5 所示。

（1）单击工具栏的“保存”按钮 ；

（2）在命令行输入“SAVE”命令；

（3）按“Ctrl＋S”组合键；

（4）单击“文件”→“保存”命令。

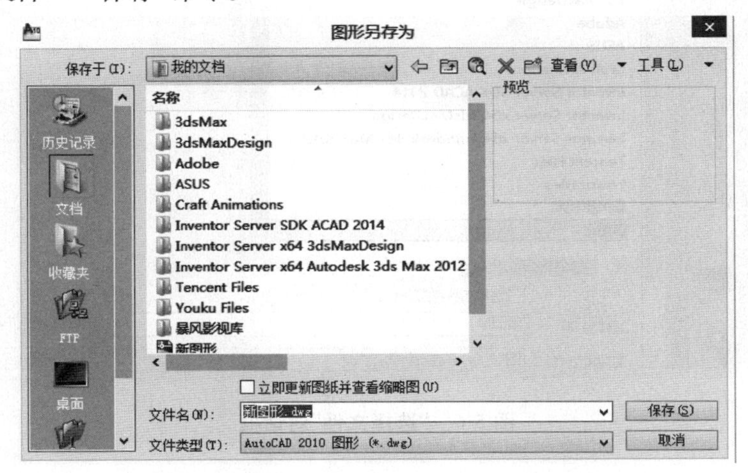

图 5-4 “图形另存为”对话框

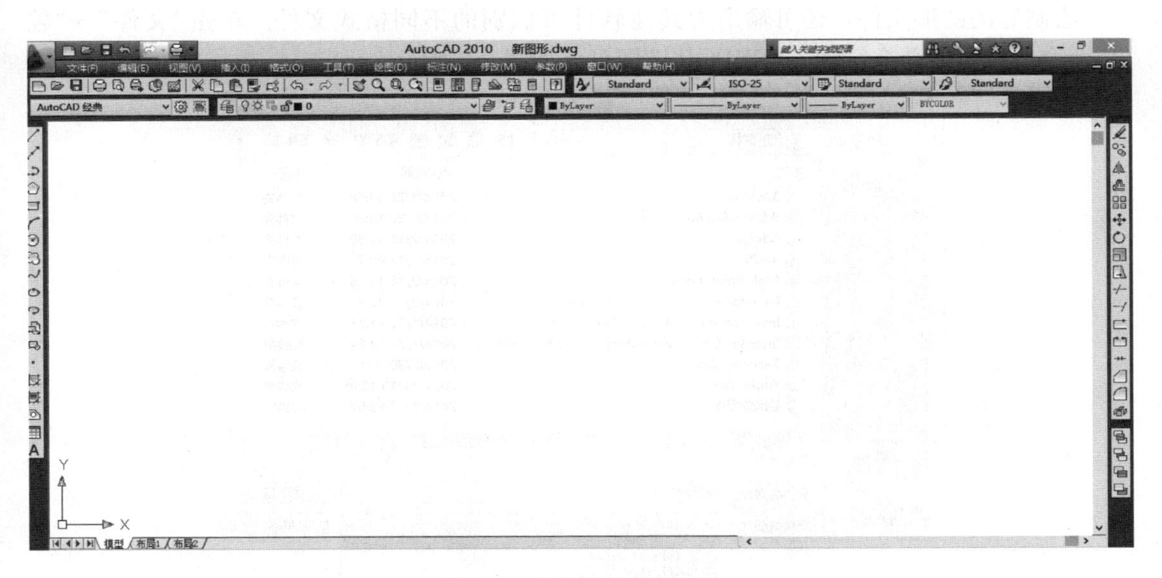

图 5-5 保存后的图形文件

3. 打开文件

用户可以使用打开命令，查看、修改或调用电脑中已经保存的 CAD 图形文件。效果如图 5-6 所示。具体方法如下：

（1）单击工具栏中的“打开”按钮  ；

(2)在命令行输入“OPEN”命令；

(3)按“Ctrl+O”组合键；

(4)单击“文件”→“打开”命令。

图 5-6 “选择文件”对话框

4. 输出图形文件

绘制好的图形文件，还可输出为其他软件可识别的不同格式文件。单击“文件”→“输出”命令，或者在命令行输入“EXPORT”即可。如图 5-7 所示。

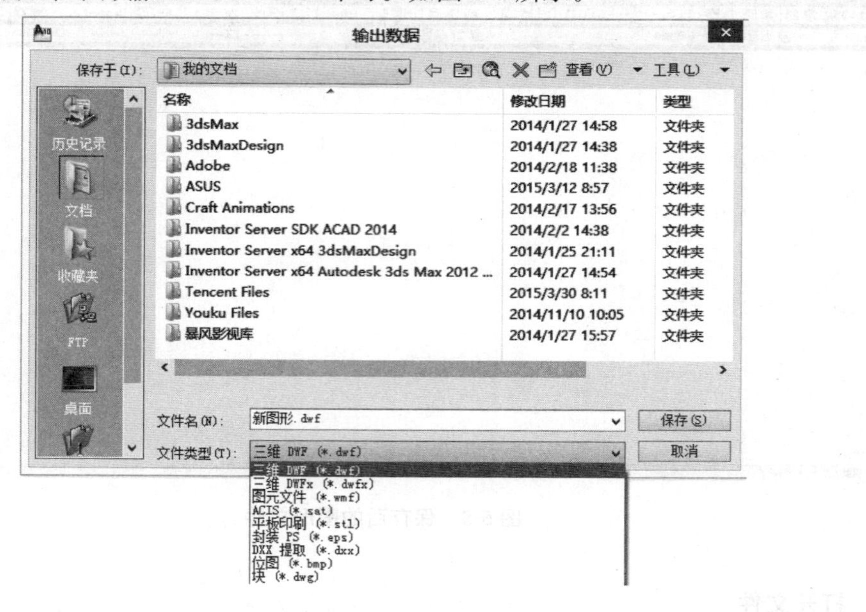

图 5-7 输出为其他格式文件

5. 撤销和恢复命令

(1)撤销命令。一个命令执行后如果发现效果不好，可撤销前一次或前几次的命令。单击工具栏中的“撤销”按钮 ，每单击一次按钮撤销一次命令，连续单击则可以撤销多次命令。

(2)恢复命令。恢复命令和撤销命令相反，在执行完撤销命令后单击“恢复”按钮 ，可以恢复到撤销命令之前的效果。恢复命令可以恢复一次或多次已被执行撤销的操作。

6. 绘图单位设置

单击菜单栏中的“格式”→“单位”命令，会弹出“图形单位”对话框。“图形单位”对话框内各选项的含义如图 5-8 所示。通常建筑绘图中采用足尺寸作图(即 1∶1)，长度和角度的精度为“0”，其余各选项为默认值。

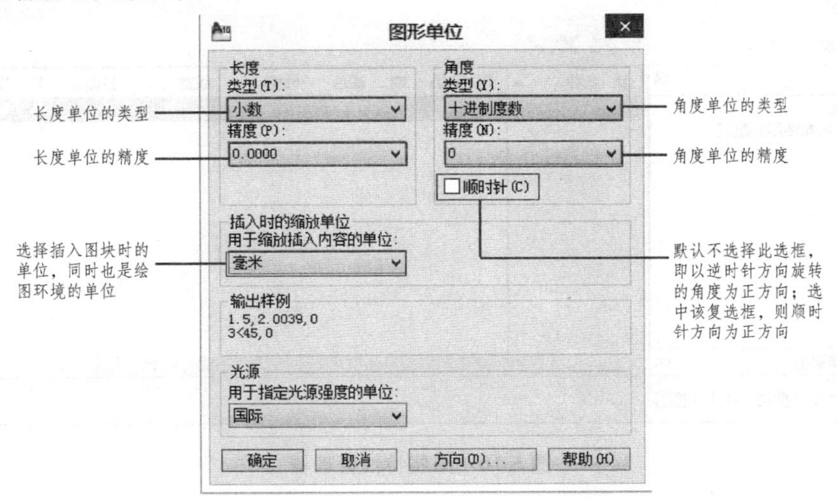

图 5-8　绘图单位设置

7. 设置绘图界限

AutoCAD 的绘图区域是无限大的，但可以设定在程序窗口中显示的绘图区域的大小。如果把绘图区域作为画纸，设置绘图区域的大小就相当于选择绘图的画纸大小，这样用户就只能在指定的画纸大小上绘制图形。如果绘制图形的大小超过绘图界限，则操作无法执行。操作方法如下：

在命令行输入“LIMITS”或单击“格式”→“图形界限”命令，则命令行中出现“重新设置模型空间界限：”。指定左下角的点，通常默认坐标为(0，0)，按回车键；指定右上角的点，输入坐标，此时输入的坐标为图纸的大小，如图 5-9 所示。在建筑绘图中，通常为 1∶1 比例绘图，所以，通常不进行绘图界限的设置。

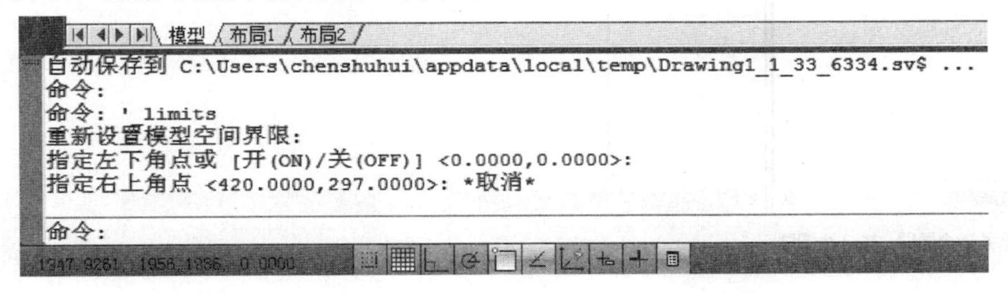

图 5-9　设置绘图界限

8. 图层设置

图层可以方便用户组织和管理图形。用户可以通过不同的图层，不同的颜色、线型和线宽绘制不同的对象，以方便对象的显示和编辑。越是复杂的图形，就越要规范图层属性的设置。

单击“图层特性管理器”按钮 ，会弹出图层特性管理器窗口。在此窗口可以对图层进行名称、颜色、线型、线宽等的设置。开始绘制新图形时，AutoCAD 会自动创建一个名为 0 的特殊图层。图层 0 不能删除和重命名，如图 5-10 所示。

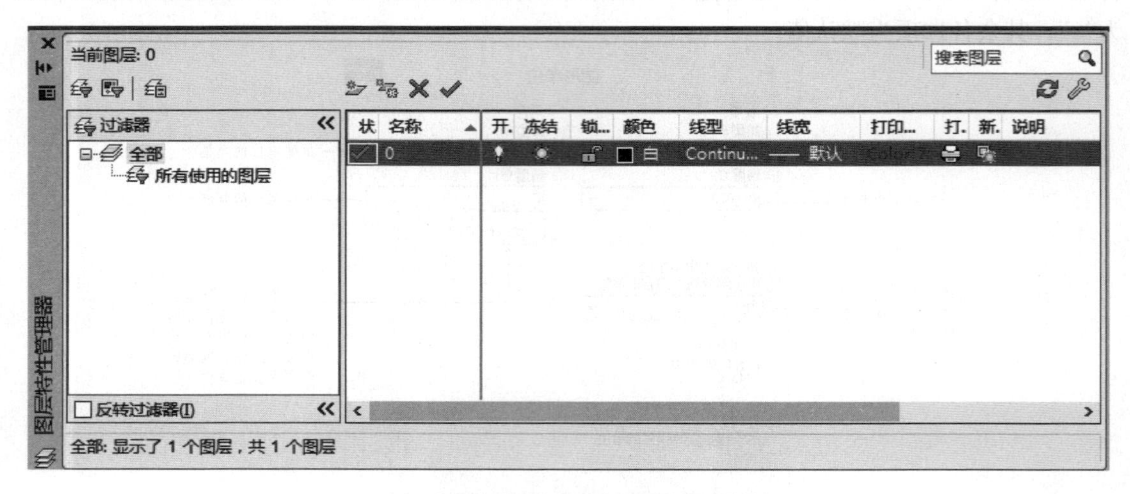

图 5-10　图层特性管理器

如果需要创建更多的图层，可单击“新建图层”按钮 ，新建的图层默认名为“图层 1”。单击图层名，输入新名称按回车键即可完成重命名。

单击 可删除图层，单击 可将选中的图层置为当前，如图 5-11 所示。单击图层中的 开关或 冻结，可隐藏所在图层的图形。单击 锁定后的图形无法进行编辑。

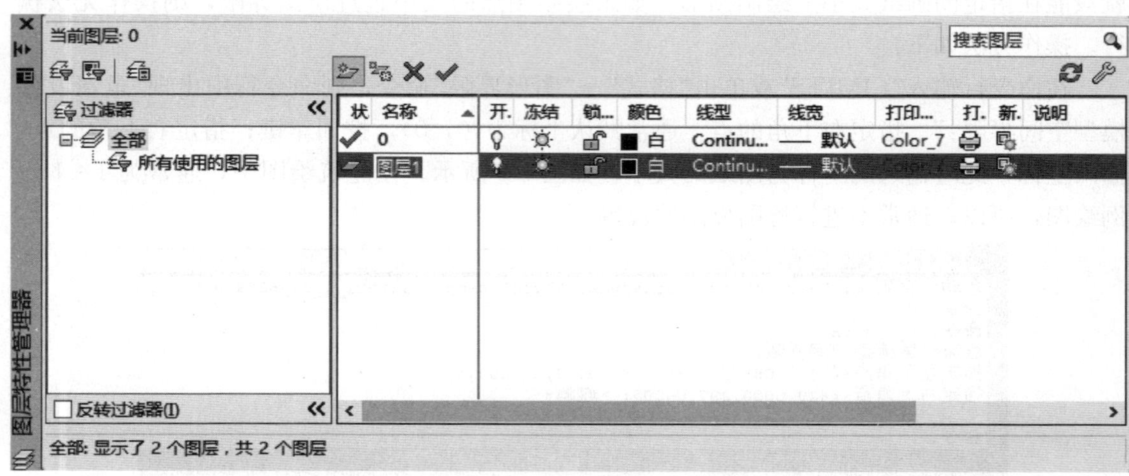

图 5-11　新建图层

通常不同图形对象使用不同颜色进行区分，如家具、墙体、尺寸标注等，单击■ 白 颜色弹出“选择颜色”对话框可修改颜色，可以分别使用索引颜色、真彩色、配色系统三种选项卡来选择颜色，如图 5-12 所示。

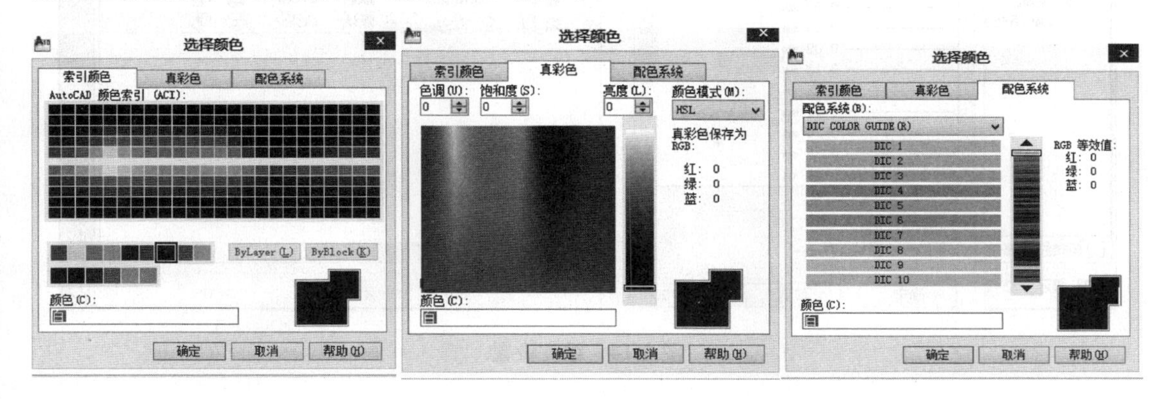

图 5-12　“选择颜色”对话框

图层的线型如实线、点画线等，在实际工作中要按照相关的规定进行绘制。单击线型下方的默认“Continuous 线型”，弹出“选择线型”窗口，单击“加载”可添加更多线型。按住“Ctrl”键的同时选择多个线型，可同时加载不同的线型，如图 5-13 所示。

图 5-13　加载线型

线宽是指线条的粗细，用不同的线宽可表示不同图形对象的类型，如平面图中的墙体通常用粗实线表示，家具用细实线表示。单击“ ——默认”线宽会弹出“线宽”对话框，选择所需宽度后单击确定，即可完成线宽的设置，如图 5-14 所示。

选择一个图形后，在 ■ 0 图层控制框中会出现图形所在图层的名称。如果绘制的图形放在了错误的图层上，可将图形选中，单击图层控制框的下拉菜单，选择要转移的图层，则图形会转移到重新选择的图层上。

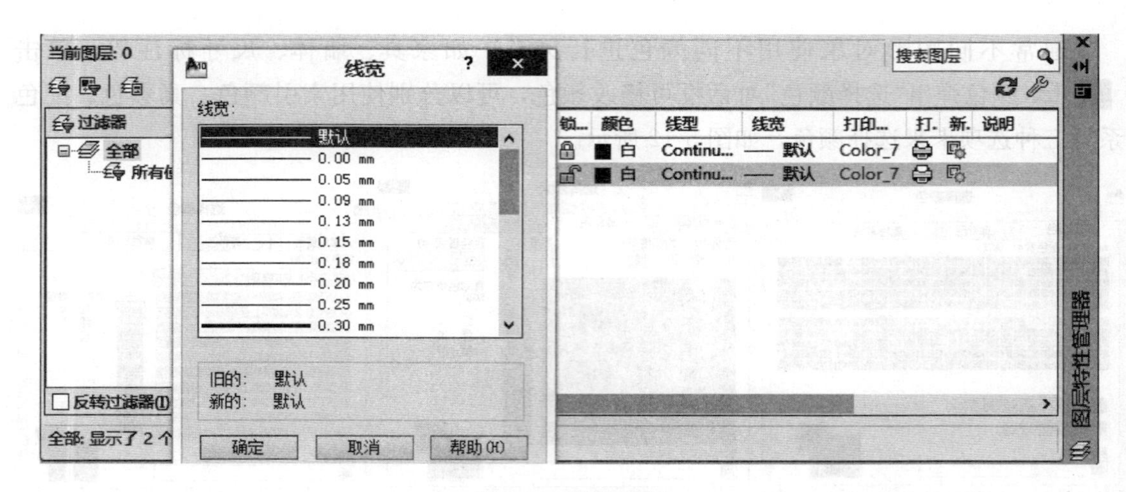

图 5-14 线宽设置

第三节 二维图形的绘制

1. 绘制直线

单击工具栏中的“直线”按钮 可实现直线的绘制。在绘图区任一位置选择直线的起点，移动鼠标给直线一个方向，在命令行输入数字后按回车键确定直线的长度。配合使用下方的“正交”选项 ，可绘制垂直或水平的直线(连续按“F8”可打开或关闭正交)。

2. 绘制构造线

单击“构造线”按钮 选择构造线命令，直接单击绘图区的任意两点可确定一条构造线。构造线是无限长的一条线，通常用来做参考线使用，如图 5-15 所示。

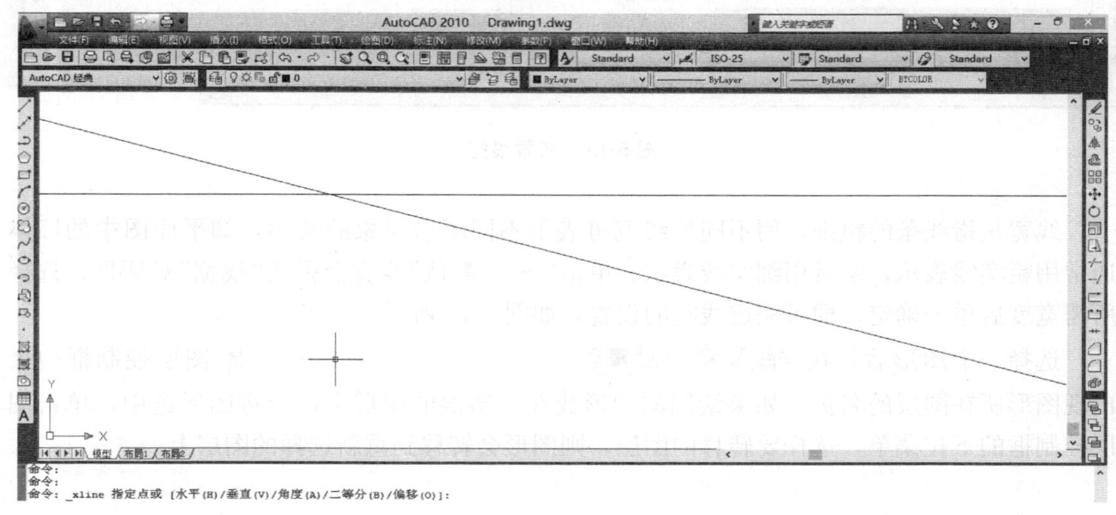

图 5-15 绘制构造线

3. 绘制多段线

单击“多段线”按钮 ，可绘制多段线图形。根据命令行的提示，输入相应字母可完成直线、圆弧等的绘制。单击鼠标右键“确定”按钮或使用“回车”“空格”可结束操作。按“Esc”键可放弃选择的命令。多段线绘制出的图形是一个整体。

使用多段线还可进行箭头的绘制。单击“多段线”按钮，在视图中任意位置确定箭头的起点，此时命令行出现提示“指定下一个点或[圆弧(A)/半宽(H)/长度(L)/放弃(U)/宽度(W)]:”，输入“W”后按回车键指定起点宽度，此时输入箭头的起点宽度，这里我们输入“0”按回车键即可。再次输入 200，指定端点宽度。此时，在命令行中输入“L”按回车键指定箭头的长度，在命令行出现的“指定直线长度:”后面输入数值 400 按回车键，即可绘制成想要的箭头，如图 5-16 所示。

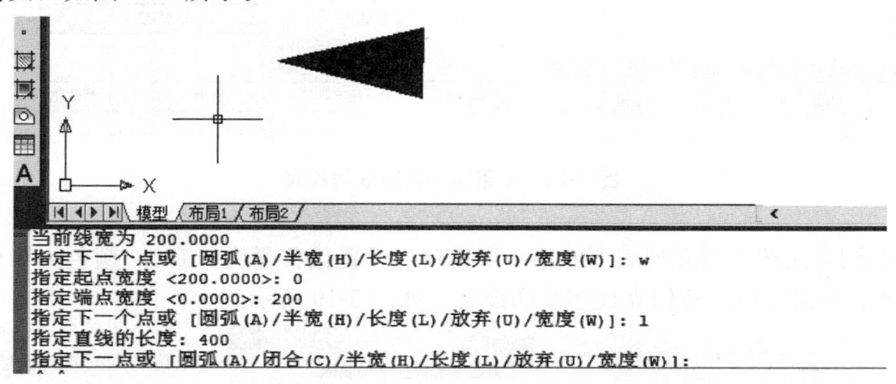

图 5-16 多段线绘制箭头

4. 绘制多线

在建筑装饰绘图中，常使用多线来进行墙体等双线条的绘制。多线绘制前，可对多线进行设置，来实现双线或三线的绘制。设置方法是单击“格式”→“多线样式”命令。弹出“多线样式”对话框，单击“新建”按钮，在“新建样式名”中输入需要创建的多线样式名称，这里我们以 240 墙体为例。单击“继续”按钮，如图 5-17 所示。

图 5-17 输入多线样式名

勾选直线的“起点”和“端点”选项，选择图元下方的第一个选项，在偏移文本框中输入墙线偏移量，这里我们输入 120，在“颜色”下拉列表框中选择“绿”，单击“线型”按钮，弹出“选择线型”对话框，在已加载的线型列表中选择需要的线型，我们选择“ByBlock”单击“确定”按钮，如图 5-18 所示。

图 5-18 设置第一条直线偏移量

使用相同方法选择图元列表下的第二个选项，设置偏移量为－120，颜色为绿色，线型为 ByBlock，单击“确定”按钮完成多线的设置，如图 5-19 所示。

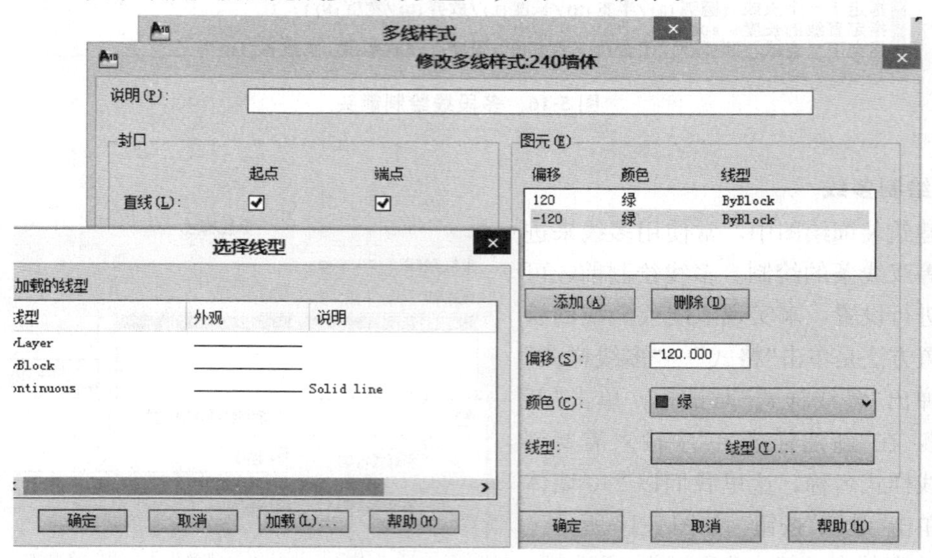

图 5-19 设置第二条直线偏移量

此时，多线样式中出现“240 墙体”，选中后单击“确定”按钮即可使用，如图 5-20 所示。

多线样式设置好后，可进行多线的绘制。单击“绘图”→“多线”命令，完成多线命令的输入，单击视图任一位置确定多线的起点，根据命令行的提示输入相应命令，@表示相对距离，命令行中的数值类似坐标点。如果输入长度为 6 000 的多线，就在指定下一点的命令后输入@6 000，0 即表示相对应起点，端点在 X 方向上移动 6 000，Y 方向上移动 0，如图 5-21 所示。

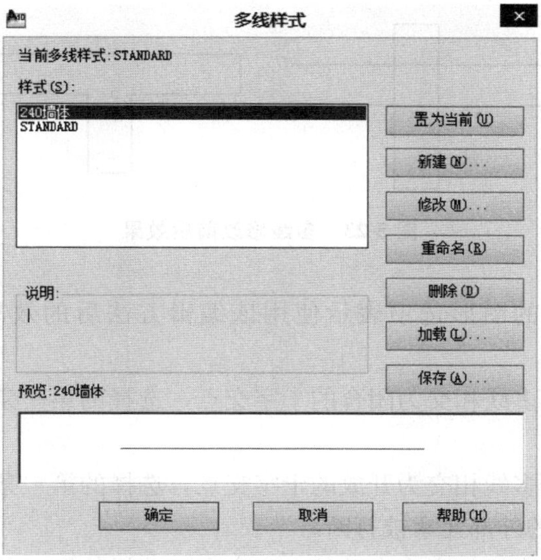

多线样式

当前多线样式：STANDARD

样式(S)：

240墙体

STANDARD

置为当前(U)

新建(N)...

修改(M)...

重命名(R)

删除(D)

说明：

加载(L)...

保存(A)...

预览：240墙体

确定　取消　帮助(H)

图 5-20　设置当前多线样式

```
命令: ML
MLINE
当前设置: 对正 = 无, 比例 = 20.00, 样式 = 240墙体
指定起点或 [对正(J)/比例(S)/样式(ST)]:  j
输入对正类型 [上(T)/无(Z)/下(B)] <无>:  z
当前设置: 对正 = 无, 比例 = 20.00, 样式 = 240墙体
指定起点或 [对正(J)/比例(S)/样式(ST)]:
指定下一点:  @6000,0
指定下一点或 [放弃(U)]:  @0,7500
指定下一点或 [闭合(C)/放弃(U)]:
```

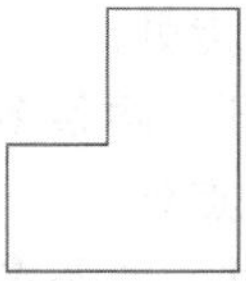

图 5-21　多线绘制操作效果

多线绘制好后，有时还需要进行编辑才能达到想要的效果。单击“修改”→“对象”→“多线”命令，在弹出的“多线编辑工具”窗口中选择想要的效果，如图 5-22 所示。单击视图中要编辑的多线即可，如图 5-23 所示。

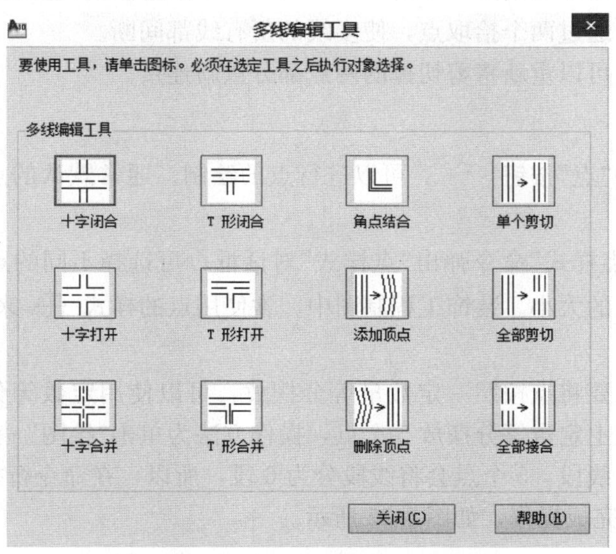

图 5-22　多线编辑工具

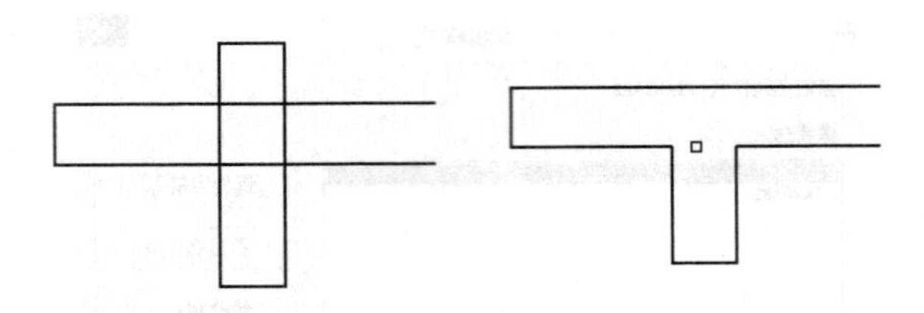

图 5-23　多线修改前后效果

“多线编辑工具”中的图形选项表示使用该编辑方法后的效果，修改的含义和方法如下：

(1)十字闭合：两条多线相交为闭合的十字交点，选择的第一条多线被修剪，第二条多线保持原状。

(2)十字打开：两条多线相交为开放的十字交点，选择的第一条多线的外部和内部元素都被打断，第二条多线的外部元素被打断。

(3)十字合并：两条多线相交为合并的十字交点，选择的第一条和第二条多线都被修剪到交叉的部分。

(4)T 形闭合：两条多线相交为闭合的 T 形交点，选择的第一条多线被修剪或延伸到与第二条多线的交点处。

(5)T 形打开：两条多线相交为开放的 T 形交点，选择的第一条多线被修剪或延伸到与第二条多线的交点处。

(6)T 形合并：两条多线相交为合并的 T 形交点，选择的第一条多线被修剪或延伸到与第二条多线的交点处。

(7)角点结合：两条多线相交为角点连接。

(8)添加顶点：在多线上加一个顶点。

(9)删除顶点：删除多线上的交点，使其成为直的多线。

(10)单个剪切：用于切断多线中的一条，只需要拾取要切断的多线上的两点。

(11)全部剪切：通过两个拾取点，使多线的所有线都间断。

(12)全部接合：可以重新将剪切掉的两点部分重新连接。

5. 绘制点

单击工具栏中的“点”按钮 ，可以进行点的绘制。通常默认的点很小，不选中的情况下很难看到。

单击“格式”→“点样式”命令弹出“点样式”对话框，可选择不同的点的样式，也可通过“点大小”选项调整点的大小。装饰工程制图中，常使用点的样式 ⊕ 来作为灯的表示符号，如图 5-24 所示。

定数等分：如果要将点按照一定数量等分摆放，可以使用定数等分命令。例如，要在一条指定距离的线段上定数等分摆放 5 个点，操作方法为单击“绘图” →“点” →“定数等分”命令，单击要等分的线段，5 个点会将线段分为 6 段，所以，在命令行提示中输入线段数目为 6，按回车键即可完成操作，如图 5-25 所示。

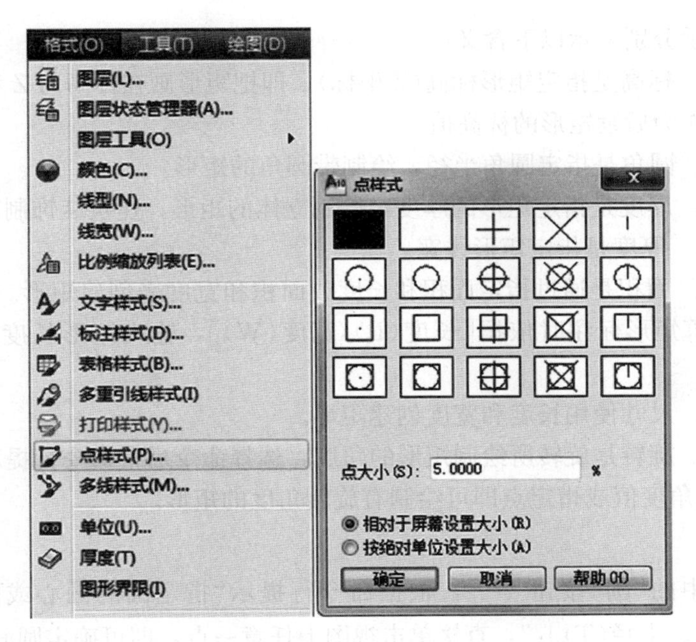

图 5-24　点的样式

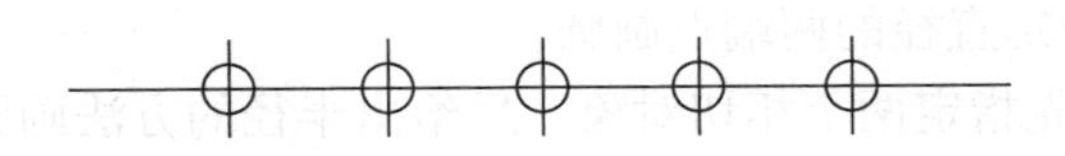

图 5-25　点的定数等分

定距等分：如果要使点按规定的距离摆放，则可使用定距等分命令。例如，绘制 500 长的线段，要在线段上每 120 的部分绘制一点，单击“绘图”→“点”→“定距等分”命令后，单击要定距等分的线段，指定线段长度为 120，按回车键完成点的定距等分绘制，如图 5-26 所示。

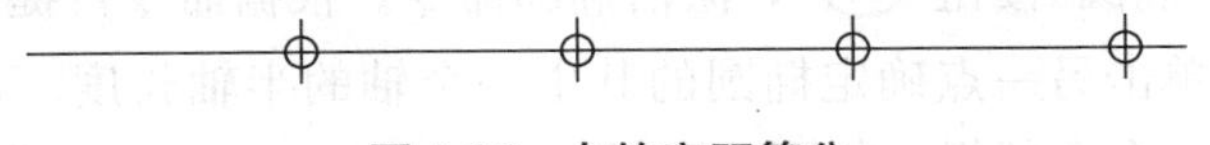

图 5-26　点的定距等分

6. 绘制矩形

选择工具栏中的“矩形”按钮，激活矩形命令。矩形命令是通过确定两个对角点的位置来确定矩形的大小的，激活命令后命令行会出现指定第一个角点，确定点的位置后输入相对坐标(@600，200)，表示绘制长 600、宽 200、相对起点为坐标原点的矩形。

如果在指定第一个角点前输入“C”按回车键，则表示绘制带倒角的矩形，命令行提示指定倒角距离，倒角的距离可以相同也可以不同，第一个倒角的距离指的是逆时针方向的倒角距离，第二个倒角距离指的是顺时针方向的倒角距离。

在指定矩形角点时还可输入标高、圆角、厚度、宽度、面积、尺寸、旋转等命令，如图 5-27 所示。

```
指定第一个角点或 [倒角(C)/标高(E)/圆角(F)/厚度(T)/宽度(W)]:
指定另一个角点或 [面积(A)/尺寸(D)/旋转(R)]:
```

图 5-27　矩形命令提示

矩形命令提示分别表示以下含义：

(1)标高(E)。标高是指定矩形标高(Z坐标)，即把矩形画在标高为Z和XOY坐标面平行的平面上，并作为后续矩形的标高值。

(2)圆角(F)。圆角是指定圆角半径，绘制带圆角的矩形。

(3)厚度(T)。厚度是指定矩形的厚度，绘制立体的矩形，建筑装饰制图中不常使用。

(4)宽度(W)。厚度是指定矩形线宽。

(5)面积(A)。面积是通过指定面积和长度或面积和宽度来创建矩形。先输入矩形的面积值，再选择计算矩形标注时依据[长度(L)/宽度(W)]，输入矩形长度数值或宽度数值即可。

(6)尺寸(D)。尺寸使用长度和宽度创建矩形。

(7)旋转(R)。旋转是旋转所绘制矩形的角度，选择命令后，命令行提示“指定旋转角度或拾取点”，输入角度值或指定点即可绘制有旋转角度的矩形。

7. 绘制圆

单击工具栏中的“圆”按钮，根据命令行提示“指定圆的圆心或[三点(3P)/两点(2P)/切点、切点、半径(T)]:”，直接单击视图上任意一点，即可确定圆心位置。

(1)输入“3P”表示用指定圆周上三点的方法画圆。

(2)输入“2P”表示指定直径的两端点画圆。

(3)输入“T”表示按先指定两个相切对象，后给出半径的方法画圆。

8. 绘制圆弧

单击工具栏中的“圆弧”按钮，激活圆弧命令。圆弧命令需要确定三个点。指定圆弧的起点，指定圆弧的第二个点(圆弧上中间部分的一个点)，指定圆弧的端点。

9. 绘制椭圆

单击工具栏中的“椭圆”按钮，激活椭圆命令。根据命令行提示单击视图中任意位置指定椭圆的圆心，单击另一点确定椭圆的其中一个轴的半轴长度。再次单击，确定椭圆另一个轴的半轴长度。命令行提示如图5-28所示。

```
命令: _ellipse
指定椭圆的轴端点或 [圆弧(A)/中心点(C)]: _c
指定椭圆的中心点:
指定轴的端点:
指定另一条半轴长度或 [旋转(R)]:
```

图5-28 椭圆命令行提示

10. 绘制样条曲线

样条曲线用来绘制形状不规则的曲线，在装饰制图中通常用来绘制花纹。

单击工具栏中的“样条曲线”按钮，通过在视图中连续点击创建点来进行曲线的绘制，结束时可单击鼠标右键确定或输入“T”指定端点的切向、输入“C”选择闭合绘制的图形，如图5-29所示。

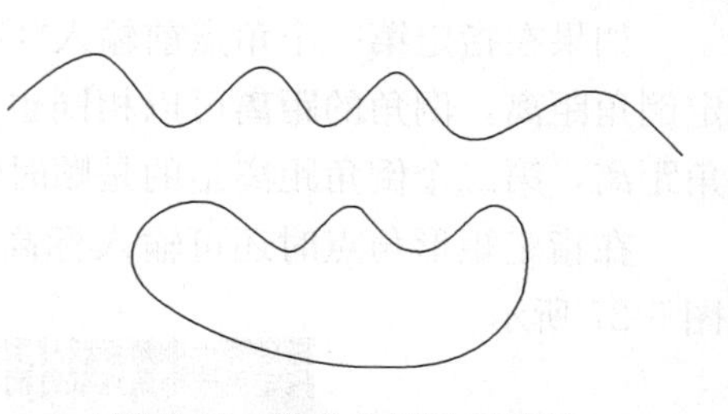

图5-29 样条曲线绘制效果

选择要编辑的样条曲线，在绘图区单击鼠标右键，选择“编辑样条曲线”，可以对样条曲线进行修改。使用 PLINE 命令创建的多段线，单击鼠标右键时也可通过修改多段线实现样条曲线的效果。

11. 图案填充

当需要给绘制的图形填充图案时，可以单击工具栏中的“图案填充”按钮 ，单击封闭的图形即可进行填充。根据命令行提示，输入“T”或点击鼠标右键可进行图案填充编辑，如图 5-30 所示。

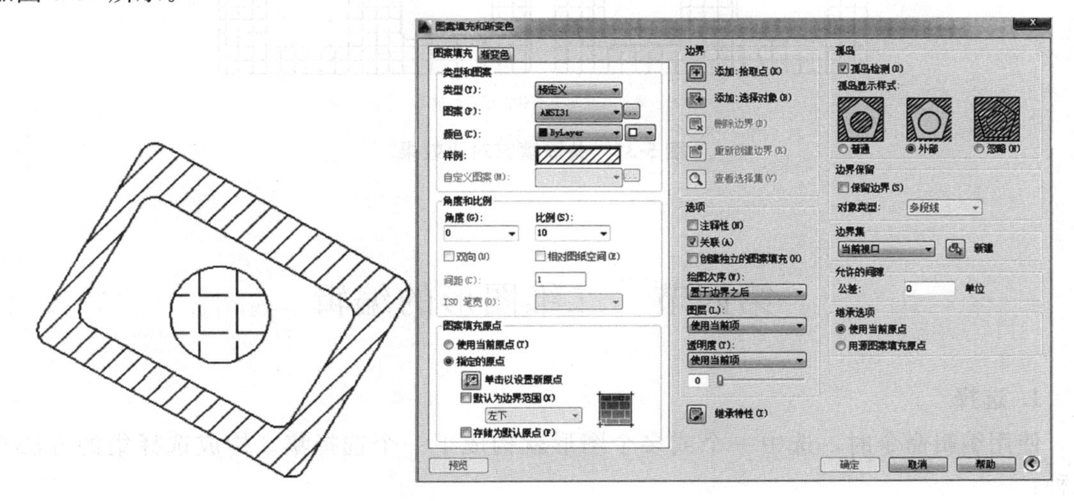

图 5-30 图案填充编辑

AutoCAD 允许以拾取点的形式确定填充的边界，在希望填充的区域任意拾取一点即可自动确定填充边界，同时也确定边界内的孤岛。其中，孤岛指的是填充图案时位于总填充区域内的封闭区域。

用户不仅可在图案填充编辑中选择图案填充的样例，还可在孤岛显示样式中选择填充的方式，如图 5-31 所示。

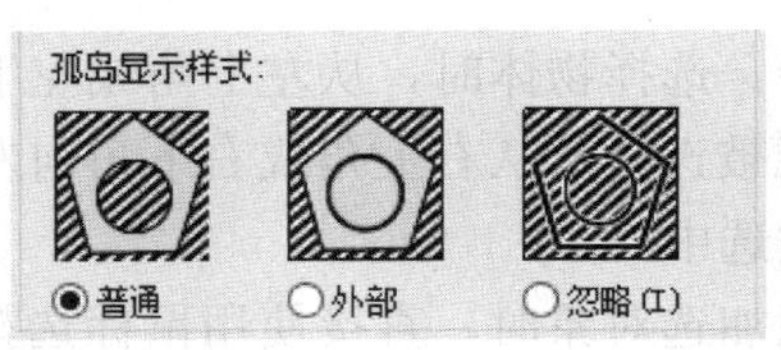

图 5-31 孤岛显示样式

普通填充表示：从边界开始从每条填充线或每个剖面符合的两端向里画，该方式为系统默认方式。

外部填充表示：从边界开始向里，遇到边界内部与对象相交，则不再继续填充。

忽略方式表示：忽略边界内部的所有对象，所有边界内部都被填充。

角度和比例控制填充图案的角度和图案的大小比例，可根据实际操作进行修改。

在“图案填充编辑”窗口的右侧选项下方有“关联”选项，通常默认为勾选，表示当图形的边线后期删除后，填充的图案会随着修改后的图形重新进行填充；如果不想填充图案的部分随图形发生变化，可取消勾选此选项，如图 5-32 所示。

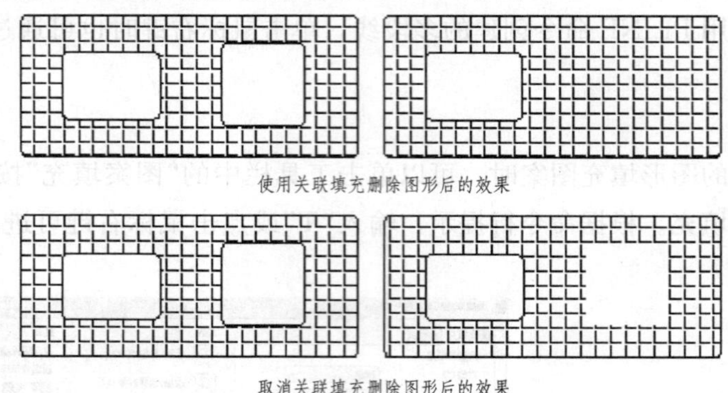

图 5-32　关联填充对比效果

第四节　二维图形的编辑

1. 选择

使用编辑命令时，选中一个或多个图形就构成了一个选择集。构成选择集的方法有四种：

(1)选择一个编辑命令，然后选择对象，按回车键结束操作。

(2)在命令行输入“SELECT”命令，根据命令行提示在绘图区点选要选择的图形，按回车键结束操作。

(3)直接点取对象图形，然后调用编辑命令。

(4)定义对象组。

无论使用哪种方法，AutoCAD 都会提示用户选择对象，并且光标的形状由十字光标变成拾取框。

窗口对象与窗交对象选择：选择物体时，从左上角或左下角拉动鼠标选择图形，只有图形全部在选择范围内时才能被选择。从右上角或右下角向左侧拉动鼠标选择物体，此时只要图形与鼠标有接触就会被选中。

加选或减选对象：如果想加选对象时，直接使用鼠标选择新对象即可。当减选时，需要按住键盘上的“Shift”键，再使用鼠标选择被选中的对象，则对象被减选。

快速选择：有时，我们需要选择具有某些共同属性的对象，如选择具有相同颜色、线型或线宽的对象。这时，可以使用快速选择的方法快速完成。在命令行输入“QSELECT”命令，或在绘图区单击右键选择“快速选择”，弹出“快速选择”对话框，通过“对象类型”和“特性”卷展栏中的不同特性特点，可以按选择的类型和特性选择物体，如图 5-33 所示。

对象组的构建：选择多个图形对象时如果想将图形组成一组方便移动或编辑，可在命令行输入“GROUP”命令，或选择图形对象后单击鼠标右键单击“组”→“成组”命令，则图形成为一组。编辑物体时，可以将组解除选择“从组中删除”等，如图 5-34 所示。

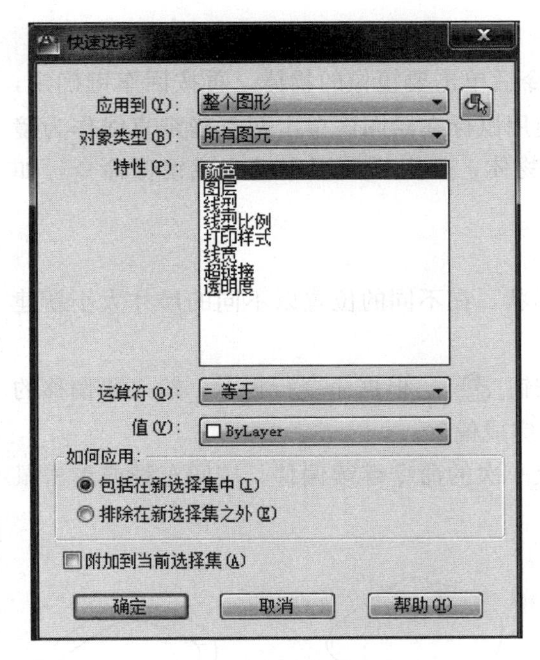

图 5-33 “快速选择”对话框

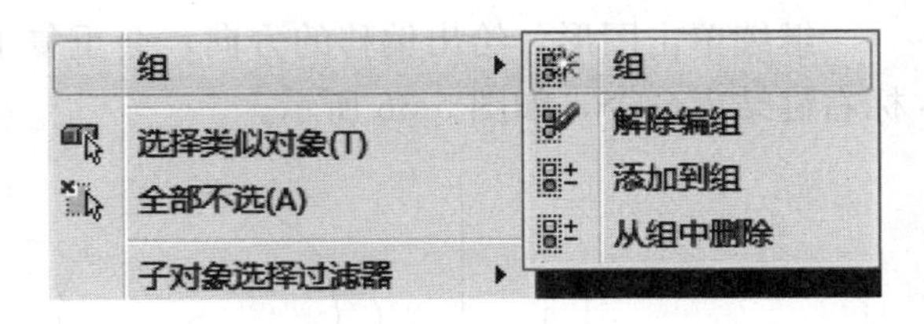

图 5-34 构建对象组

2. 删除

如果绘制的图形错误，可使用删除命令进行删除。在命令栏输入“ERASE”或直接单击工具栏中的“删除”按钮 。选择图形后，按回车键完成删除命令。选择多个对象时，多个对象同时被删除；如果选择的某个对象属于某个对象组，则该对象组的所有对象都被删除。

恢复命令：如果不小心误删了图形，可使用恢复命令恢复误删的图形对象。在工具栏中点击“撤销”命令 ，可撤销上一次操作，也可使用通用的快捷键“Ctrl+Z”。

清除命令：按 Delete 快捷键，可清除绘图区的图形，该命令和删除相同。

3. 移动

想要移动对象改变位置，可以选择图形对象后在鼠标右键中选择“移动”，或在工具栏中选择“移动”按钮 。

4. 旋转

使用工具栏中的“旋转”按钮 。选择旋转图形的一点作为基点，根据命令行提示输入旋转度数或使用鼠标指定旋转角度，可完成图形的旋转。旋转图形时，命令行会出现“指定旋转角度，或[复制(C)/参照(R)]<0>”，输入相应的字母，可选择旋转的图形以复制形式旋转或只旋转图形本身。

5. 复制

先选择要复制的对象，使用工具栏中的“复制”按钮 进行复制。此时，指定图形的一个基点移动鼠标，即可复制到想要的位置。可以根据命令行的提示指定基点或位移，也可以输入精确的位移量来移动复制图形对象。

6. 镜像

镜像命令可以使图形按照一条镜像线为对称轴进行镜像，镜像后的物体可以选择保留或删除原对象。

使用工具栏中的“镜像”按钮 ，选择命令后单击要镜像的物体，再按回车键确定，命令行出现提示“指定镜像线的第一个点:”，使用鼠标在绘图区单击两点确定直线作为镜像轴的位置，根据命令栏提示选择是否删除原物体，确定后按回车键完成镜像命令，如图 5-35 所示。

7. 偏移

使用偏移命令可以实现保持选择的对象的形状，在不同的位置以不同的尺寸大小新建一个对象。

选择偏移的物体直接单击工具栏的“偏移”按钮 ，根据命令行提示，输入要偏移的距离，使用鼠标确定偏移的一侧的任一点，即可完成偏移。

继续单击图形，给出偏移的方向，会重复上一次的命令继续偏移。按回车键或单击鼠标右键结束命令，如图 5-36 所示。

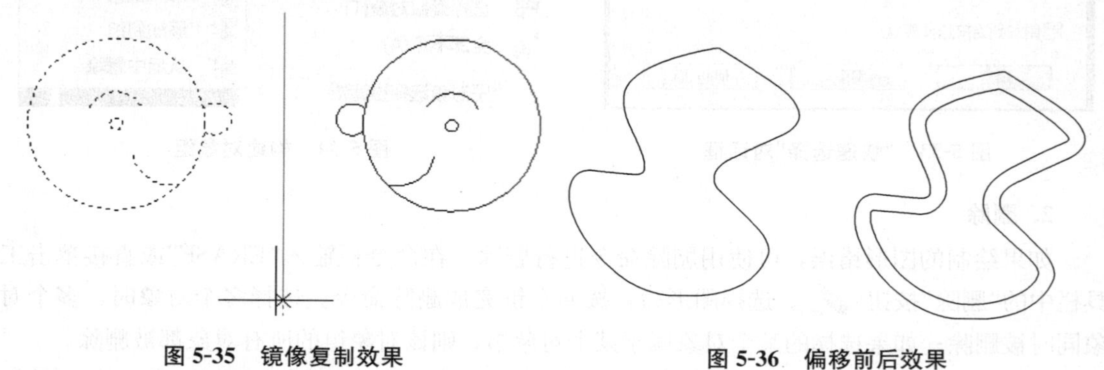

图 5-35　镜像复制效果　　　　图 5-36　偏移前后效果

8. 阵列

阵列和复制相似，是将图形对象复制多个，并将复制的副本按矩形或环形排列。把副本按矩形排列称为建立矩形阵列，把副本按环形排列称为建立极阵列。单击工具栏中的“阵列”按钮 ，执行阵列命令后使系统打开“阵列”对话框。根据需要进行矩形阵列和环形阵列的操作，如图 5-37 所示。

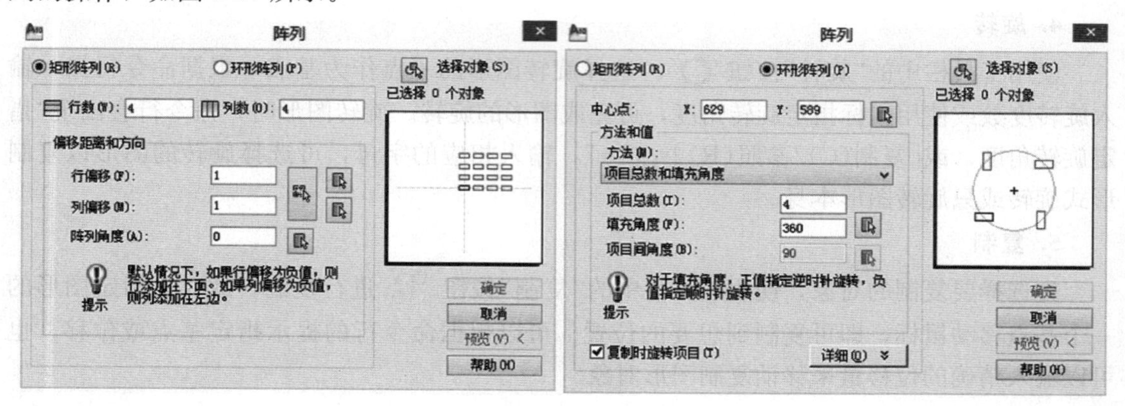

图 5-37　“阵列”对话框

9. 缩放

单击工具栏中的“缩放”按钮 ，执行缩放命令，根据命令行提示选择要缩放的图形，按回车键确定，指定缩放图形的基点(即图形是从哪个点开始缩放的)，输入比例因子(即要放大或缩小的倍数)，按回车键完成缩放，如图 5-38 所示。

10. 拉伸

拉伸是指将图形对象进行拖拉移动，改变其形状。拉伸对象时，要指定拉伸的基点和移至点，移动时可以利用捕捉、相对坐标等提高拉伸的精度。

拉伸的使用方法是单击工具栏中的“拉伸”按钮 ，选择要拉伸的图形对象，按回车键确定，用鼠标指定拉伸的基点和移至点或者输入拉伸的数值即可。如图 5-39 所示，为拉伸前后的效果。

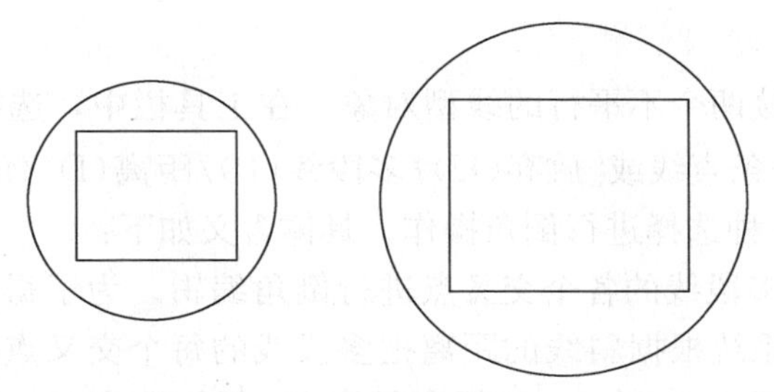

图 5-38 缩放前后对比

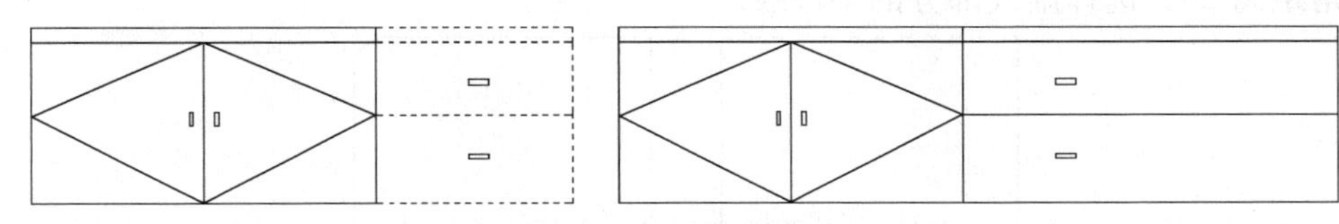

图 5-39 拉伸前后效果

11. 修剪

在绘制交叉的图形时要用到修剪命令，剪掉多余的部分。单击工具栏中的“修剪”按钮 ，选择要修剪的图形按回车键确定，此时命令行提示“[栏选(F)/窗交(C)/投影(P)/边(E)/删除(R)/放弃(U)]:”，输入相应字母可以完成相应命令的修剪效果，不输入命令可直接单击要修剪的边线完成修剪，如图 5-40 所示。

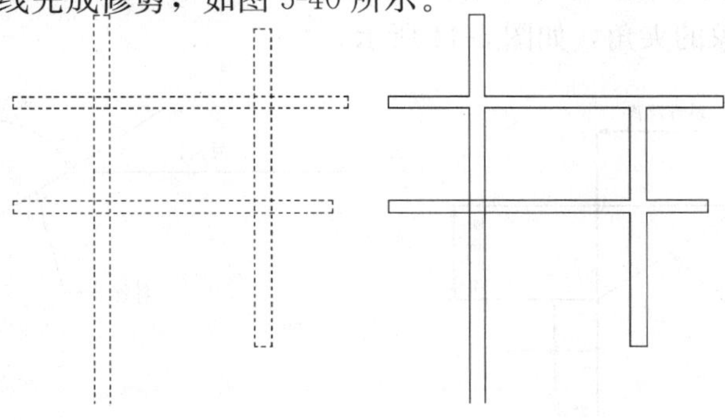

图 5-40 修剪效果

12. 延伸

延伸命令和修剪命令对应，修剪是把多余的线剪掉，延伸是把长度不够的线延长。单击工具栏中的“延伸”按钮 ---/ ，选择要延伸的对象和延伸至的对象。按回车键确定对象，此时鼠标变成小方块，单击延伸的对象则可实现图形对象的延伸，如图 5-41 所示。

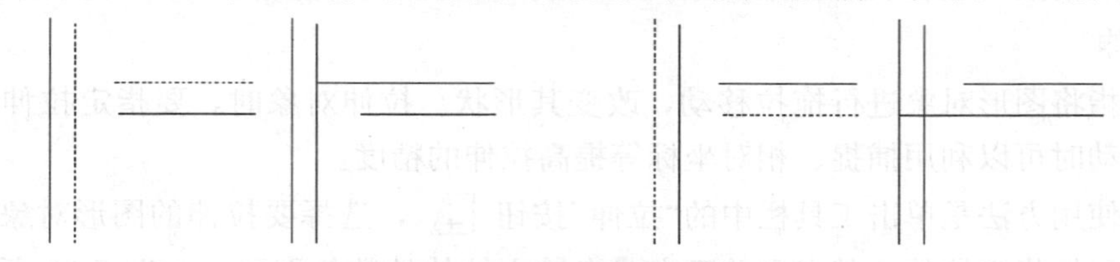

图 5-41　选择不同延伸对象的效果

13. 倒角

倒角是指用斜线连接两个不平行的线型对象。在工具栏中，选择“倒角”按钮 ，根据命令行提示“选择第一条直线或[放弃(U)/多段线(P)/距离(D)/角度(A)/修剪(T)/方式(E)/多个(M)]:”，有 6 种选择进行倒角操作。具体含义如下：

(1)多段线(P)：对多段线的各个交叉点进行倒角编辑。为了得到好的连接效果，一般设置斜线是相等的值。系统根据斜线的距离把多段线的每个交叉点都做倒角，倒角的斜线与多段线成为一体，如图 5-42 所示。选择多段线 P，设置距离 D，第一个倒角距离 30，第二个倒角距离 20，选择虚线部分的多段线。

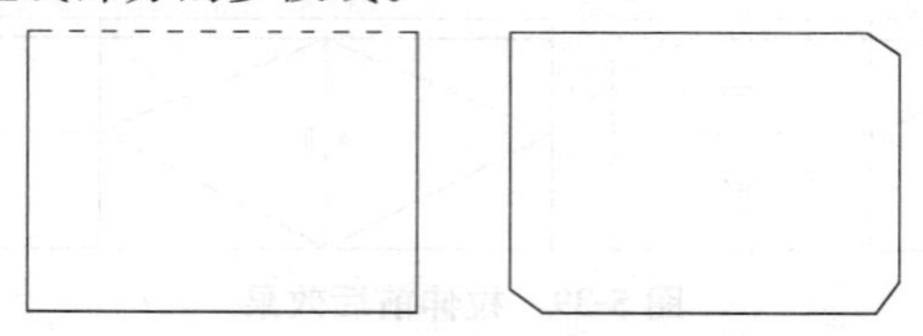

图 5-42　多段线倒角

(2)距离(D)：选择距离方式进行倒角，即选择倒角的两个斜线距离。这两个斜线距离可以相同也可以不同，若二者都为 0，则系统不绘制连接的斜线，而是把两个对象延伸至相交并修剪超出的部分，如图 5-43 所示。

(3)角度(A)：单击“倒角”命令后输入 A，进行角度的倒角操作。此操作需要选择一个斜线距离和斜线与对象的夹角，如图 5-44 所示。

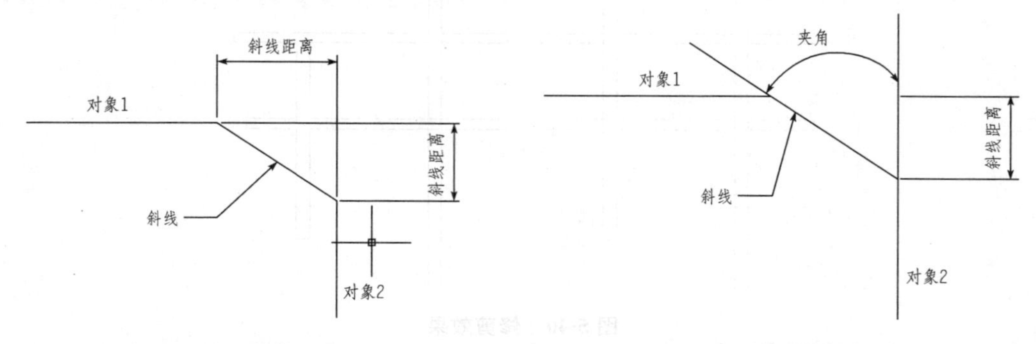

图 5-43　斜线距离　　　　图 5-44　斜线距离与夹角

(4)修剪(T)：该选项决定倒角后的图形，是否保留原对象。

(5)方式(E)：决定采用距离还是角度方式进行倒角。

(6)多个(M)：同时对多个对象进行修剪。

14. 圆角

圆角是用一个指定半径的圆弧连接两个对象。单击工具栏中的“圆角”按钮 ，圆角和倒角操作方法相似，选择命令后输入 R，确定半径的值。单击要做圆角的两边，完成圆角命令，如图 5-45 所示。

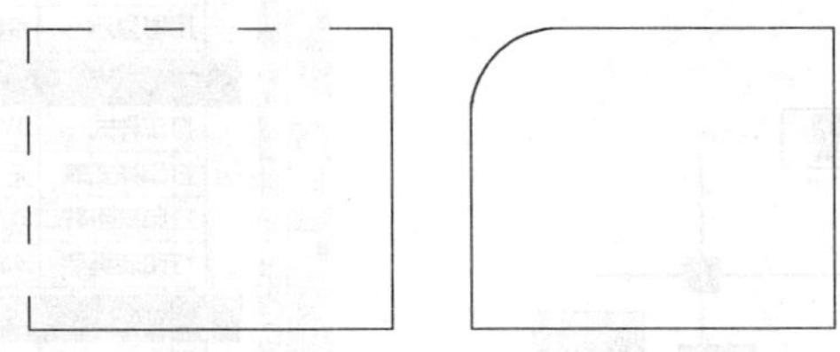

图 5-45　圆角操作效果

15. 打断

单击工具栏中的“打断”按钮 ，选择“打断”命令后系统提示“指定第一个打断点:”，选择第一个打断点后系统提示“选择第二个打断点或[第一点(F)]:”，如果输入“F”表示放弃之前选择的第一个点，需重新进行选择。

打断于点：单击工具栏中的“打断于点”按钮 ，可进行打断于点的操作。打断于点命令和打断命令相似，单击要打断的线段，单击的位置会出现断点将线打断。

合并：合并命令可将打断的点合并起来。单击工具栏的“合并”按钮 ，依次单击要合并的图形对象，即可完成合并。

16. 分解

单击工具栏中的“分解”按钮 ，可将完整的图形进行分解。选择命令后单击对象，按回车键确定，则该对象会被分解为多个对象。

17. 夹点编辑

夹点是一个个小正方形方框，在没有执行任何命令的时候，用鼠标选择对象，则被选择的对象上的控制点就是夹点。比如，选择一条直线后，直线的端点和中点处将显示夹点；选择一个圆后，圆的四个象限点和圆心处将显示夹点。因此，夹点就是对象上的控制点。

使用夹点进行编辑，需要先选择一个夹点作为基点，称为基夹点，被选中的夹点呈红色，称为热点；未被选中的夹点呈蓝色，称为冷点。按 Esc 键可以取消选择，如图 5-46 所示。

18. 修改对象特性

单击“修改”→“特性”命令，会弹出“特性面板”对话框，也可单击工具栏中的“特性”按钮 ，对选择的对象的特性进行修改。不同的对象属性种类和属性值都各不同，修改属性值，可将对象的属性改变为新的属性，如图 5-47 所示。

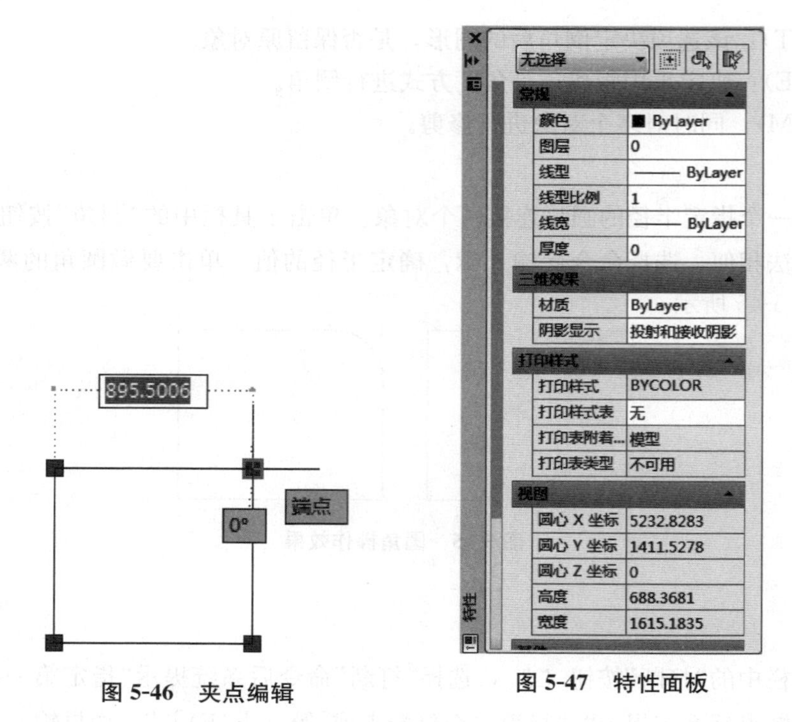

图 5-46　夹点编辑　　图 5-47　特性面板

第五节　文字输入与文字样式设置

1. 文字样式设置

单击菜单栏中的“格式”→“文字样式”命令或直接单击工具栏中的“文字样式”按钮，会弹出文字样式对话框，如图 5-48 所示。

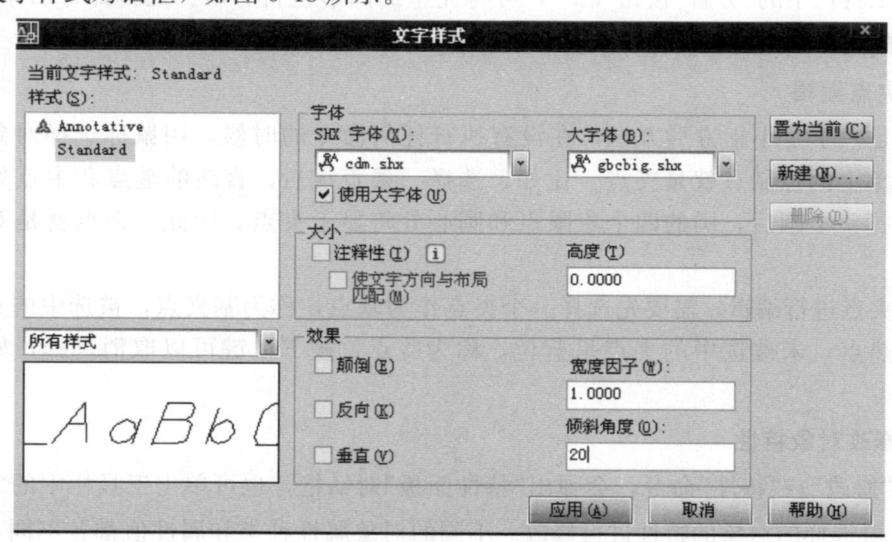

图 5-48　文字样式对话框

利用“文字样式”对话框可以新建或修改当前文字样式。单击字体下拉列表，可以更改不同的字体，也可以对同一个字体进行垂直、倾斜、颠倒等不同效果的设置。调整宽度因子，可以改变单个字体的宽度。修改的效果可以在对话框左下角的预览窗口中查看到。

2. 单行文字输入

使用单行文字可以创建一行或多行文字，但每行文字都是独立的对象。单击“绘图”→“文字”→“单行文字”命令，如图 5-49 所示。在绘图区任意位置单击鼠标左键确定文字的输入位置，此时命令行会出现指定文字高度提示，输入数值指定文字高度，如果使用默认高度可直接按回车键。输入角度值指定文字的角度，同理可按回车键使用默认角度。需要修改文字时，双击文字即可，如图 5-50 所示。

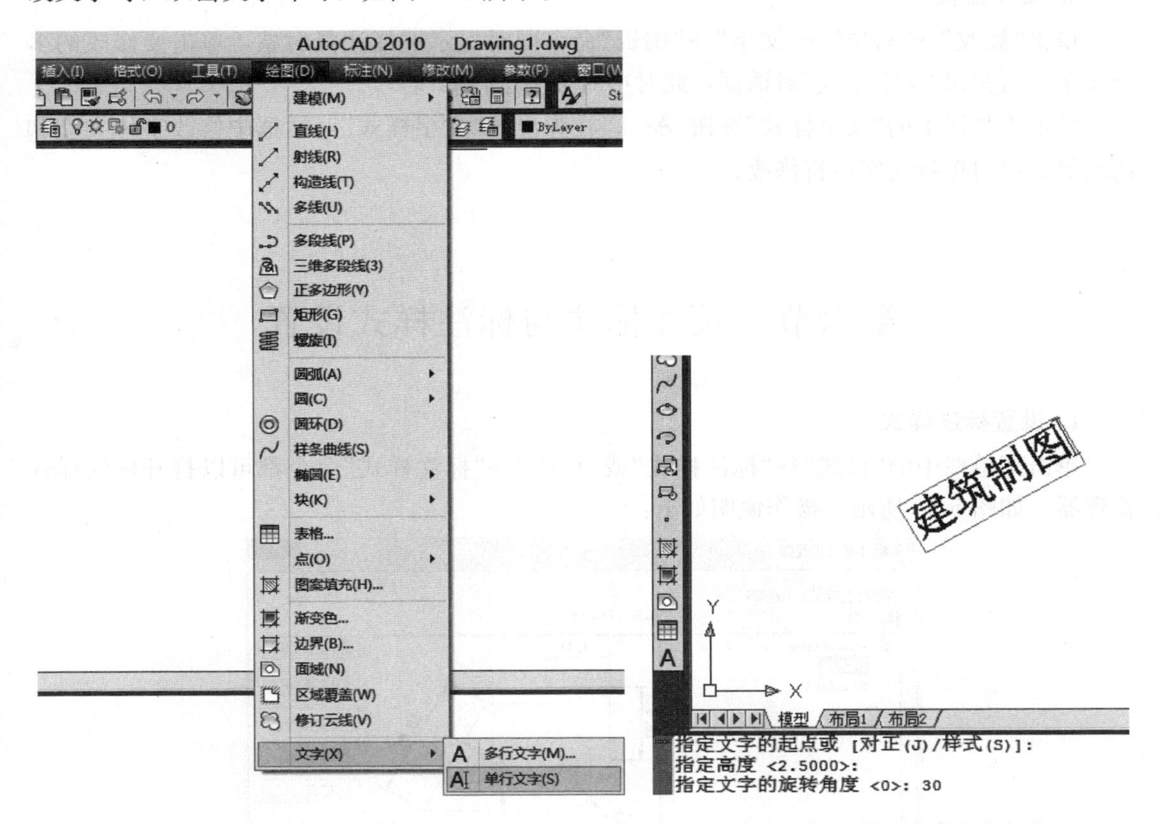

图 5-49 单行文字　　　　**图 5-50 设置文字高度和角度**

3. 多行文字输入

多行文字输入后是一个整体，可以单击工具栏上的“多行文字”按钮 A ，也可以单击“绘图”→“文字”→“多行文字”命令来实现。选择命令后，在绘图区根据命令行提示用鼠标画出矩形框作为文字的输入区域。此时，会弹出“文字格式”对话框，可以调整文字的字体类型和大小，单击“确定”完成设置。拉动下方的标尺可调整文字输入的范围，此对话框与 Word 类似，如图 5-51 所示。

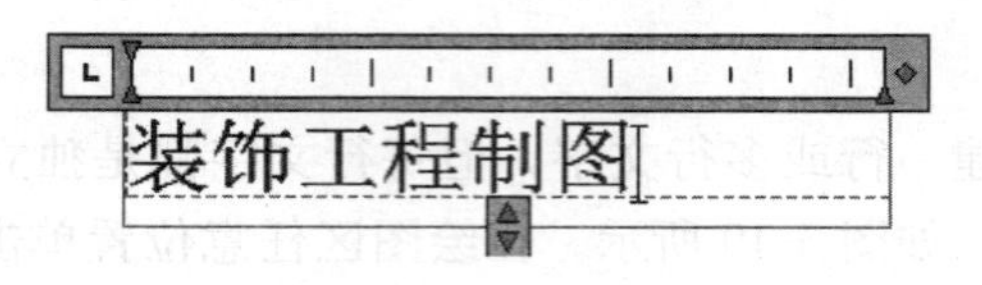

图 5-51 “文字格式”对话框

4. 文本编辑

单击“修改”→“对象”→“文字”→“编辑”命令同时提示选择注释对象，单击要修改的多行文字，可弹出“文字格式”对话框，此时可对文字进行修改。

单击工具栏上的“文字样式”按钮 ，在弹出的“文字样式”对话框中修改字体类型和高度等，可对单行文字进行修改。

第六节 尺寸标注与标注样式设置

1. 设置标注样式

单击菜单栏中的“格式”→“标注样式”或“标注”→“标注样式”命令都可以打开标注样式管理器，如图 5-52 所示。操作说明如下：

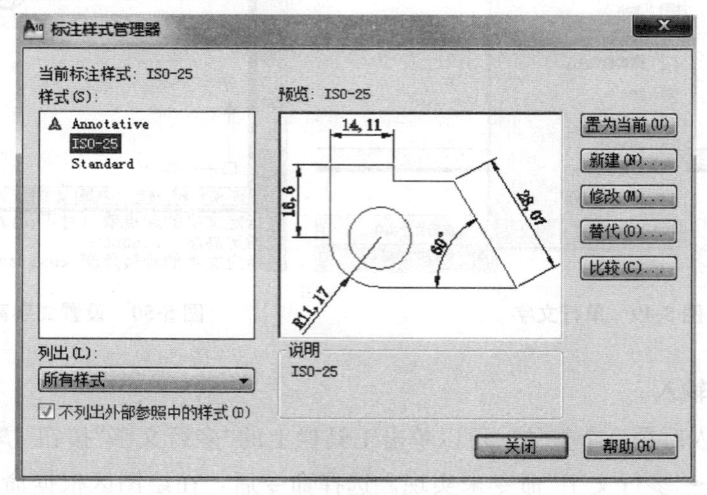

图 5-52 标注样式管理器

(1)置为当前：表示将样式列表中选择的样式设置为当前样式。

(2)新建：表示定义一个新的尺寸标注样式。单击此按钮，会弹出“创建新标注样式”对话框，如图 5-53 所示，可对新建的标注样式进行命名。单击“继续”，系统会弹出“新建标注样式”对话框，如图 5-54 所示。通过此对话框，可对标注的各个特性进行设置。

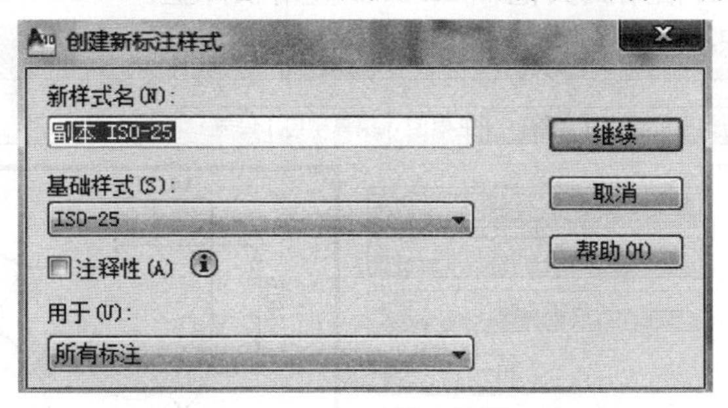

图 5-53 “创建新标注样式”对话框

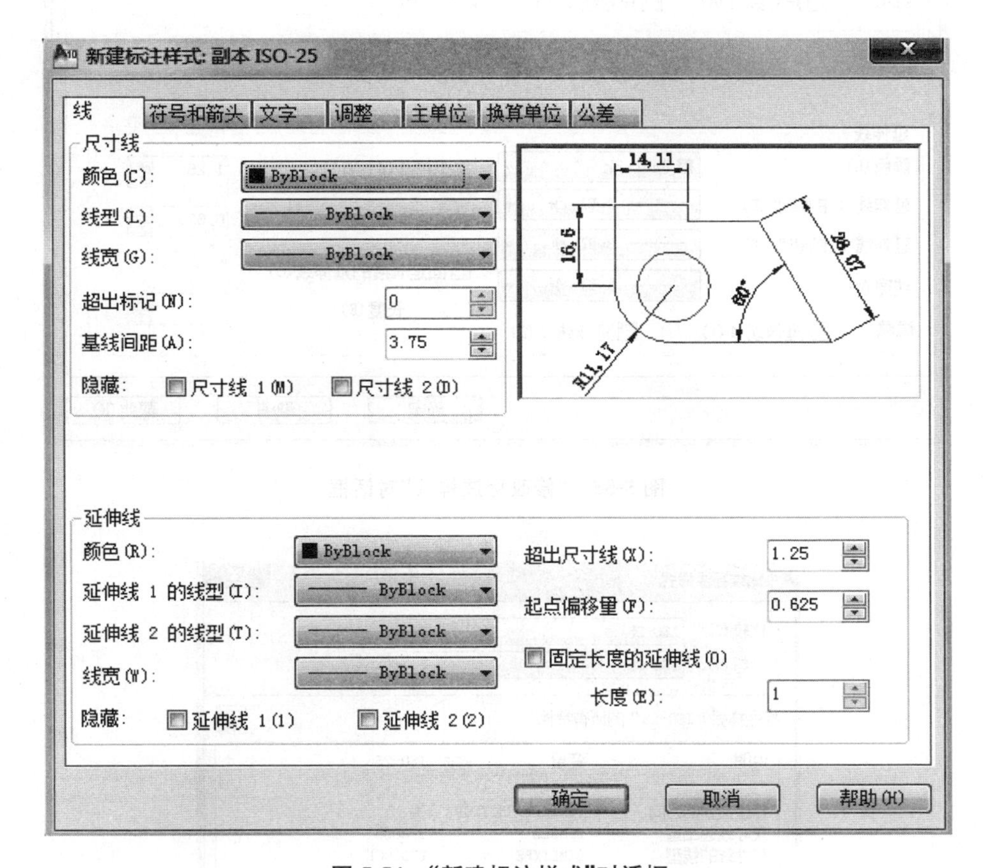

图 5-54 “新建标注样式”对话框

(3)修改：单击此按钮，可对已存在的尺寸标注样式进行修改。单击按钮后，弹出“修改标注样式”对话框，其中各选项和“新建标注样式”相同，如图 5-55 所示。

(4)替代：单击“替代”按钮，可弹出“替代当前样式”对话框，该对话框同样和“新建标注样式”对话框相同。此时，可改变选项的设置覆盖原来的设置，但此修改只对指定的尺寸标注起作用，不影响当前尺寸变量的设置。

(5)比较：比较两个尺寸样式在参数上的区别或浏览一个尺寸标注样式的参数设置。单击此按钮，会弹出“比较标注样式”对话框，如图 5-56 所示。单击 按钮，可以把比较结果复制到剪切板上，然后粘贴到其他 Windows 应用软件上。

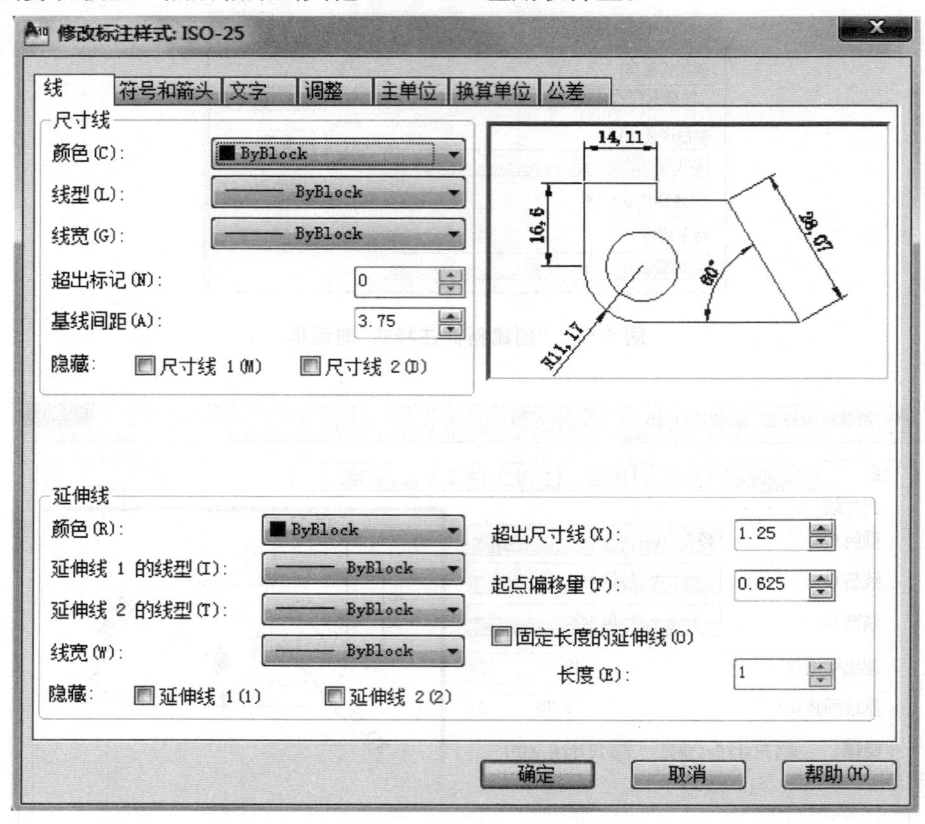

图 5-55 “修改标注样式”对话框

比较标注样式

比较(C): ISO-25

与(W): ISO-25

标注样式“ISO-25”的所有特性:

说明	变量	ISO-25
标注文字的方向	DIMTXTDIRECTION	关
尺寸线超出量	DIMDLE	0.0000
尺寸线的线型	DIMLTYPE	BYBLOCK
尺寸线间距	DIMDLI	3.7500
尺寸线强制	DIMTOFL	开
尺寸线线宽	DIMLWD	-2

关闭　帮助

图 5-56 “比较标注样式”对话框

下面对“标注样式”对话框中各选项进行详细说明。

(1)“线”选项卡：“线”选项卡可以对尺寸线的颜色、线型、线宽、超出尺寸线、起点偏移量进行调节。经常调节的部分如图 5-57 所示。

(2)“符号和箭头”选项卡：“符号和箭头”选项卡可对尺寸标注的箭头类型和大小等进行调节，在装饰工程制图中，箭头类型通常选择“建筑标记”。经常调节的部分如图 5-58 所示。

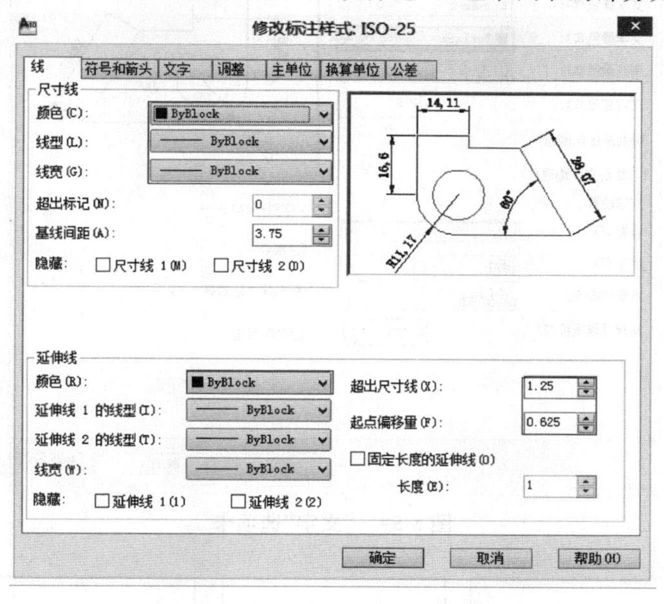

图 5-57 “线”选项卡常用参数调节

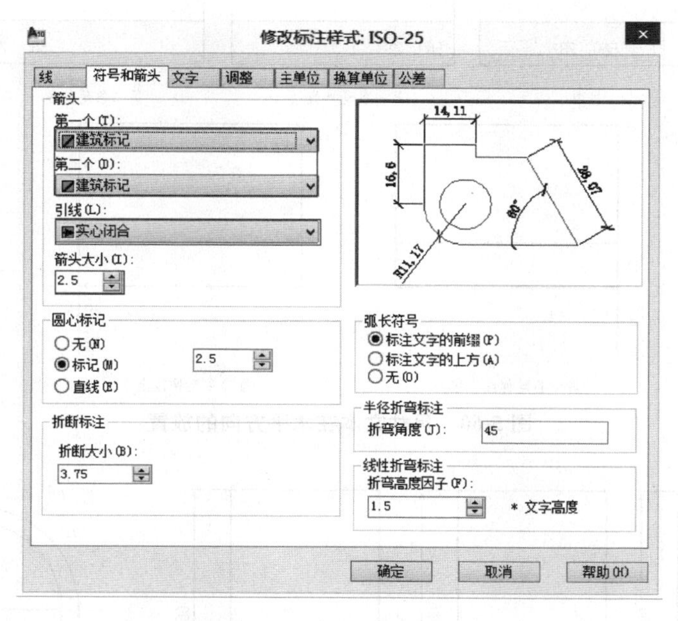

图 5-58 “符号和箭头”选项卡

(3)“文字”选项卡：“文字”选项卡可以对文字的外观、位置、对齐方式等各个参数进行设置。选项卡的右上角预览窗口可以实时观察到选项的调节效果，如图 5-59 所示。其中，尺寸文本在水平方向和垂直方向的放置效果，分别如图 5-60、图 5-61 所示。

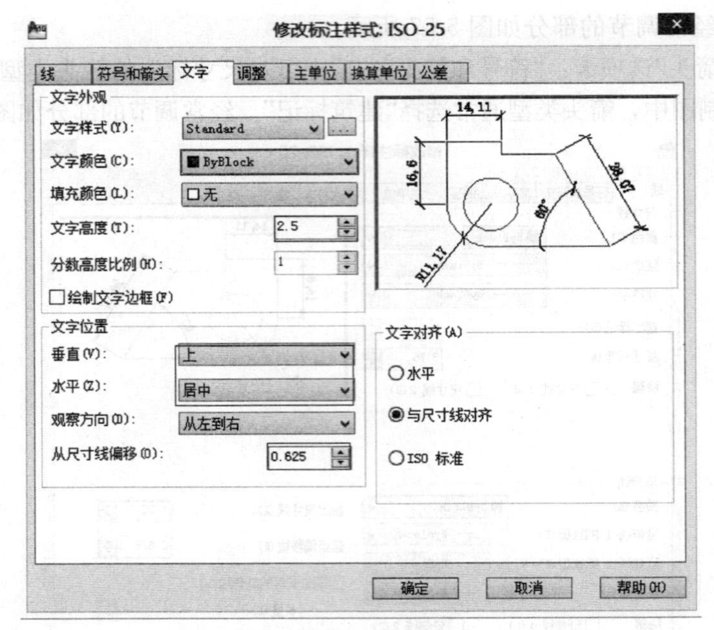

图 5-59 “文字”选项卡

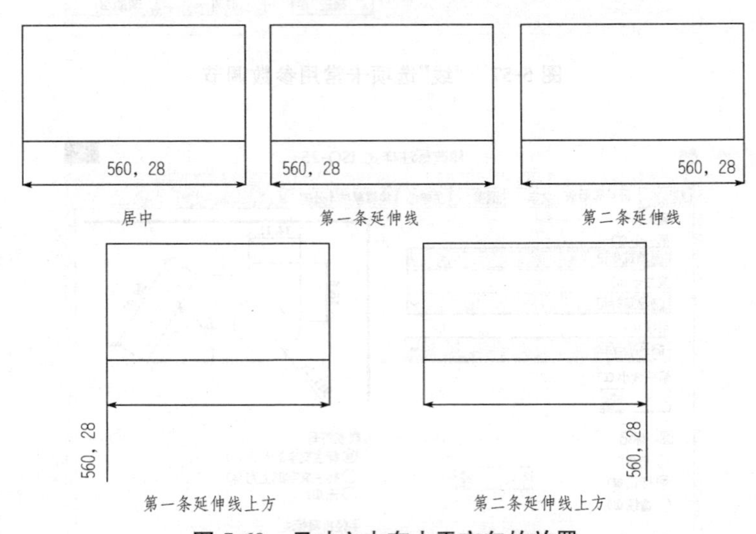

图 5-60 尺寸文本在水平方向的放置

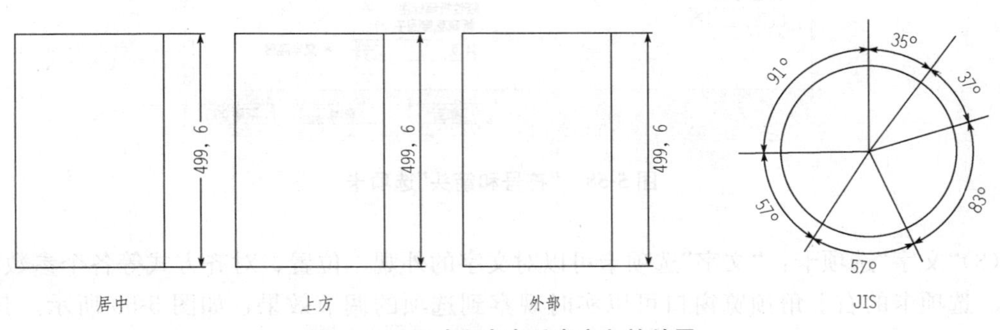

图 5-61 尺寸文本在垂直方向的放置

(4)“调整”选项卡：“调整”选项卡可以对调整选项、文字位置、标注特征比例、调整等各个参数进行设置，如图 5-62 所示。其包括调整选项选择、文字不在默认位置时的放置位置、标注特征比例选择，以及调整尺寸要素位置等参数。

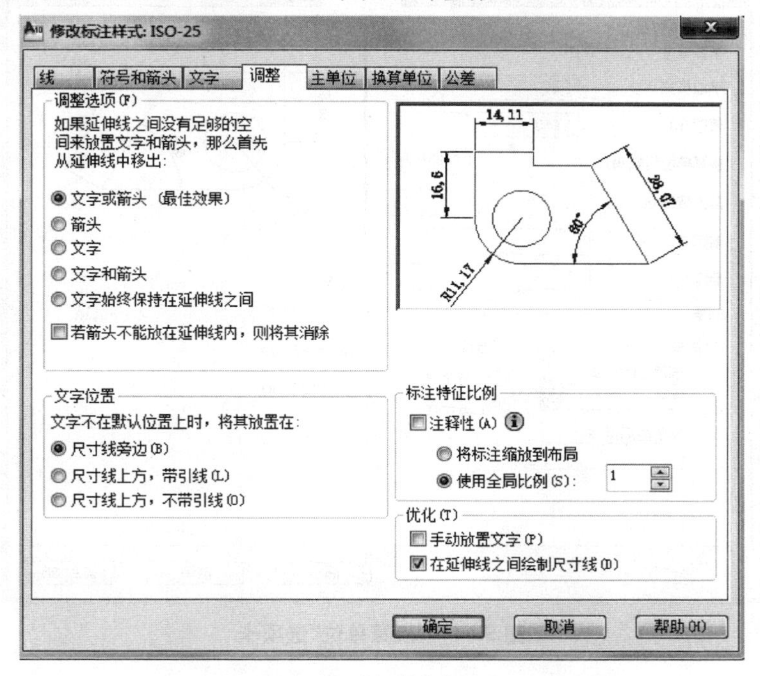

图 5-62 “调整”选项卡

(5)“主单位”选项卡：“主单位”选项卡用于设置尺寸标注的主单位和精度，以及给尺寸文本添加固定的前缀或后缀。该选项卡分为线性标注和角度标注两个选项组，如图 5-63 所示。

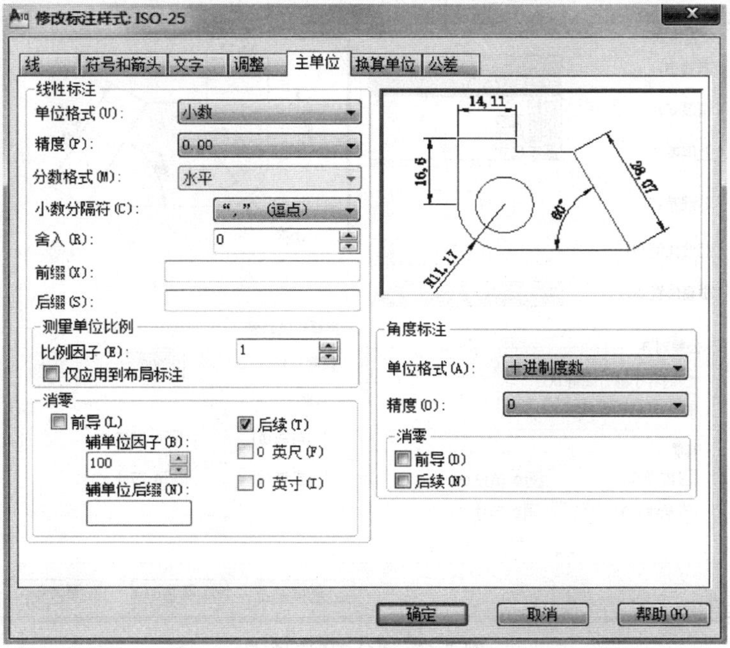

图 5-63 “主单位”选项卡

(6)“换算单位”选项卡：“换算单位”选项卡用于对换算单位进行设置，如图 5-64 所示。

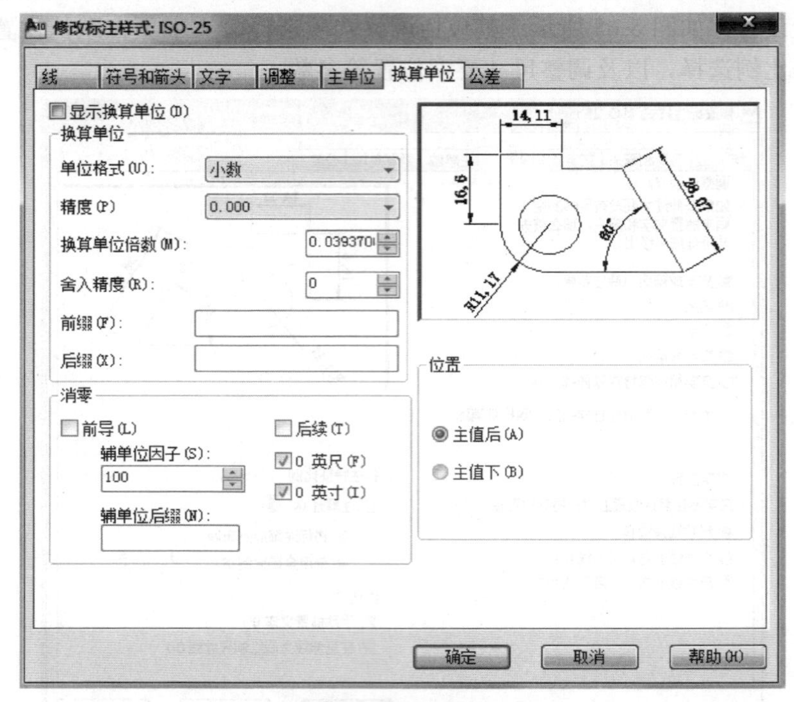

图 5-64 “换算单位”选项卡

(7)“公差”选项卡：“公差”选项卡用于对尺寸公差进行设置，“方式”下拉列表中包括 5 种标注公差的方式，其中“无”表示不标注公差，如图 5-65 所示。其余四种如图 5-66 所示。

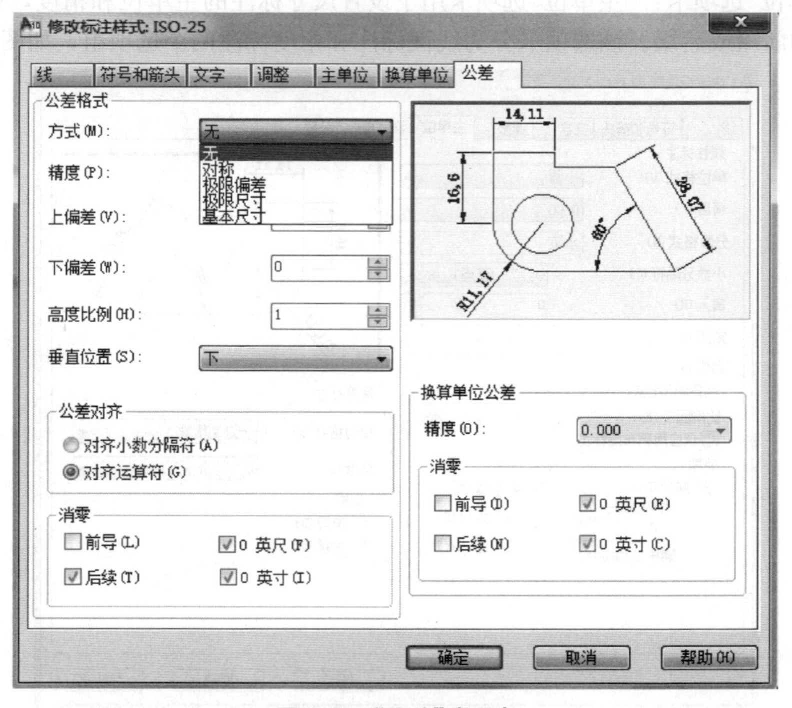

图 5-65 “公差”选项卡

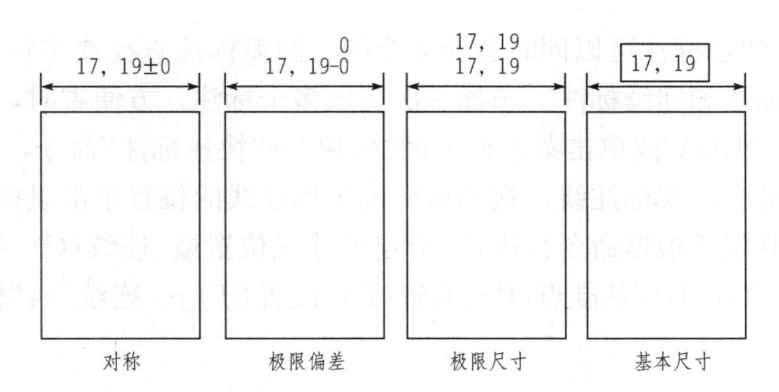

图 5-66　公差标注方式的四种方式

2. 尺寸标注

(1)线性标注：点击菜单栏中的"标注"→"线性"命令可对图形进行尺寸标注。

输入命令后捕捉图形的两点，单击鼠标"确定"后拉动鼠标选择合适的尺寸线位置，然后按回车键或单击鼠标左键，系统会自动测量出图形的尺寸。

指定两个尺寸界线的起始点后，系统在命令行会提示："指定尺寸线位置或[多行文字(M)/文字(T)/角度(A)/水平(H)/垂直(V)/旋转(R)]:"，其中含义如下：

1)多行文字(M)：用多行文字编辑器确定文本。

2)文字(T)：默认值为系统自动测量的被标注线段的长度，按回车键即可使用，也可输入其他数值或文字代替默认值，当尺寸文本包含默认值时，可使用尖括号"<>"表示默认值。

3)角度(A)：确定尺寸文本的倾斜角度。

4)水平(H)：水平标注尺寸，无论标注什么方向的线段，尺寸线均水平放置。

5)垂直(V)：垂直标注尺寸，无论标注的线段朝什么方向，尺寸线总保持垂直。

6)旋转(R)：输入尺寸线旋转的角度值，旋转标注尺寸。

用户还可以在菜单栏中的"标注"中选择对齐、弧长、坐标、半径、折弯、直径、角度等不同类型的标注效果。

(2)基线标注：单击"标注"→"基线"命令可进行基线标注。

基线标注用于产生一系列基于同一条尺寸界线的尺寸标注，可以是长度尺寸标注、角度标注和坐标标注等。在使用基线标注方式前，应该先标注出一个相关的尺寸。基线标注中两平行尺寸线之间的距离，由"标注样式"中"尺寸和箭头"选项卡中"基线间距"的值决定，如图 5-67 所示。

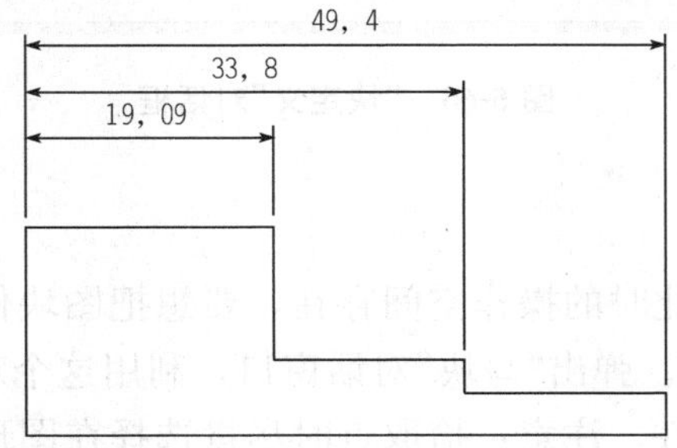

图 5-67　基线标注

(3)快速标注：快速标注可以同时选择多个圆、圆弧标注直径或半径，也可以同时选择多个对象进行基线标注和连续标注。选择一次完成多个标注，方便省时，提高工作效率。

在命令行输入“QDIM”或单击菜单栏中的“标注”→“快速标注”命令，依次选择多个要标注的图形，按回车键会出现标注线，拖动鼠标确定标注线的位置单击鼠标完成标注。

也可选择标注对象后根据命令行提示“指定尺寸线位置或[连续(C)/并列(S)/基线(B)/坐标(O)/半径(R)/直径(D)/基准点(P)/编辑(E)/设置(T)]＜连续＞：”输入相应字母完成标注。

第七节　图块的创建与编辑

1. 图块定义

图块是指把一组复杂图形作为一个整体组合起来加以保存，需要的时候把图块以任意比例和旋转角度插入到图中任意位置。这样既方便操作也节省磁盘空间。

输入(快捷键 B)命令后，按回车键可以完成块的创建。也可以单击工具栏中的“创建块”按钮 。

选择要组块的图形，输入创建块命令后系统弹出“块定义”对话框，此时可以给创建块的图形命名。单击拾取点可以利用该对话框指定定义对象的基点以及其他参数，如图 5-68 所示。

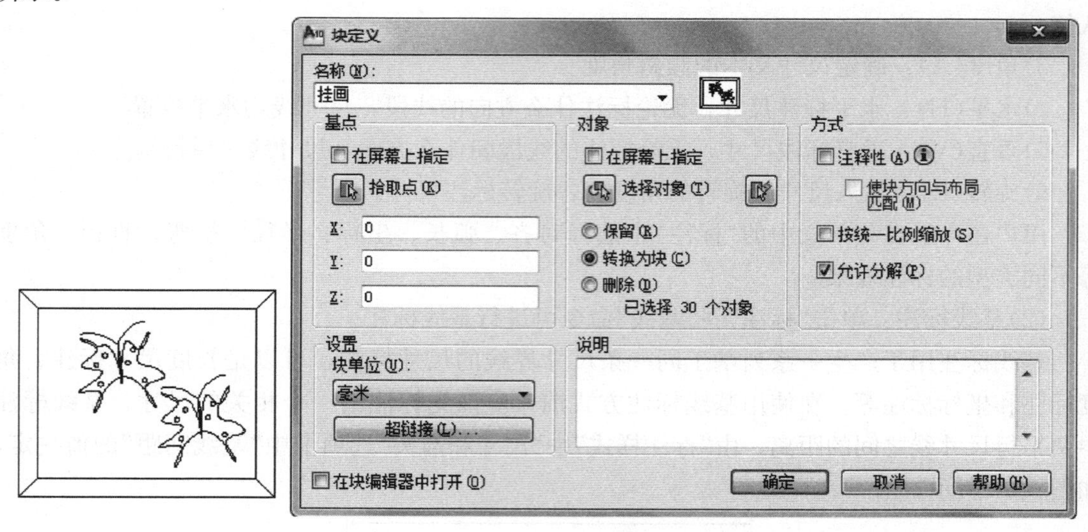

图 5-68　“块定义”对话框

2. 图块保存

给图形创建块后只是在此时的操作空间存在，要想把图块保存下来以后使用，可以在命令行输入“WBLOCK”命令。弹出“写块”对话窗口，利用这个对话框可把图形对象保存为图块或把图块转换成图形文件。注意：拾取点时尽量选择在图形上，基点决定插入图块时图块的位置。如图 5-69 所示。

图 5-69 “写块”对话框

3. 图块插入

单击菜单栏中的“插入”→“块”命令，或在工具栏中单击“插入块”图标按钮 完成插入图块的命令。

输入命令后会弹出“插入”对话框，找到要插入的图块路径在屏幕上指定插入点即可完成插入。此时的插入点就是创建图块时选择的基点，如图 5-70 所示。

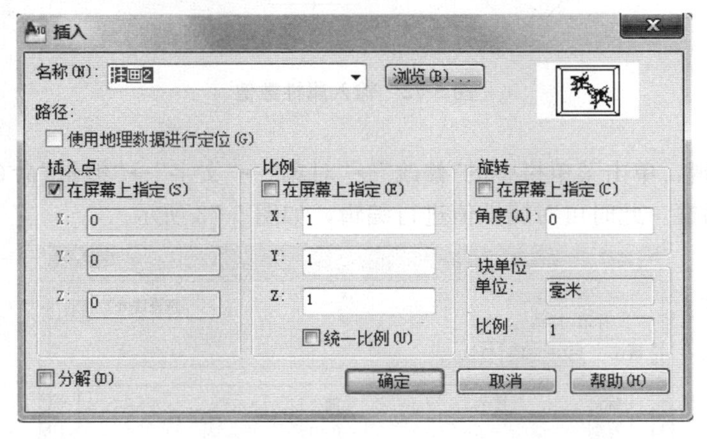

图 5-70 “插入”对话框

4. 图块属性

属性定义：图形组块时常使用图块属性来对图块进行文字说明，装饰工程制图中常用此方法绘制标高，进行标高文字的输入。单击菜单栏中的“绘图”→“块”→“属性定义”命令可对块的属性进行编辑，如图 5-71 所示。

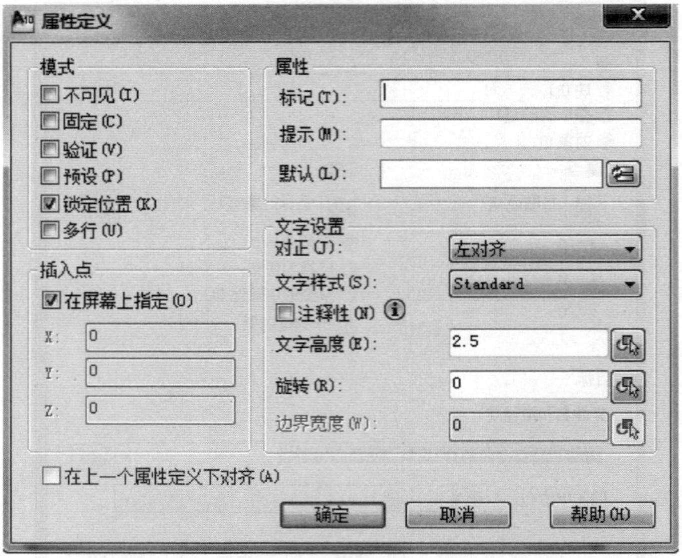

图 5-71 “属性定义”对话框

绘制标高符号后，单击“属性定义”命令弹出“属性定义”对话框，模式为“验证”，在“标记”中输入标高，确定属性文字的插入点，完成命令后退出。

继续执行标高图形的写块操作，完成写块后退出，插入保存的标高图块，单击屏幕确定插入点后命令行和屏幕提示“输入属性值:”，此时可输入相应的标高数值 0.015，完成标高的标注，如图 5-72 所示。

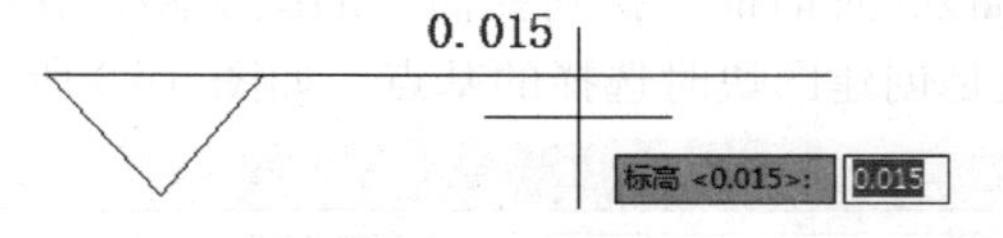

图 5-72 输入属性数值

图块属性编辑：单击菜单栏中的“修改”→“对象”→“文字”→“编辑”命令，会弹出“增强属性编辑器”对话框。此时可对属性值进行编辑，如图 5-73 所示。

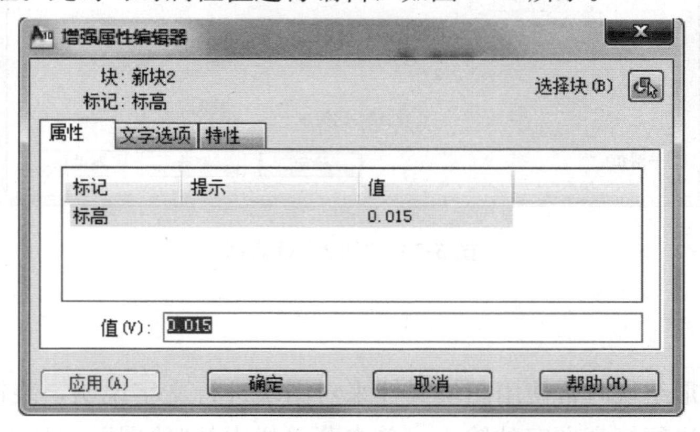

图 5-73 “增强属性编辑器”对话框

第八节　图纸布局和打印

1. 打印图形

通常图纸在打印输出时要加上图框，在模型空间将工程图样布置在标准幅面的图框内，在标注尺寸和文字说明(注明图样名称、设计人员、绘图人员、绘图日期等内容)后，就可以输出图形了。

图形放在图框中打印，图框为 1∶1 大小，图形也为 1∶1，此时图形会比图框大很多，为了将图形放到图框中可以将图形缩小或将图框放大。这里为了保持图形的实际尺寸不变，可以放大图框。

单击菜单栏中的“文件”→“打印”命令，弹出“打印-模型”对话框，如图 5-74 所示。

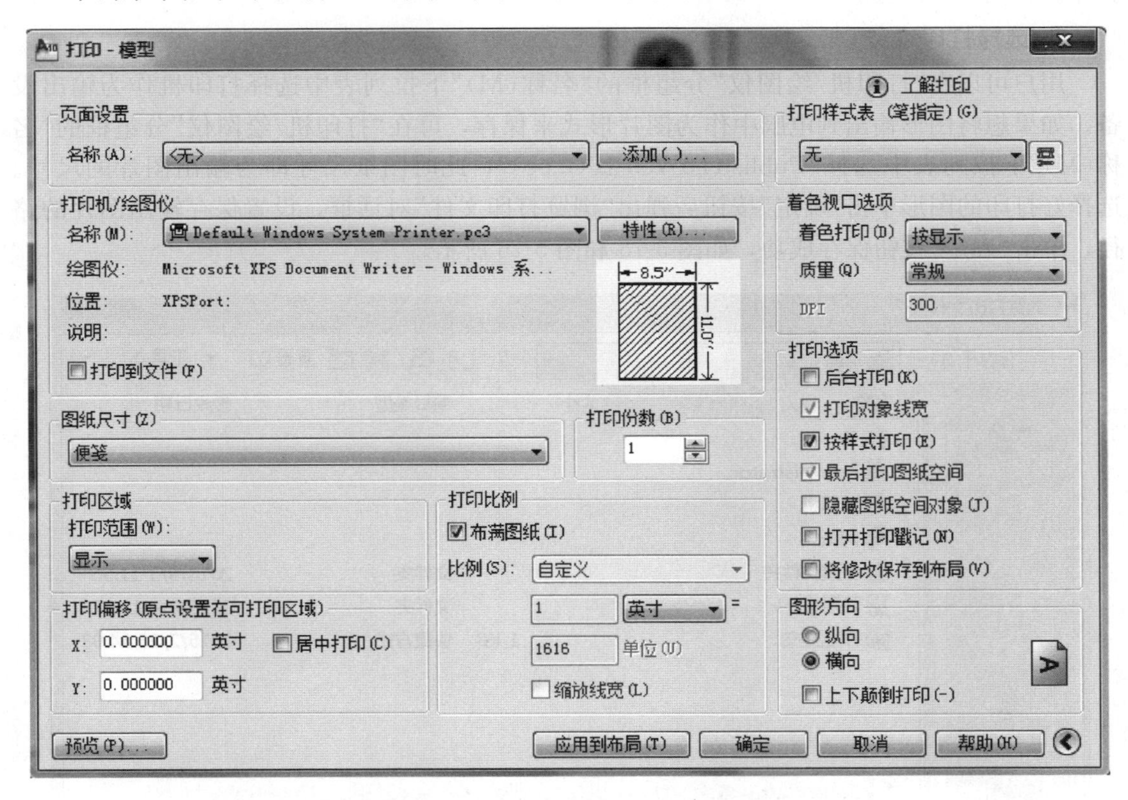

图 5-74　“打印-模型”对话框

在“打印机/绘图仪”分组框的“名称(M)”下拉列表中选择打印设备的名称。

在“图纸尺寸”下拉列表中选择图纸大小(A2、A3、A4 等幅面的图纸)。

“打印份数”设置图纸打印多少份，一般情况下不批量打印时默认为 1。

“打印范围”下拉列表中分为窗口、范围、图形界限、显示等。

如果选择“窗口”，需要在视图中捕捉出要打印的范围。选择“范围”表示打印图样中的所有图形对象。选择“显示”打印整个图形窗口。选择“图形界限”表示从模型空间打印时，“打印范围”下拉列表中将显示“图形界限”选项。选取该选项，系统将把设定的图形界限范围打印在图纸上。

选择“打印比例”时如果勾选“布满图纸”则打印时按打印的图纸分布，取消勾选“布满图纸”可在“比例”下拉列表中选择需要的打印比例。绘制阶段用户根据实物按 1∶1 的比例绘图，出图阶段需依据图纸尺寸确定打印比例，该比例是图纸尺寸单位和图形单位的比值。当测量单位是毫米，打印比例设定为 1∶5 时，表示图纸上的 1 mm 代表五个图形单位。

“图形方向”决定打印的方向为横向或纵向。

选择“打印样式表(笔指定)”中的“monochrome. ctb”将所有颜色打印为黑色。

“居中打印”勾选后，图形在图纸上居中。

操作完成后可单击“预览”按钮，预览打印效果。确认无问题后单击“确定”按钮进行打印。

2. 选择打印设备

用户可以在“打印机/绘图仪”分组框的“名称(M)”下拉列表中选择打印机作为输出设备。如果想将图形输出到电脑中作为图片形式来保存，可在“打印机/绘图仪”分组框的“名称(M)”下拉列表中选择“PublishToWeb JPG. pc3”，此时图纸尺寸即为输出图片的尺寸。选择好打印的图形单击“确定”按钮后弹出“浏览打印文件”对话框，设置保存输出图片的路径，单击“确定”按钮保存成功，如图 5-75 和图 5-76 所示。

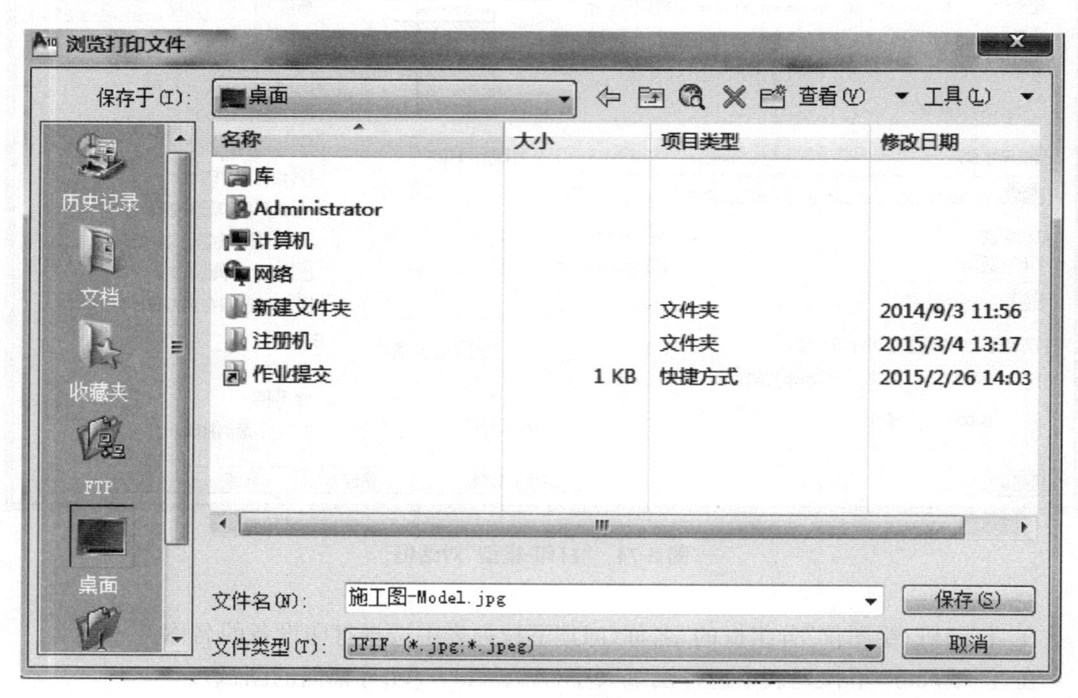

图 5-75　选择图片保存路径

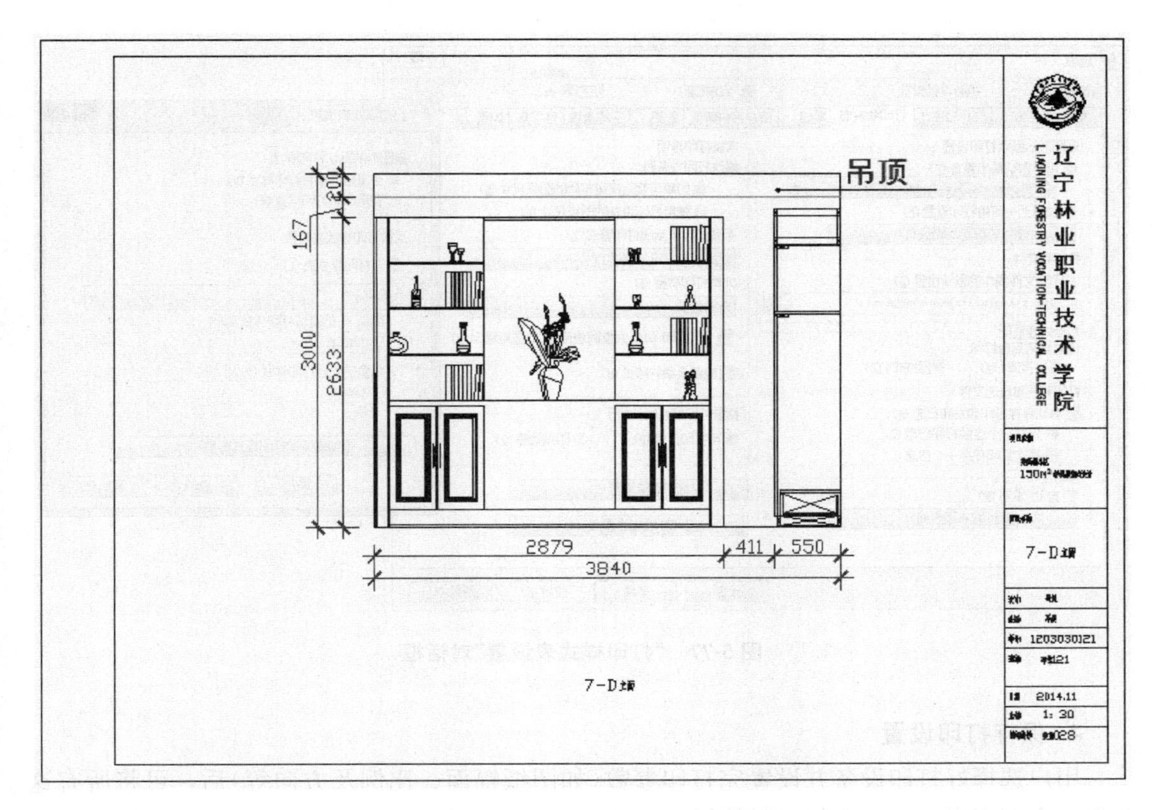

图 5-76　图片输出效果

3. 设置打印参数

打印样式：打印样式是对象的一种特性，如颜色、线型一样，如果为某个对象选择一种打印样式，输出图形后对象的外观由样式决定。

打印样式表分为以下两类：

(1)颜色相关打印样式表。颜色相关打印样式表以“.ctb”为文件扩展名保存，该表以对象的颜色为基础，共包含 255 种打印样式，每种 ACI 颜色对应一个打印样式，样式名分为“颜色 1”“颜色 2”等。如果当前图形文件与颜色相关打印样式表相连，则系统会自动根据对象的颜色分配打印样式。用户不能选择其他打印样式，但可以对已分配的样式进行修改。

(2)命名相关打印样式表。命名相关打印样式表以“.stb”为文件扩展名保存，该表包括一系列已命名的打印样式。用户可以修改打印样式的设置及其名称，还可以添加新的样式。若当前图形文件与命名相关打印样式表相连，则用户可以给对象指定样式表中的任意一种打印样式，而不管对象的颜色是什么。

AutoCAD 中的新建图形不是处于“颜色相关”模式就是处于“命名相关”模式，这和创建图形时选择的样板文件有关。

在命令行输入“OPTIONS”命令，弹出“选项”对话框，进入“打印和发布”选项卡，再点击“打印样式表设置”按钮，打开“打印样式表设置”对话框，如图 5-77 所示，通过该对话框设置图形的默认打印样式模式。

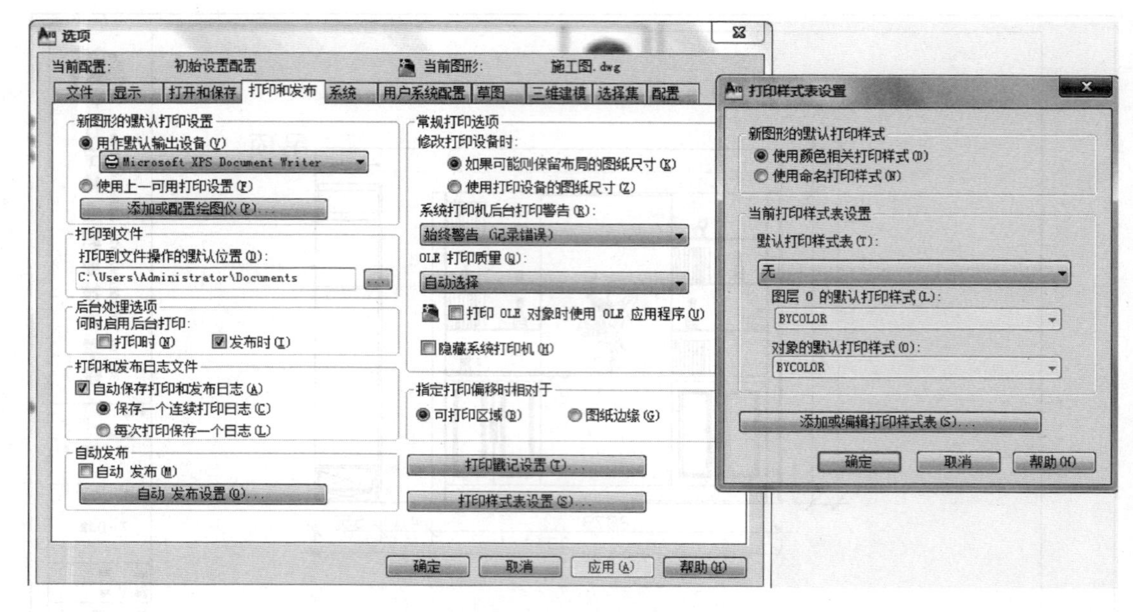

图 5-77 “打印样式表设置”对话框

4. 保存打印设置

用户选择好打印设备并设置完打印参数(如图纸幅面、比例及方向等)后，可将所有这些保存在页面设置中，以便以后使用。

在“打印-模型”对话框“页面设置”分组框的“名称”下拉列表中列出了所有已经命名的页面设置，若要保存当前的页面设置，就要单击该列表右边的“添加”按钮 添加(.)... 。打开“添加页面设置”对话框，如图 5-78 所示。在该对话框的“新页面设置名”中输入新页面名称，然后单击“确定”按钮 确定(O) ，保存页面设置即可。

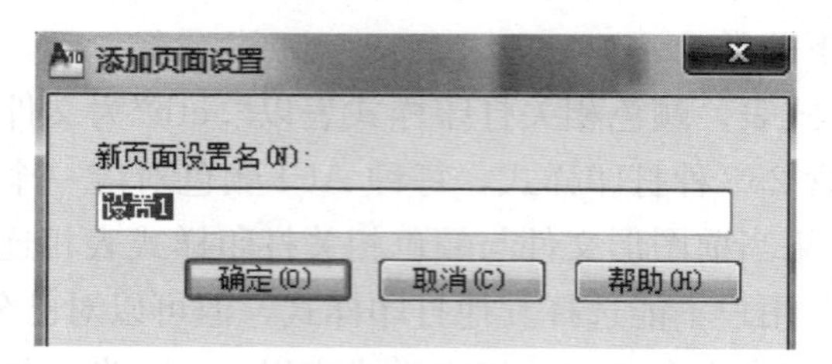

图 5-78 “添加页面设置”对话框

用户还可以从其他图形中输入已定义的页面设置。在“页面设置”分组框的“名称”下拉列表中选择“输入”选项，打开“从文件选择页面设置”对话框，选择并打开所需的图形文件，弹出“输入页面设置”对话框，该对话框显示了图形文件中包含的页面设置，选择其中一种设置，单击“确定”按钮完成操作，如图 5-79 和图 5-80 所示。

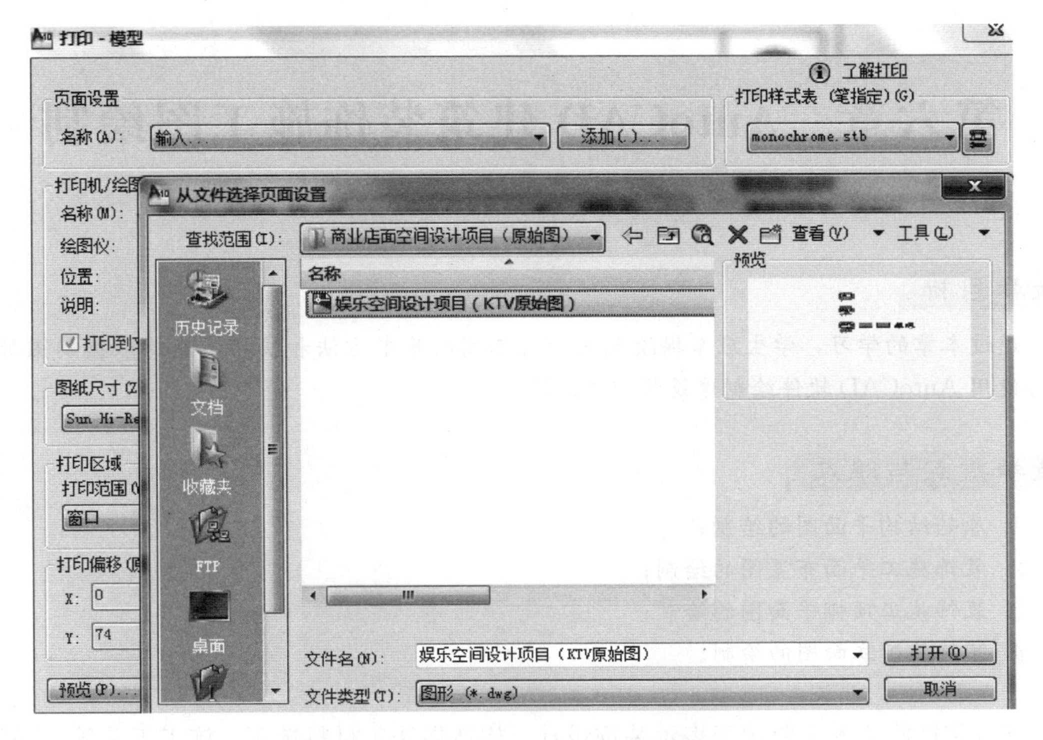

图 5-79 “从文件选择页面设置”对话框

图 5-80 “输入页面设置”对话框

第六章 AutoCAD 建筑装饰施工图绘制

教学目标

通过本章的学习，学生应掌握绘制装饰施工图的基本方法和技巧，能够依据制图标准熟练使用 AutoCAD 软件绘制建筑装饰施工图。

教学重点与难点

1. 原始结构平面图的绘制；
2. 装饰施工平面布置图的绘制；
3. 装饰施工顶棚平面图的绘制；
4. 装饰施工立面图的绘制。

建筑装饰施工图主要用于表示装饰设计、构造做法、材料选用、施工工艺等，因此，在使用 AutoCAD 绘制建筑装饰工程施工图之前，应掌握建筑装饰设计的基本理论和 AutoCAD 绘图的基本方法。

第一节 原始结构平面图的绘制

原始结构平面图一般是指在装修设计之前墙体未经拆改的户型图，多数为毛坯房。室内一般有墙体、梁、柱、烟道、电箱、窗户、进水管、马桶坑位、下水管等设施。

原始结构平面图相当于给设计师的一张白纸，让设计从头开始，在绘制原始结构平面图之前，设计师要亲自下现场了解所要设计的室内情况，测量房间的开间、进深，墙体的高度、厚度、长度，门口、窗户的长宽高，梁柱，棚、烟道、暖气等物理环境的设施。对于旧房改造的项目，还要准确记录下需要保留与拆改部分的位置和准确尺寸，以展开接下来的空间设计。

在经过设计师的现场调研、测量相关尺寸数据之后，设计师根据手绘草图再用 AutoCAD 电脑绘图软件绘制原始结构平面图。

一、工程图样板文件的创建

无论是绘制何种建筑施工图，如平面图、立面图、天花图、节点图、原始结构图，都需要创建工程样板文件，它可快速绘制其他同类工程图形。在绘制如建筑平面图、立面图、剖面图或建筑详图时，可直接调用已创建的建筑工程图样板文件，从而不必每次都对图层、标注样式、绘图单位等参数进行设置，大大提高了作图效率。

1. 样板文件的创建

(1)调用已存在样板文件。AutoCAD中提供了多个样板文件，选择“文件→新建”命令或是在命令行中输入“New”命令，可打开“选择样板”对话框，在该对话框中选择所需的样板文件，然后单击“打开”按钮 打开(O) 即可打开相应的工程图样板文件。

(2)自定义样板文件。用户可在默认的样板文件基础上修改创建一个新的图形文件，对其中的各类参数等进行重新定义，以适用于某类工程图样，并将该图形文件以样板文件的格式存盘，即保存为“.dwt”格式的样板文件，供以后绘图时直接调用。

(3)调用已有图形修改为样板文件。用户可直接调用已有的某个符合规定的专业工程图形文件作为样图，因其图形界限、单位、图层及实体特性、文字样式、图块、尺寸标注样式等相关系统标量已设置完成，因此，用户只需打开该文件，将文件中多余的内容删去，然后将其另存为“.dwt”格式的样板文件即可。

2. 建筑工程图样板文件的创建

在创建建筑工程图样板文件时，用户应根据自身绘图习惯及建筑专业所包含的内容来设定。下面以某住宅为例介绍其建筑工程平面图样板文件所包含的内容。

(1)图形界限：由于建筑图形尺寸较大，且在绘制的时候通常按1∶1的比例绘制，因此应将图形界限设置的大一些，以让栅格覆盖整个绘图区域。

(2)捕捉间距：捕捉间距通常为300，不符合模数的数据由键盘输入。栅格间距为3 000，并启用栅格功能。

(3)单位：单位常为十进制，小数点后显示0位，以毫米为单位。

(4)图层、线型与颜色：平面图中所需的图层、线型及颜色可参照图6-1设置。

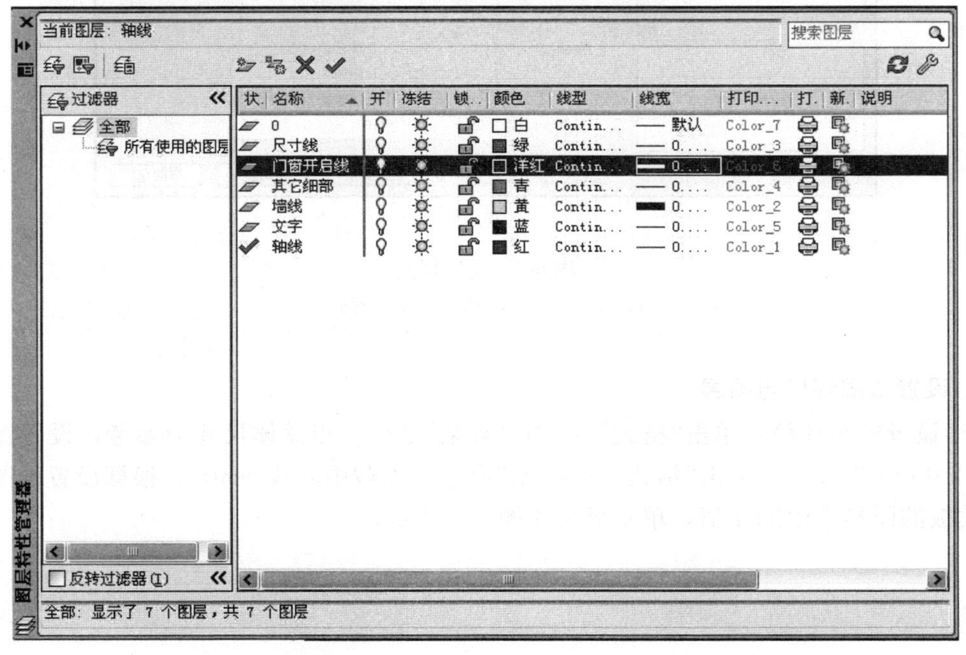

图 6-1　图层、线型与颜色设置

(5)系统变量：系统变量包括线型比例，尺寸标注比例，点符号样式、大小等。

(6)标注样式：平面图中所需的文字样式可参照图 6-2 设置；尺寸标注样式可参照图 6-3 设置。

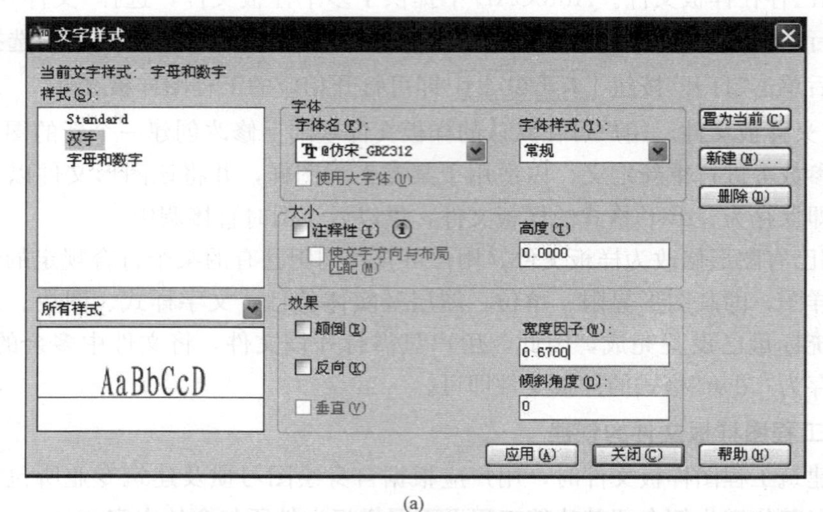

(a)

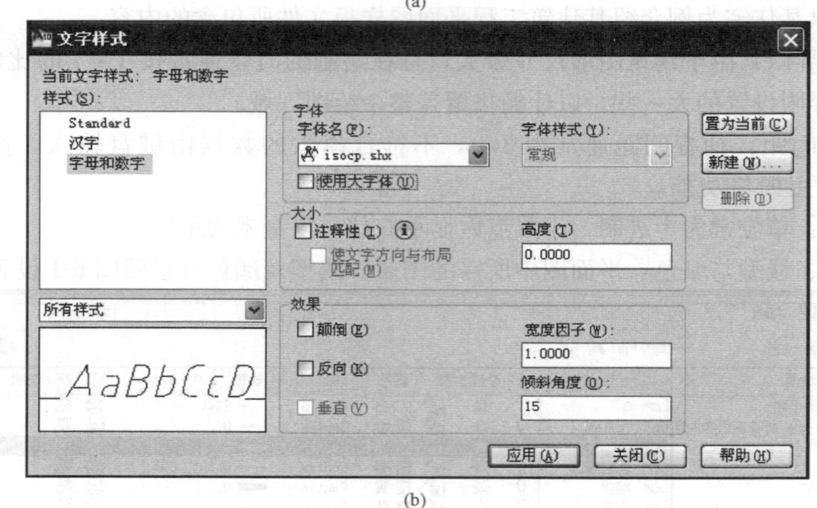

(b)

图 6-2　文字样式

(a)汉字样式；(b)字母和数字样式

3. 设置绘图环境与图层

(1)设置绘图环境：单击“格式”→“图形界限”命令，以总体尺寸为参考，设置图形界限为 42 000 * 29 700。单击“格式”→“线型”命令，加载中心线 center，根据设置的图形界限与模板的图形界限的比值，单击显示如图 6-4 所示。

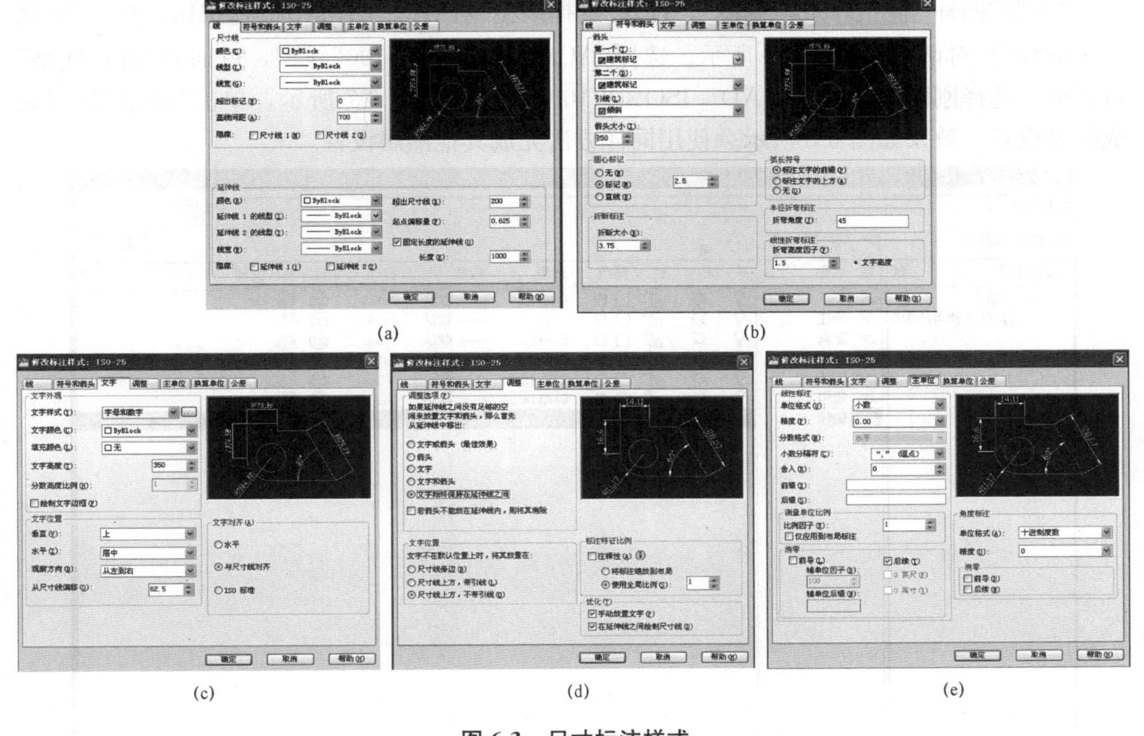

(a)　　(b)

(c)　　(d)　　(e)

图 6-3　尺寸标注样式

(a)线样式；(b)符号和箭头样式；(c)文字样式；

(d)调整样式；(e)主单位样式

线型管理器

线型过滤器

显示所有线型　　反转过滤器(I)　　加载(L)...　　删除　　当前(C)　　显示细节(D)

当前线型：ByLayer

线型	外观	说明
ByLayer		
ByBlock		
ACAD_ISO03W100		ISO dash space
Continuous		Continuous
DASHED		Dashed
DASHEDX2		Dashed (2x)
HIDDEN2		Hidden (.5x)

确定　　取消　　帮助(H)

图 6-4　设置线型比例

(2)设置图层：根据不同特性创建图层以便于管理各种图形对象，如轴线层、墙体层、柱子填实层、门窗层等，如图 6-5 所示。常常我们将轴线设置成红色，修改轴线线型时，单击“线型”图标 Continuous ，打开“选择线型”对话框。单击“加载”按钮，打开“加载或重载线型”对话框，如图 6-6 所示。选择“ACAD _ ISO10W100”线型，返回到“选择线型”对话框，选择刚刚加载的“ACAD _ ISO10W100”线型，如图 6-7 所示，单击“确定”按钮完成线型设置，效果如图 6-8 所示。使用同样方法完成其他图层设置。

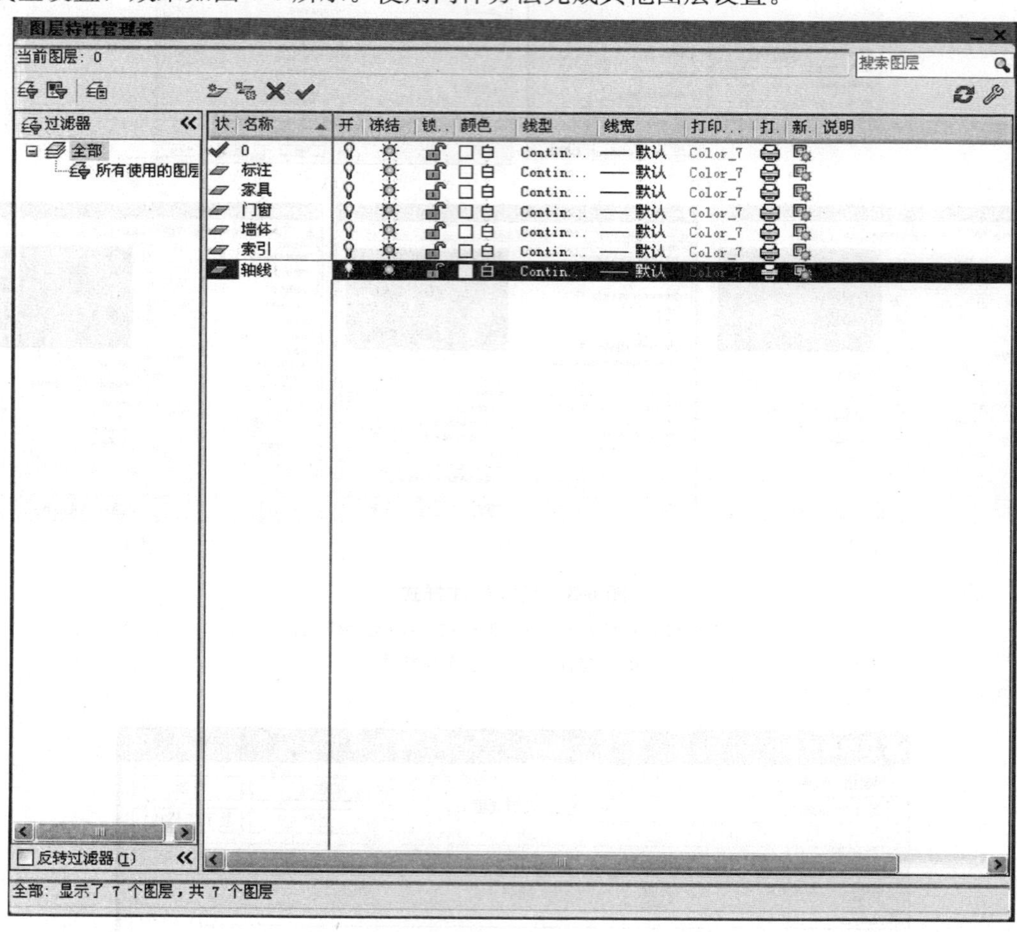

图 6-5　创建图层

图 6-6　加载线型

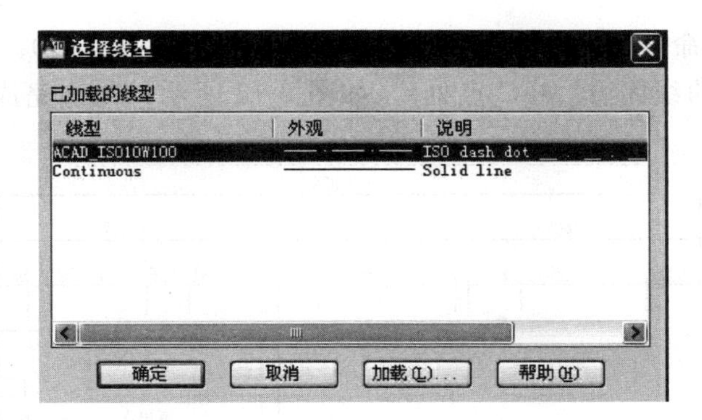

图 6-7　选择线型

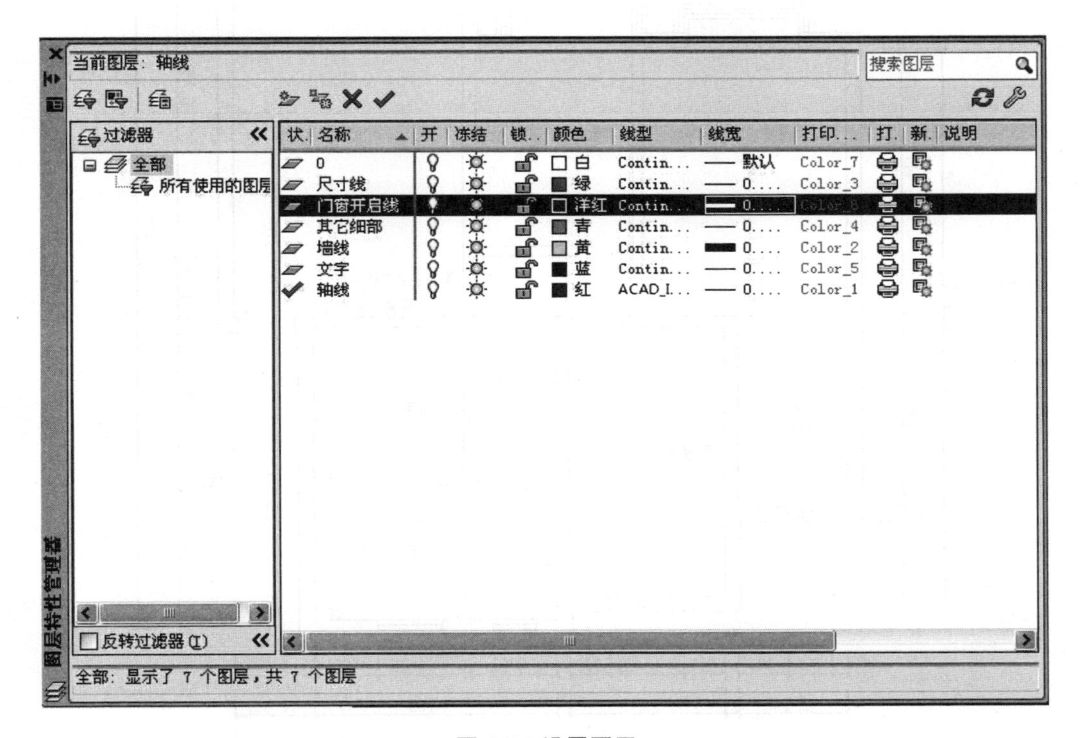

图 6-8　设置图层

二、绘制原始结构平面图

绘制如图 6-9 所示的原始结构平面图。

(1)准备一份现场的测量数据手绘草图，如图 6-10 所示。

(2)绘制内墙线。利用直线命令根据现场的测量数据从门的入口 A 点处顺时针(或逆时针)画线。得到房间的内墙线，如图 6-11 所示。需要注意的是，由于测量时存在着一定的误差，在 CAD 绘图时，可能会出现一个空间内的左右两面墙的尺寸不吻合，或者直线按房子整体环绕一周后不能闭合等现象，这就要求我们设计师主观处理一些尺寸数据，如 3 910 可以改动为 3 900 等，要灵活运用。

(3)绘制、调整外墙线。用“偏移”命令将刚才画出的内墙线向外偏移 300，得到房间的外墙线。再用“修剪”命令(快捷键 TR)把交叉的线修剪掉(如 B 点处)。最后用导角工具(快捷键 F)将没有闭合的线闭合(如 C 点处)，如图 6-12 所示。调整完成后的效果如图 6-13 所示。

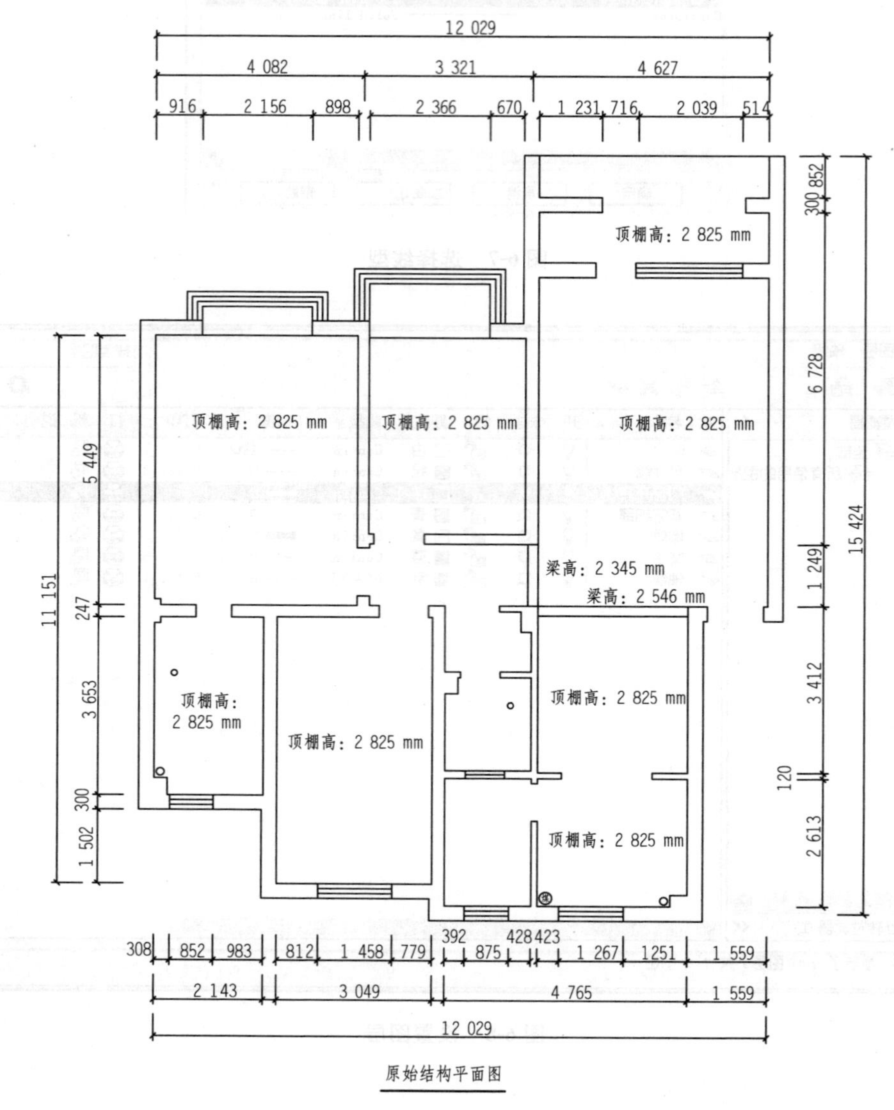

图 6-9　原始结构平面图

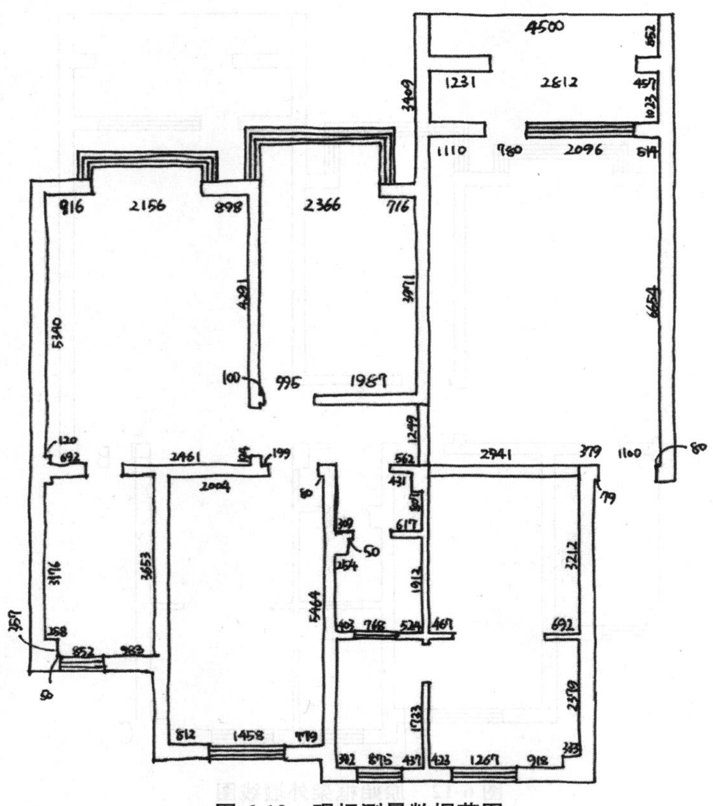

图 6-10　现场测量数据草图

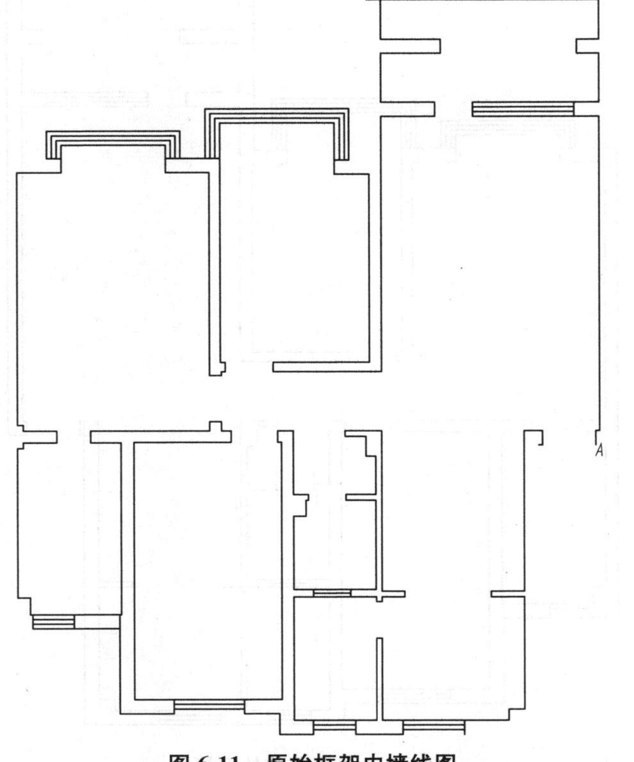
图 6-11　原始框架内墙线图

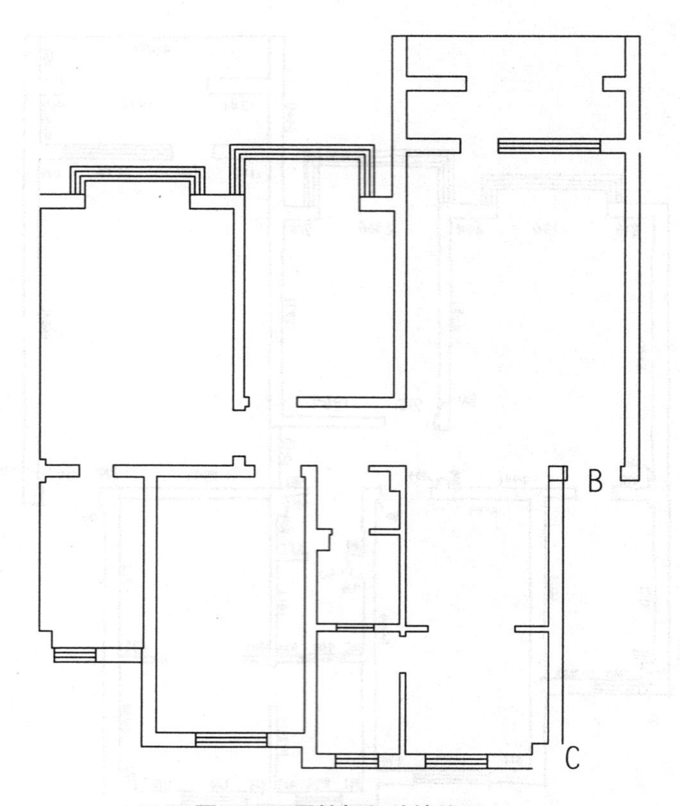

图 6-12　原始框架外墙线图

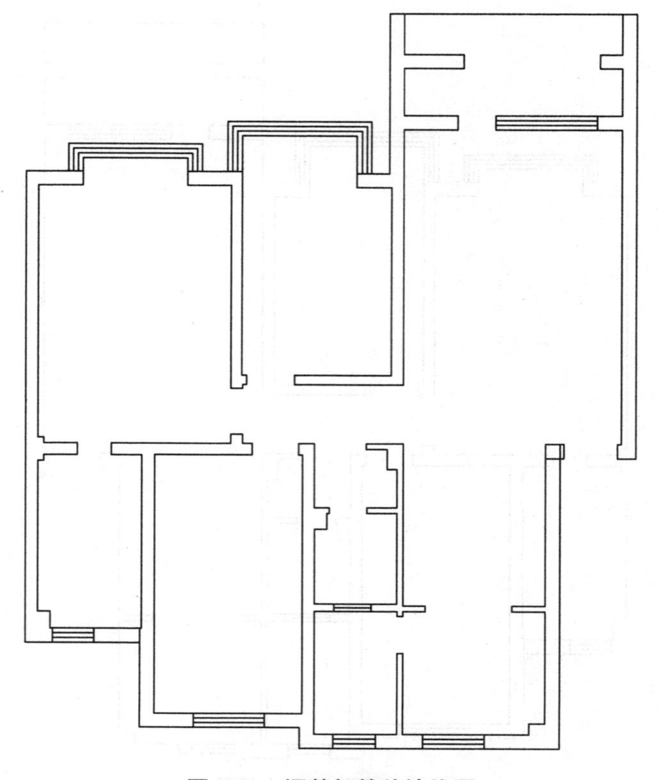

图 6-13　调整好的外墙线图

(4)绘制窗梁、上下水管、通风口，及标注必要的管线位置和尺寸标。如图 6-14 所示。

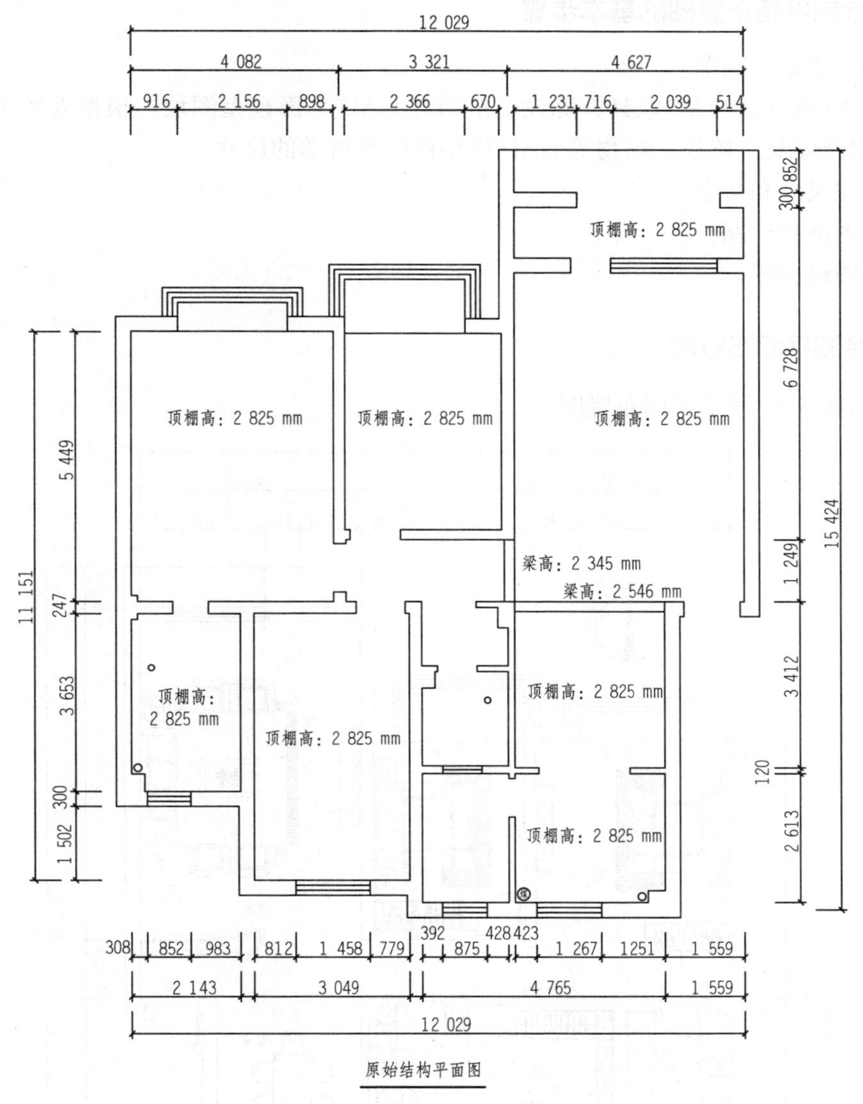

图 6-14　原始结构平面图

第二节　装饰施工平面布置图的绘制

绘制平面布置图首先要掌握室内设计原理、人体工程学等学科知识，绘制各个功能空间中的家具、设施时，应根据人体工程学来确定尺寸，如过道宽度，楼梯踏步宽度、高度等。这些理论知识不清楚，是无法绘制平面布置图的。

一、绘制平面布置图的基本步骤

(1)调入原始结构图。

(2)调入(或自己绘制)家具、陈设、植物等 CAD 平面模型图块，根据人体工程学知识和设计方案将家具、陈设、植物等 CAD 模型修改至科学的尺寸。

(3)标注尺寸和文字。

(4)加图框和标题栏。

(5)打印输出图。

二、绘制平面布置图

绘制如图 6-15 所示平面布置图。

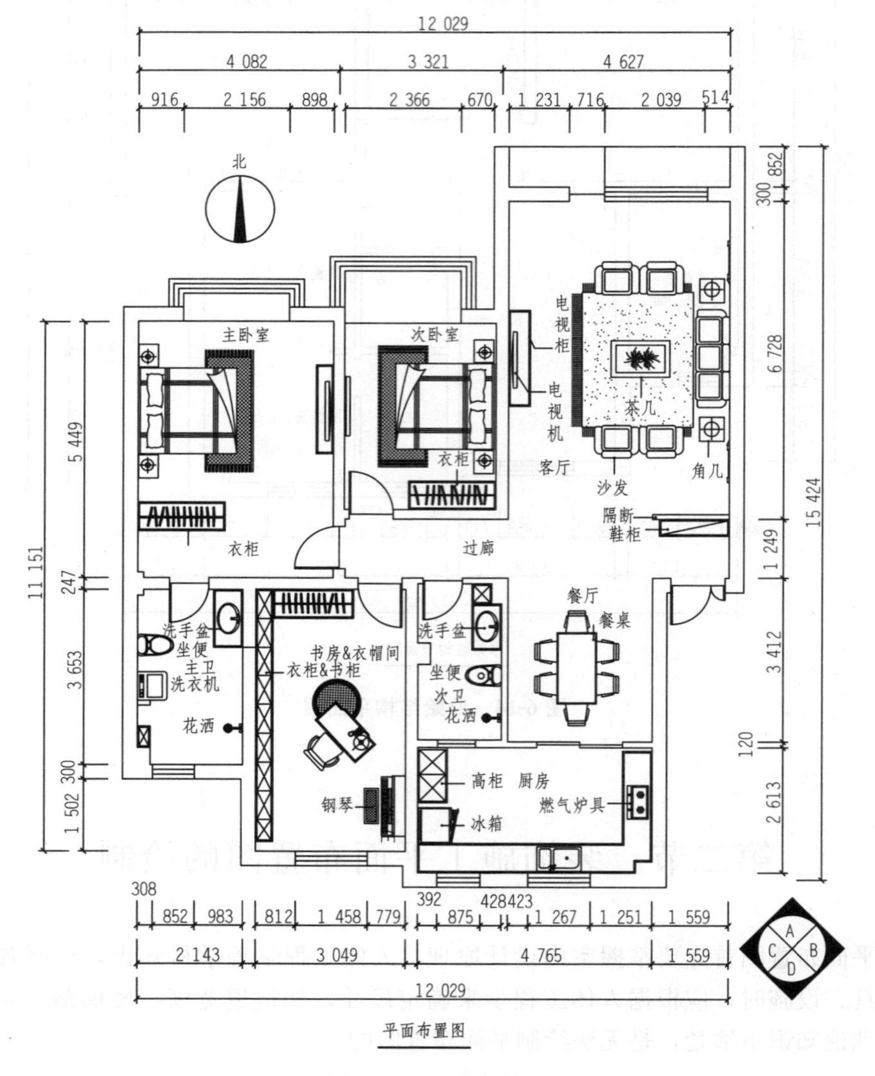

图 6-15　平面布置图

(1)设置绘图环境：单击“格式”→“图形界限”命令，以总体尺寸为参考，设置图形界限为40 000 * 33 000。单击“格式”→“线型”命令，加载中心线 center，根据设置的图形界限与模板的图形界限的比值，(单击显示细节)设置其全局比例因子约为100，使得中心线能正常显示。也可以在命令行输入“lts”，比例设置为100。

(2)打开原始框架图(或者重新建立一个文件，方法同原始框架图)，将图中的一些尺寸数据删除，只保留框架，如图6-16所示。

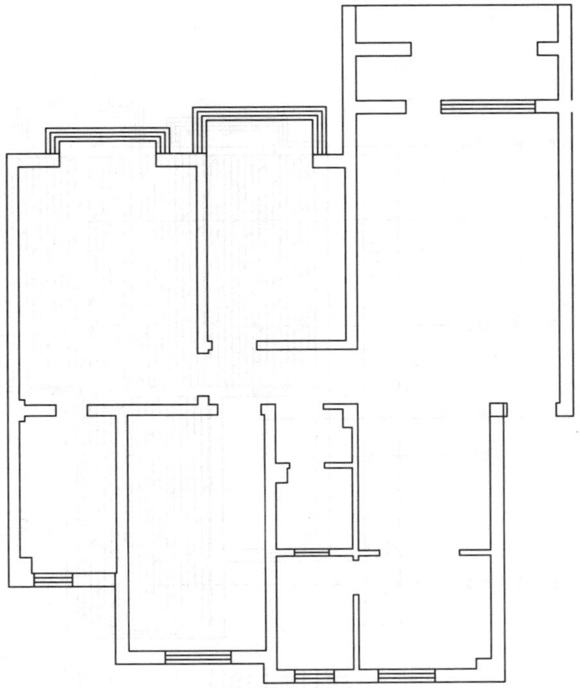

(3)在原始结构图的基础上根据室内设计原理及相关尺寸要求进行方案布置。我们可以利用以前积攒的家具、设备、绿化等图块，在平面图布置时直接调入，无须一个一个地绘制，这样可以大大提高绘图速度。在调入图块时，要注意进行分解和比例缩放，在缩放的时候主要要以人体尺寸和设计原理的相关要求进行调整尺寸。

这里介绍一下比例缩放的快捷键SC的使用。其具体操作步骤如下：

1)打开一个有家具模型的文件，确定所选取家具，按“Ctrl+C”键。

2)将页面切换到原始结构平面图，按“Ctrl+V”键，这时家具出现在页面中，但有可能很小，也有可能很大。

图6-16 调整原始框架图

3)在键盘上输入“SC”，按回车键。

4)选择所要缩放的家具，按回车键。

5)在家具上单击一点。

6)输入原始尺寸(在页面上点击)。

7)输入新尺寸(在键盘上输入数值)，按回车键。

(4)尺寸标注，完成建筑装饰平面图的绘制。将标注层设置为当前，设置正确的标注样式，使用标注工具对平面图进行尺寸标注，并用块属性的方法标注轴号(在复杂的大工程施工图中)。最后还要注写相关的说明，如房间名称、图名等。完成平面图的绘制，结果如图6-15所示。

第三节　装饰施工地面铺装图的绘制

有时候，地面铺装图与平面布置同在一张图纸上，即在平面布置图上可以看到地面铺装的填充图案。当室内空间较复杂，地面材质较繁多，如欧式拼花图较多，斜铺等施工工艺比较多时，可单独绘制一张地面铺装图。

绘制如图 6-17 所示的地面铺装图。

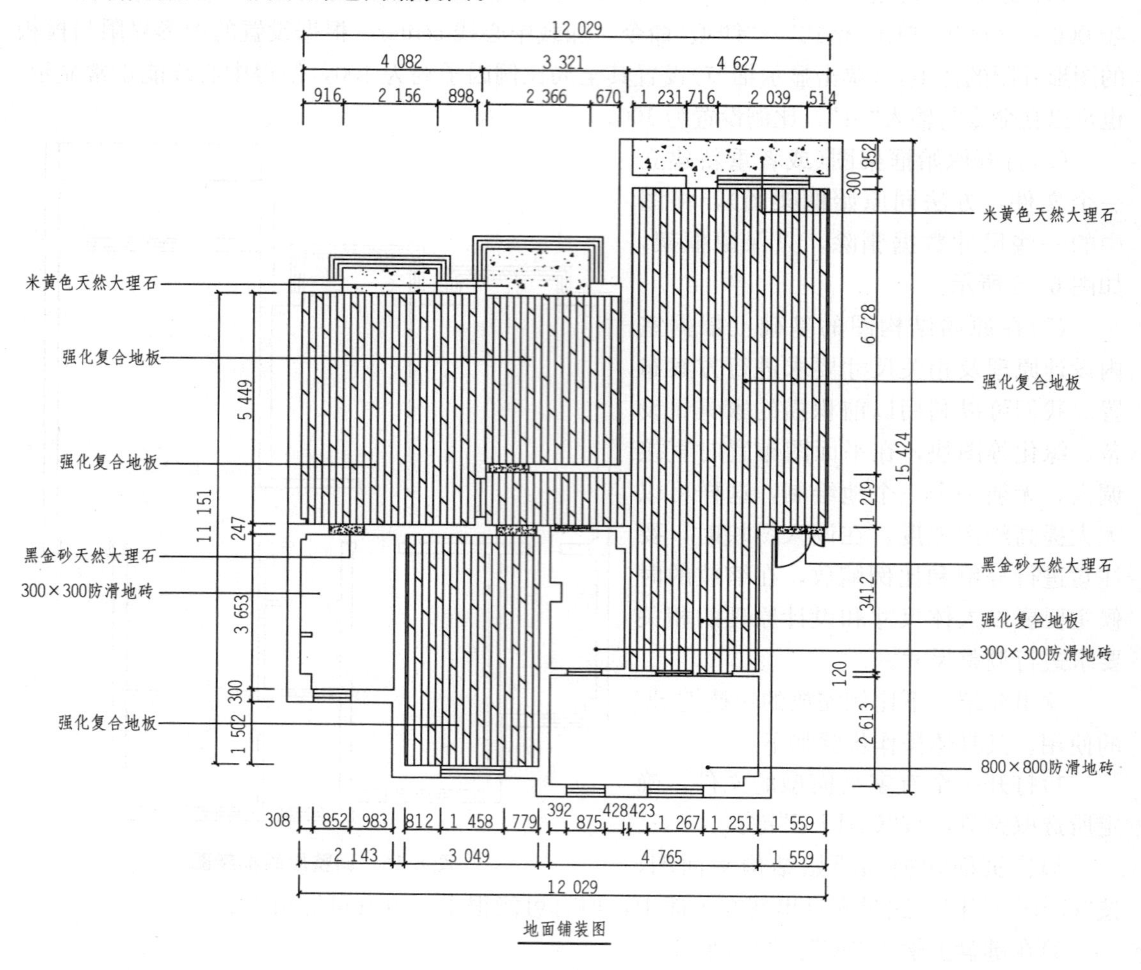

图 6-17　地面铺装平面图

地面铺装图的绘制相对较简单，在这里就不详细说明了，其主要步骤如下：

(1)调入平面布置图。

(2)删除平面布置图上的家具、陈设、设备、绿化等图块。

(2)使用填充图案工具填充地面材质。

(3)标注尺寸和文字。

(4)加图框和标题栏。

(5)打印输出图。

需要注意的是，填充图案(快捷键 H)要选择那些与真实地面材质相近的图案，特别是填充图案不能直接用，要有一定的缩放比例。没有一个固定在比例，要试验着调试，直到图面效果与真实的地材尺寸相符为止。如地砖的尺寸一般是 300 mm×300 mm、600 mm×600 mm 或者 800 mm×800 mm，如果画成 100 mm×100 mm 显然是不合理的。无论是绘制地面铺装图还是平面布置图，都要与我们的设计原理、装饰材料、施工工艺与构造等相关知识紧密地联系起来，没有这些知识的积累是画不好 CAD 施工图的。

第四节　装饰施工顶棚平面图的绘制

一、绘制顶棚平面图的基本步骤

（1）调入平面布置图。

（2）删除平面布置图上的家具、陈设、设备、绿化等图块。

（3）绘制顶棚造型。

（4）调入（或自己绘制）灯具、空调送风口等设施的CAD模型图块，根据设计方案将灯具、设施等CAD模型合理布置。

（5）标注顶棚造型尺寸、灯具安装定位尺寸、吊顶高度。

（6）标注顶棚装饰所用材料、规格及构造做法的文字说明。

（7）加图框和标题栏。

（8）打印输出图。

二、绘制顶棚平面图

绘制图6-18所示顶棚平面图、图6-19所示灯位布置图。

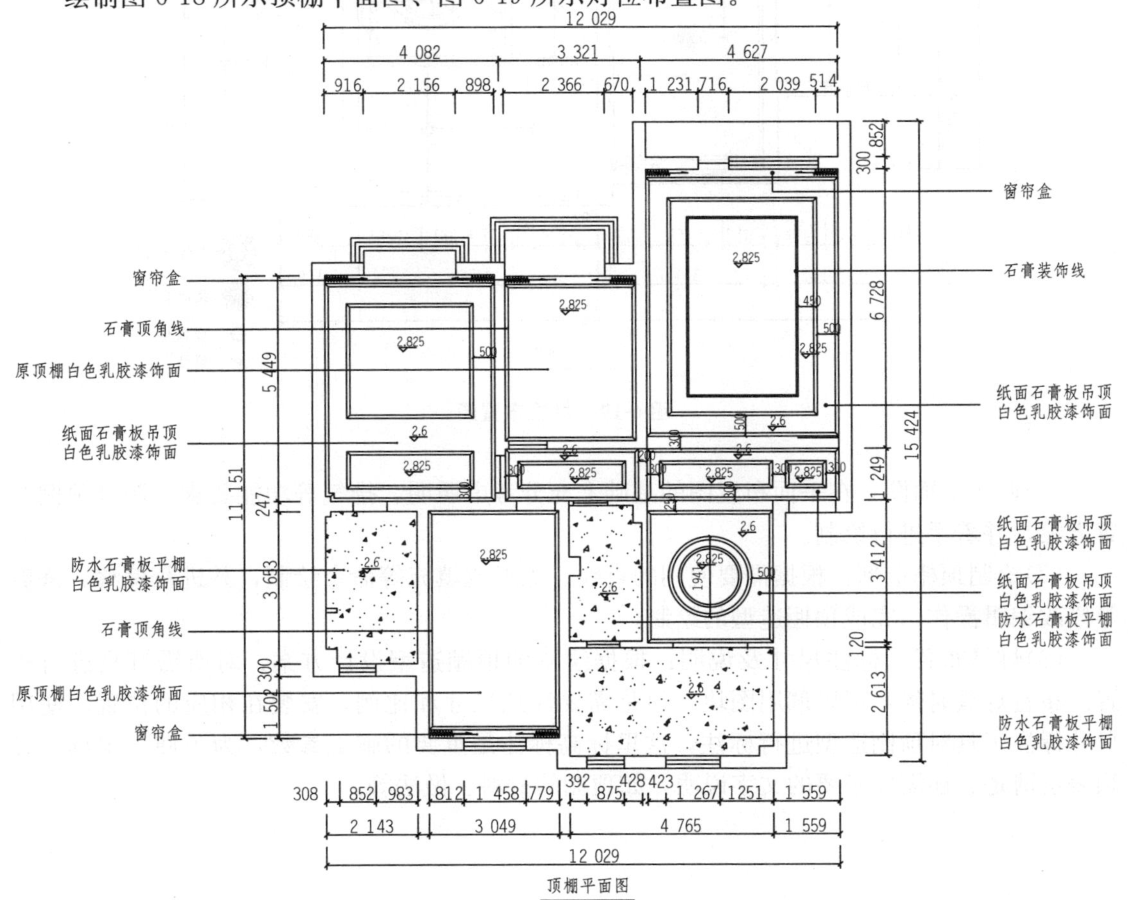

图6-18　顶棚平面图

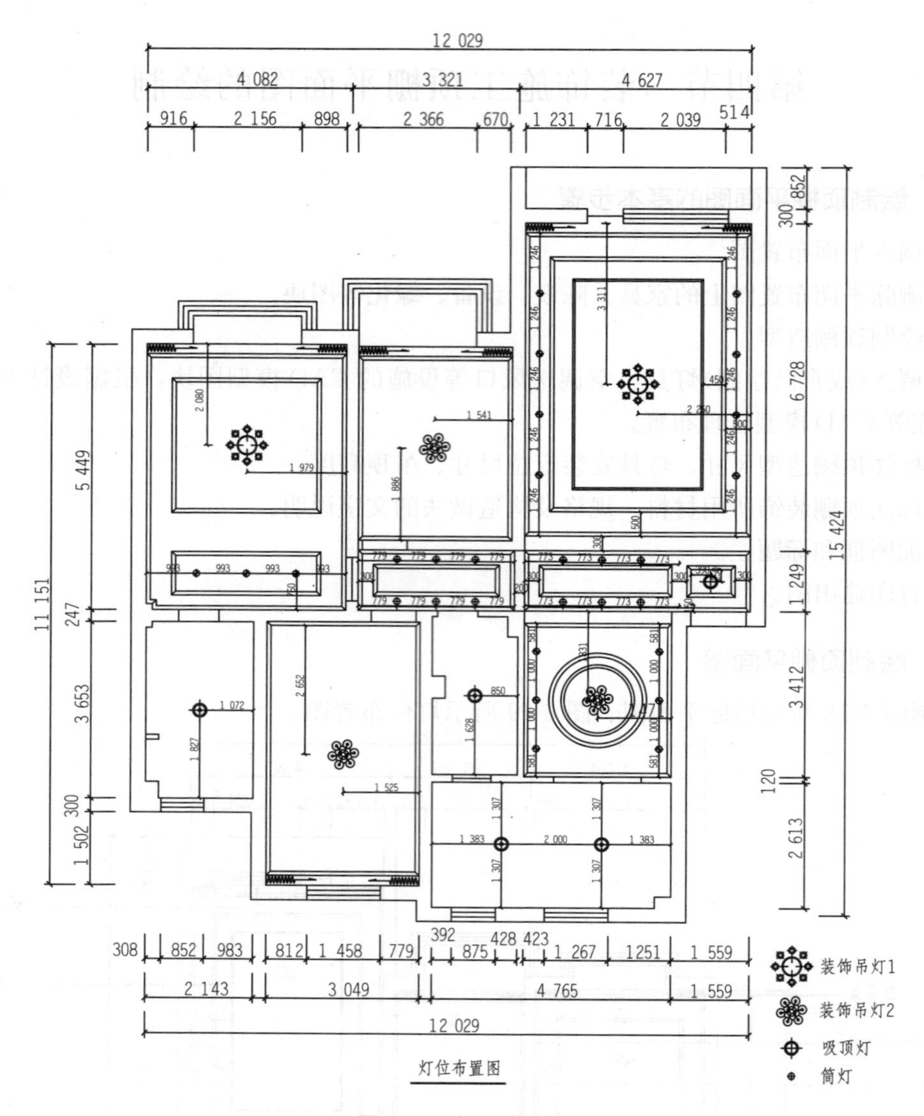

图 6-19　灯位布置图

(1)调入平面图：在平面布置图的基础上充分考虑照明、排气等功能要求，制订顶棚布置方案，并着手进行绘制。

(2)绘制顶棚造型：根据需要使用的直线、矩形或填充等命令绘制，并进行偏移、修剪等修改编辑操作，完成顶棚造型的绘制。

(3)灯具布置、标注尺寸及说明：根据绘制的顶棚造型设计方案，对所需灯具进行布置。布置灯具时候，可以调用图块，但是需要注意尺寸和比例，安装在相应的位置。使用尺寸标注工具对顶棚造型进行标注，这里标高标注是重要的施工参数，为了便于识读，必须表达清楚。还需要必要的文字说明，如顶棚的材料、做法等。

第五节 装饰施工立面图的绘制

一、绘制装饰施工立面图的基本步骤

(1)结合平面图定位立面尺寸，绘制立面墙线、地平线、天花顶棚线。

(2)结合平面图定位，绘制立面门窗及装饰造型。

(3)调入(或自己绘制)家具、陈设、植物、设施等 CAD 立面模型图块，根据人体工程学知识和设计方案将家具、陈设、植物等 CAD 模型修改至科学的尺寸。

(4)标注立面造型尺寸。

(5)标注立面装饰所用材料、规格及构造做法的文字说明。

(6)加图框和标题栏。

(7)打印输出图。

二、绘制装饰施工立面图

绘制图 6-20 所示客厅立面图。

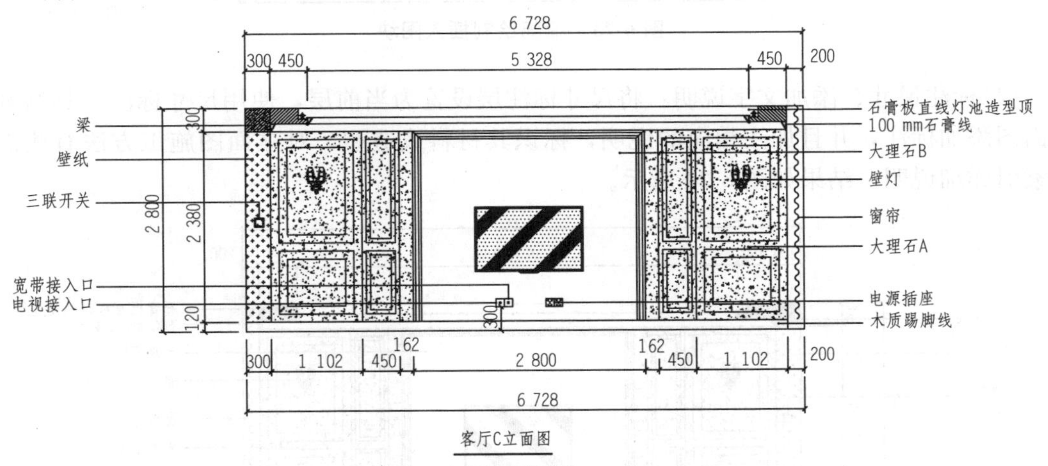

图 6-20 客厅立面图

(1)设置绘图环境：设置图层。

(2)绘制辅助线：结合平面图定位立面尺寸，绘制定位辅助线，如图 6-21 所示。

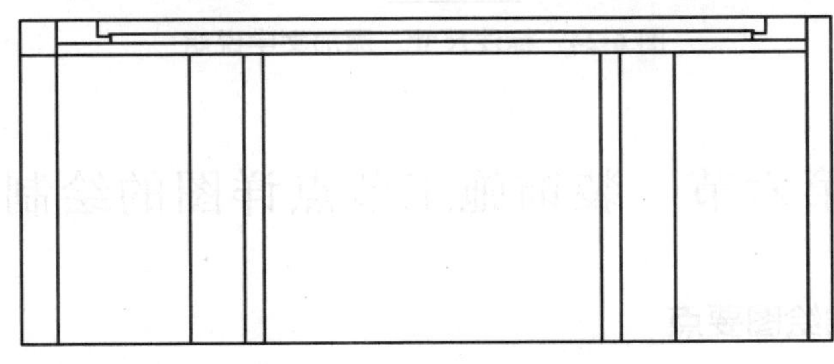

图 6-21 绘制定位辅助线

(3)绘制立面造型：在辅助轴线的基础上使用绘图及编辑工具绘制立面造型，并删除不必要的线段，结果如图 6-22 所示。在细部绘制的基础上进行图块的插入，设计摆放家具，此时注意缩放的比例，同时考虑人体活动所需的尺寸和美学原理，完成效果如图 6-23 所示。

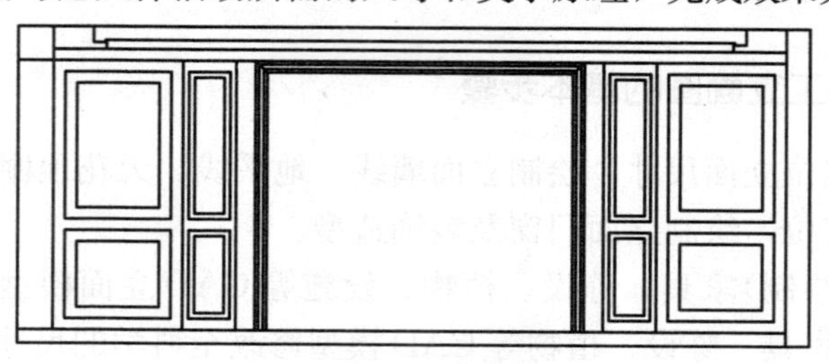

图 6-22　绘制细节

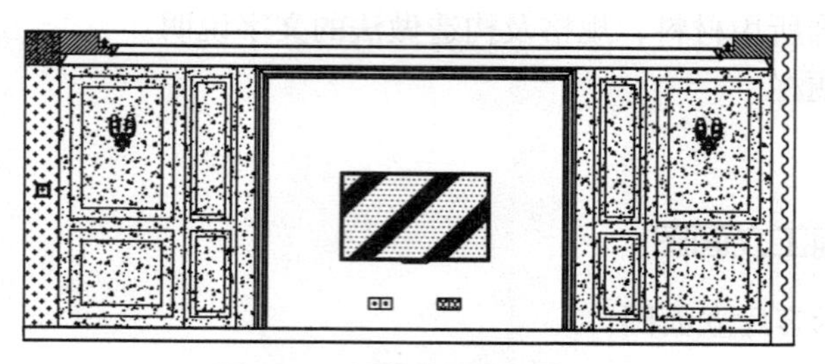

图 6-23　细部绘制插入图块

(4)标注尺寸、添加文字说明：将尺寸标注层设置为当前层，使用尺寸标注工具给客厅立面图添加标注，并且加注相应的说明，标识其材料或造型，对立面图施工方法有些需要用索引详细说明，结果如图 6-24 所示。

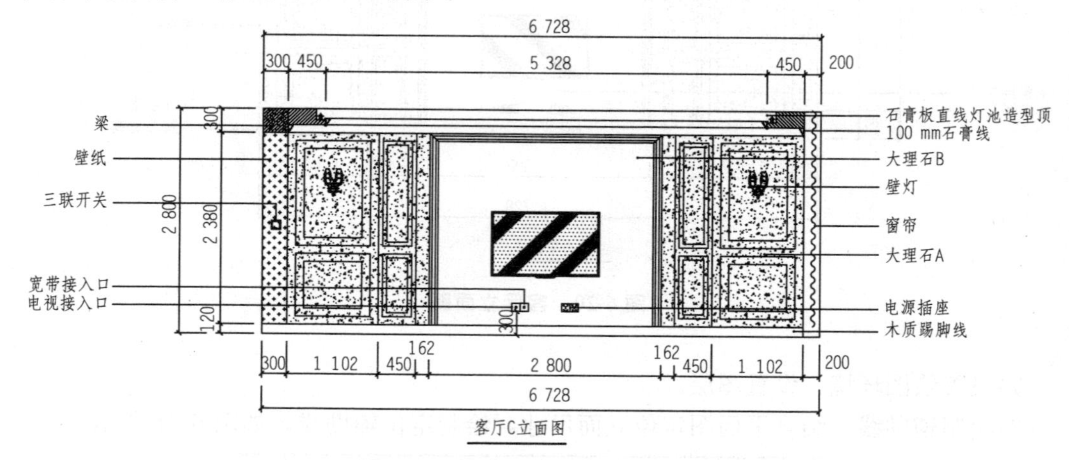

图 6-24　标注尺寸、添加文字说明

第六节　装饰施工节点详图的绘制

一、装饰详图的绘图要点

绘制装饰详图应结合装饰平面图和装饰立面图，按照详图符号和索引符号来确定装饰详图在装饰工程中所在的位置，通过读图应明确装饰形式、用料、做法、尺寸等内容。由于装饰工程的特殊性，往往构造比较复杂，做法比较多样，细部变化多端，故采用标准图集较少。装饰详图种类较多，且与装饰构造、施工工艺有着密切联系，其中必然涉及一些专业上的问题，因此，在识读绘制详图时应注重与实际结合。

二、绘制装饰施工节点详图

1. 绘制房门剖面图

在平面图和立面图的基础上绘制如图 6-25 所示的门的详图。

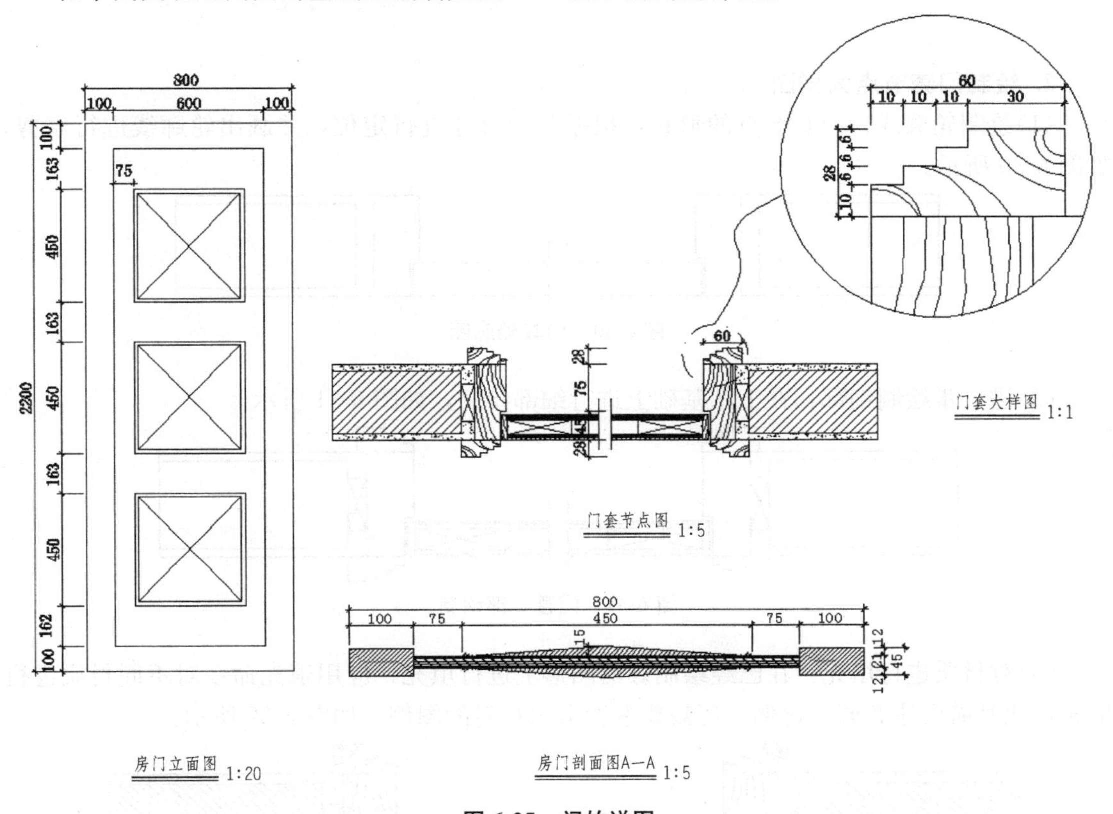

图 6-25　门的详图

(1)绘制轮廓线和辅助线：根据尺寸对平面图进行定位并画出轮廓线，如图 6-26 所示。

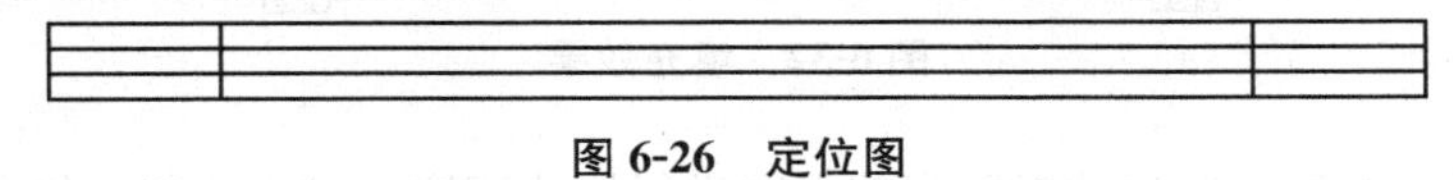

图 6-26　定位图

(2)绘制门形状：对辅助轴线进行修剪，并删除不必要的线段，如图 6-27 所示。

图 6-27　修剪后的平面图

(3)绘制门的构件，填充门的材质，如图 6-28 所示。

(4)尺寸标注：对门的剖面图进行标注，完成绘图进行保存，如图 6-29 所示。

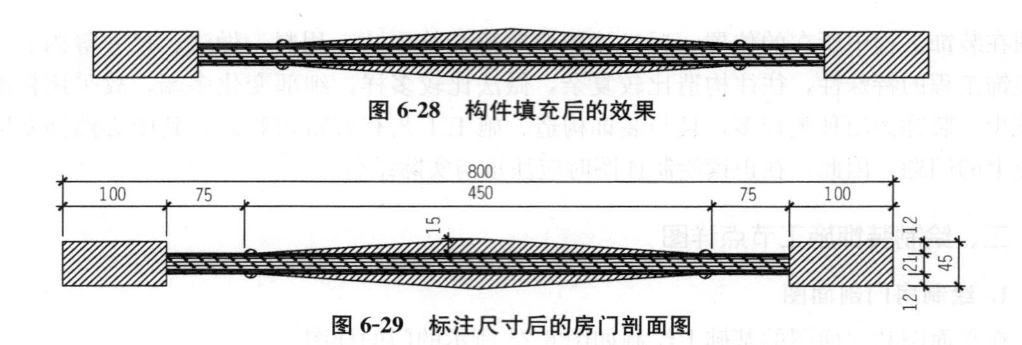

图 6-28　构件填充后的效果

图 6-29　标注尺寸后的房门剖面图

2. 绘制门套节点大样图

(1)绘制轮廓线、门套节点的形状：根据门套尺寸进行定位，并画出轮廓线进行修剪，如图 6-30 所示。

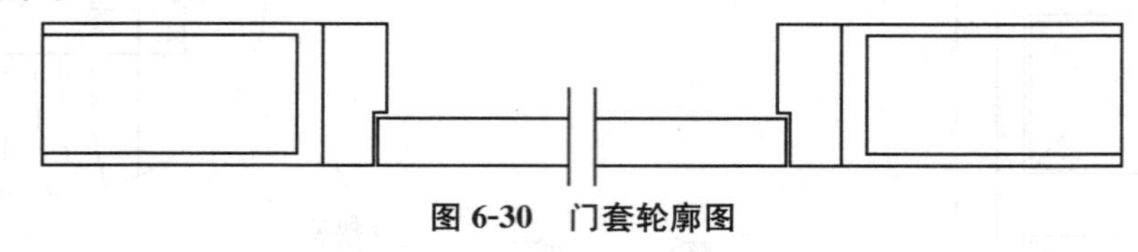

图 6-30　门套轮廓图

(2)进一步绘制细部：在上图基础上进行细部绘制，如图 6-31 所示。

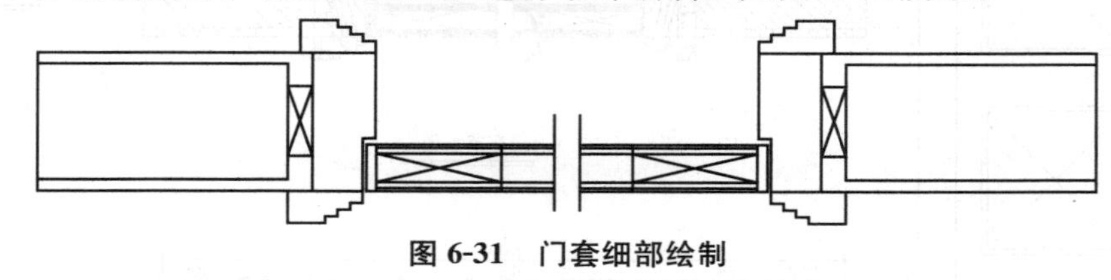

图 6-31　门套细部绘制

(3)对材质进行填充：在已经绘制好的图形上进行填充，应用填充命令对不同材质进行填充，此时需要注意调整比例，还需要掌握常用材料的图例，如图 6-32 所示。

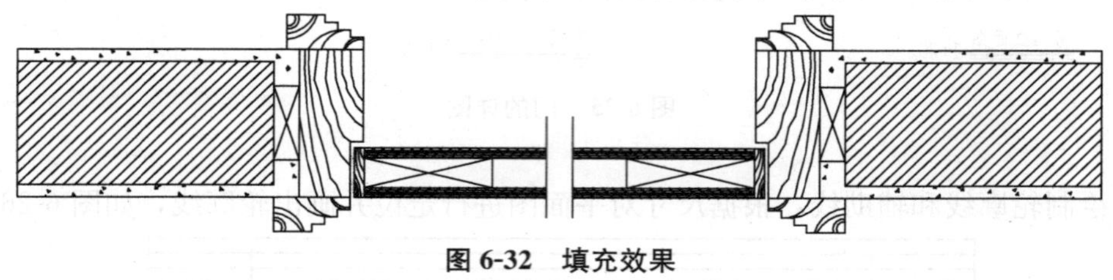

图 6-32　填充效果

(4)标注尺寸：根据已知尺寸对门套节点图进行尺寸标注，完成绘制，如图 6-33 所示。

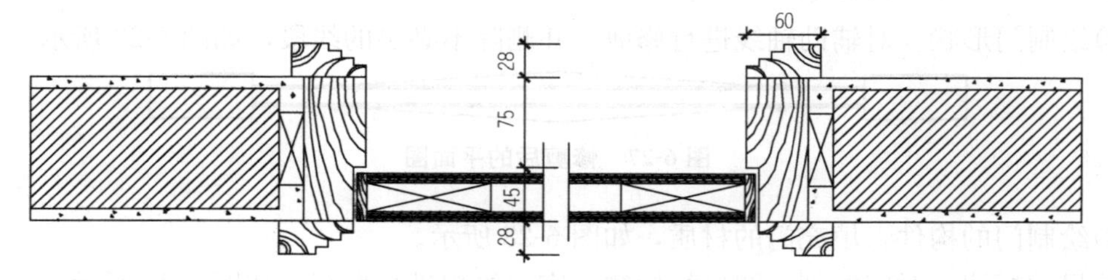

图 6-33　添加尺寸标注

附　录

附录 1　构建及配件图例

附录 2　水平及垂直运输装置图例

附录 3　常用建筑材料图例

附录 4　常用家具及设施图例

参 考 文 献

[1]中华人民共和国住房和城乡建设部，中华人民共和国国家质量监督检验检疫总局．GB/T 50103—2010 总图制图标准[S]. 北京：中国建筑工业出版社，2011.

[2]中华人民共和国住房和城乡建设部．GB/T 50001—2017 房屋建筑制图统一标准[S]. 北京：中国建筑工业出版社，2017.

[3]中华人民共和国住房和城乡建设部，中华人民共和国国家质量监督检验检疫总局．GB/T 50104—2010 建筑制图标准[S]. 北京：中国建筑工业出版社，2011.

[4]姜丽，张慧洁．环境艺术设计制图[M]. 上海：上海交通大学出版社，2011.

[5]牟明．建筑工程制图与识图[M]. 2 版．北京：清华大学出版社，2011.

[6]何铭新，李怀健，郎宝敏．建筑工程制图[M]. 5 版．北京：高等教育出版社，2013.

[7]赵建军．建筑工程制图与识图[M]. 北京：清华大学出版社，2012.

[8]姜丽．环境艺术设计制图与识图[M]. 合肥：安徽美术出版社，2016.

《建筑装饰工程制图与CAD》习题集

主 编 覃 斌 尹 晶
副主编 姜 新 王 璐 陈姝潓 刘小丹

北京理工大学出版社
BEIJING INSTITUTE OF TECHNOLOGY PRESS

目　录

第1章　建筑制图标准 ………… 1

第2章　形体正投影基础 ………… 7

第3章　建筑施工图 ………… 24

第4章　装饰装修施工图 ………… 39

第1章 建筑制图标准

1-1 图线练习

1. 按图中尺寸和比例抄画图线，要求：线型、线宽正确。

2. 写出图中指出图线的名称，以及当b=1.0时的线宽。

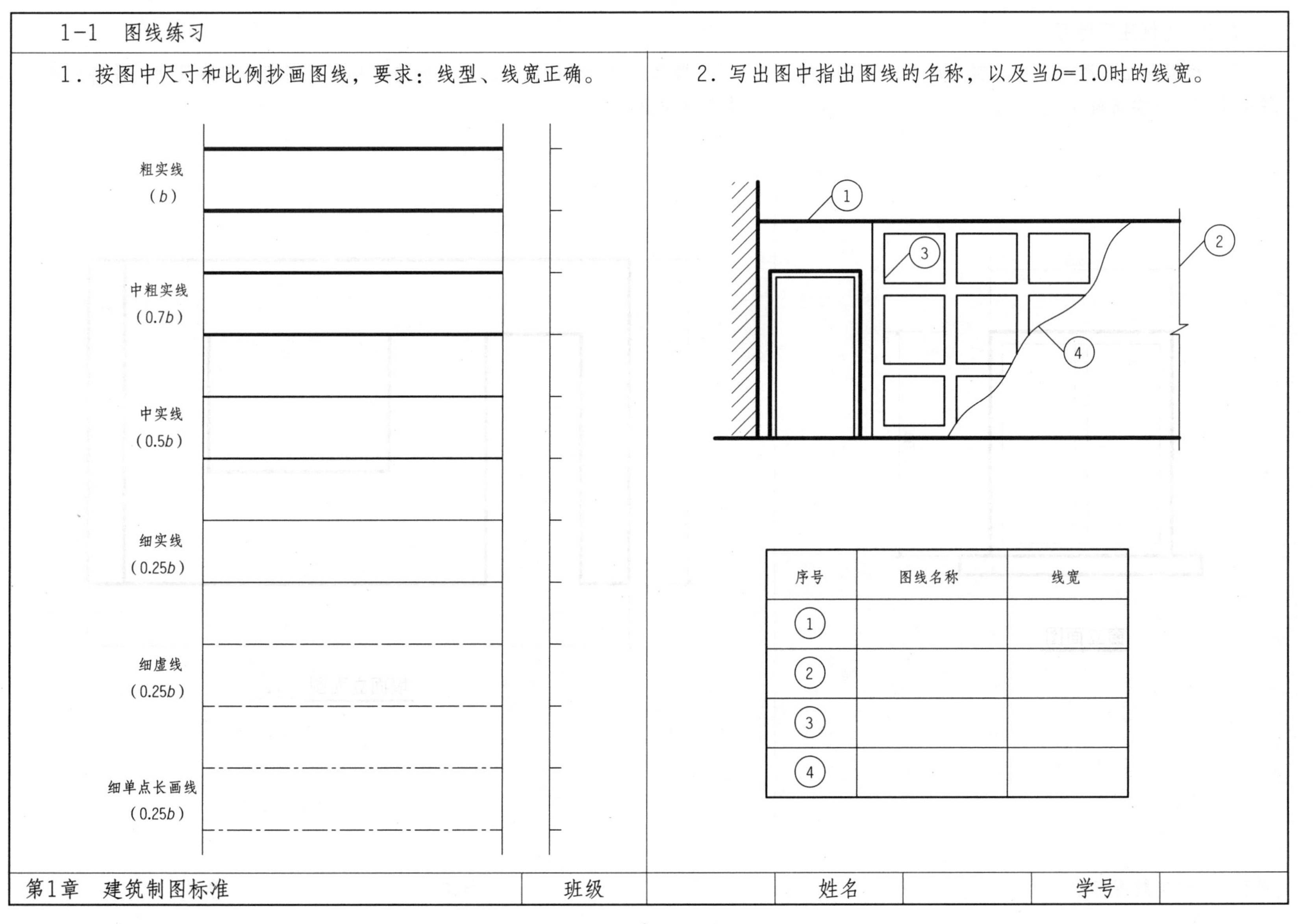

序号	图线名称	线宽
①		
②		
③		
④		

第1章 建筑制图标准 | 班级 | | 姓名 | | 学号 |

1-2 比例注写练习

1．根据窗立面图中标注的实际尺寸，计算比例，并将比例标注在正确位置。

1 500

1 800

窗立面图

2．根据图中所给的比例，计算出墙体长度及高度的实际尺寸，并将尺寸标注在正确位置。

墙面立面图 1：50

班级		姓名		学号	

1-3 尺寸标注练习

1．完成下列图形的尺寸标注，尺寸数值按1：1的比例从图中度量，取整数。

(1) 线性标注。 (2) 角度标注。 (3) 圆直径标注。 (4) 圆弧半径标注。

(5) 弧长、弦长标注。 (6) 圆球直径、半径标注。 (7) 坡度标注。

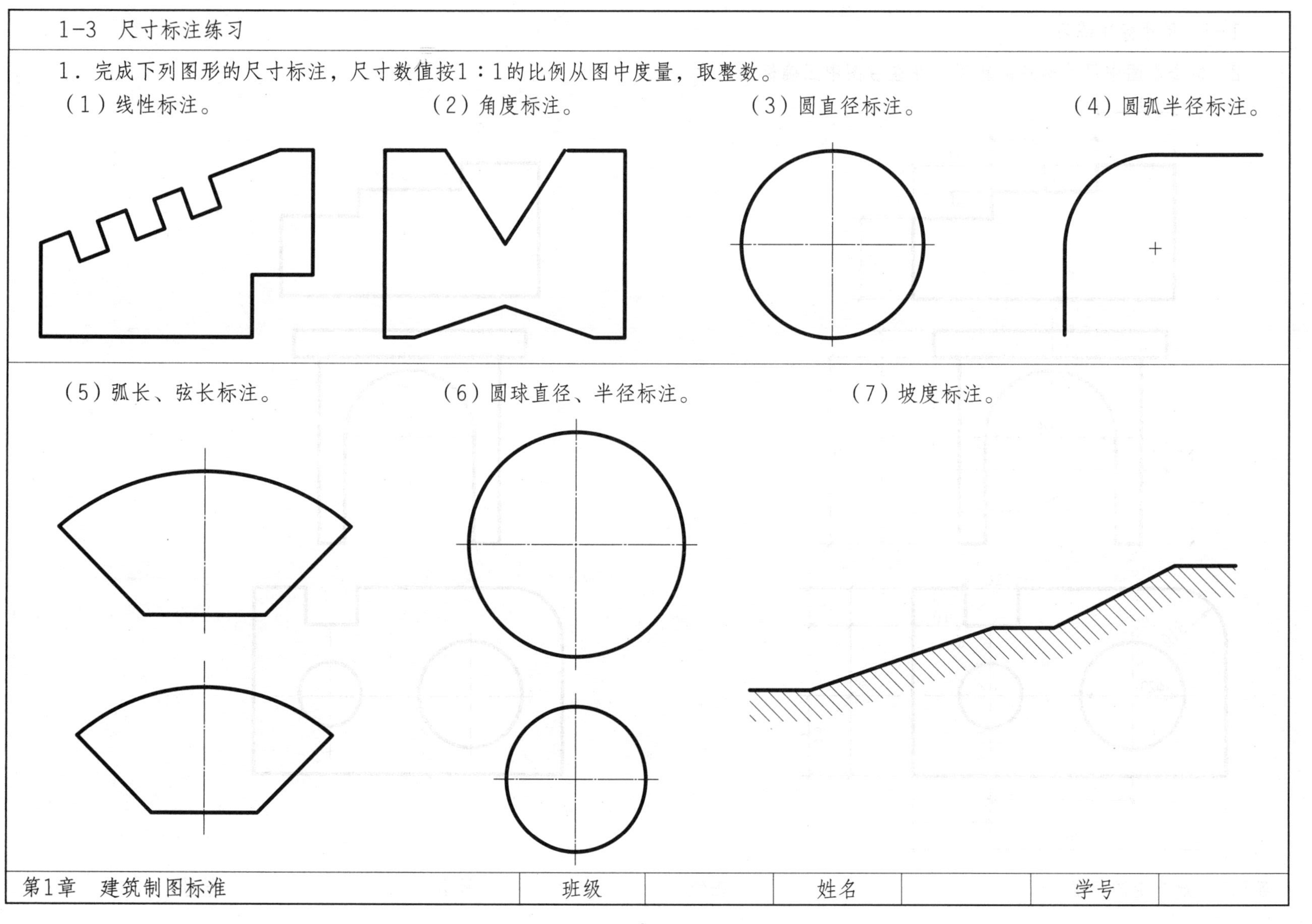

第1章 建筑制图标准	班级		姓名		学号	

2. 检查左图中尺寸标注的错误，并在右图中正确标注尺寸。

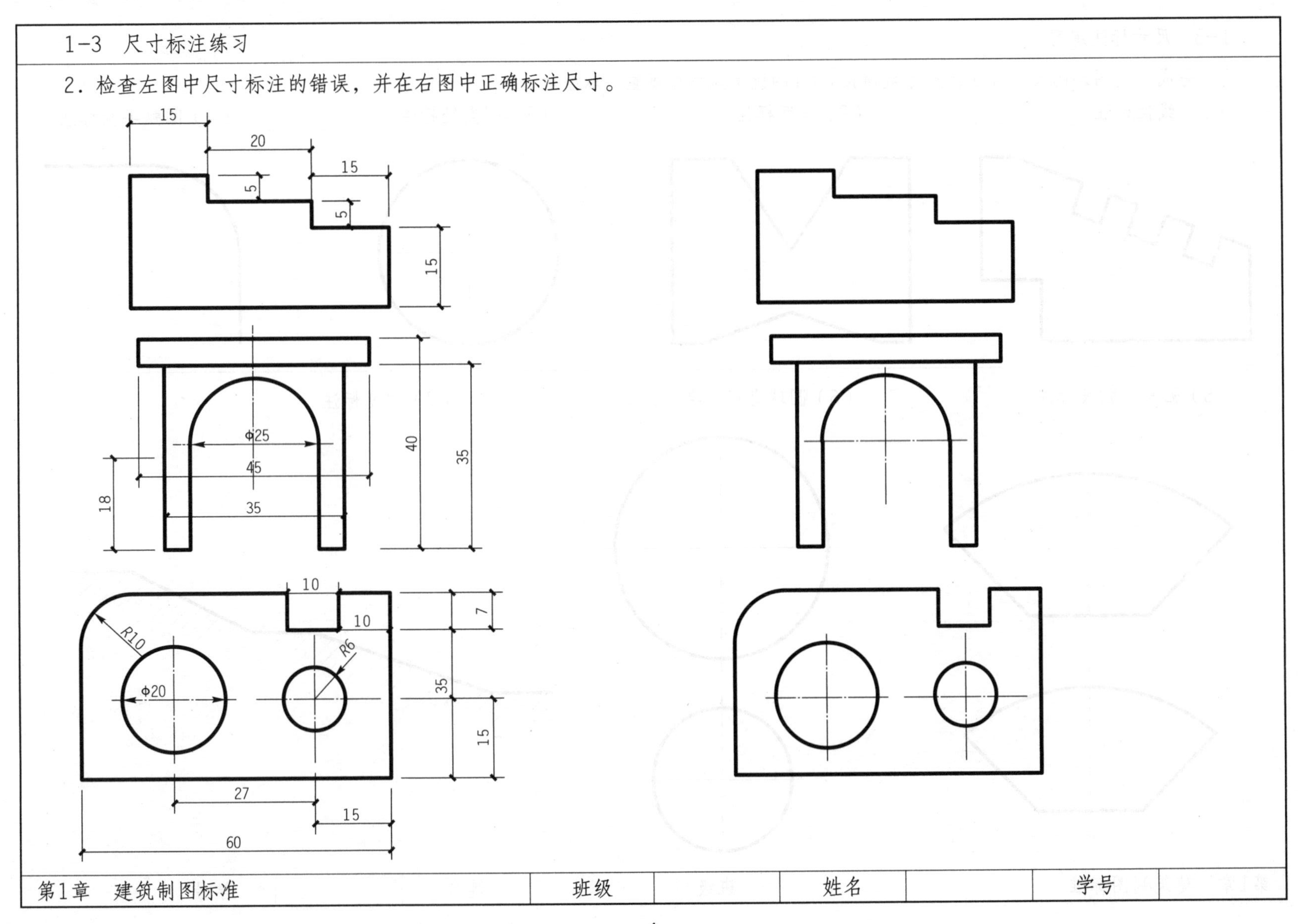

班级		姓名		学号	

1-4 建筑施工图常用符号认知练习

1. 在下划线上写出下列符号的名称，并在引出线上说明符号中数字的意义。

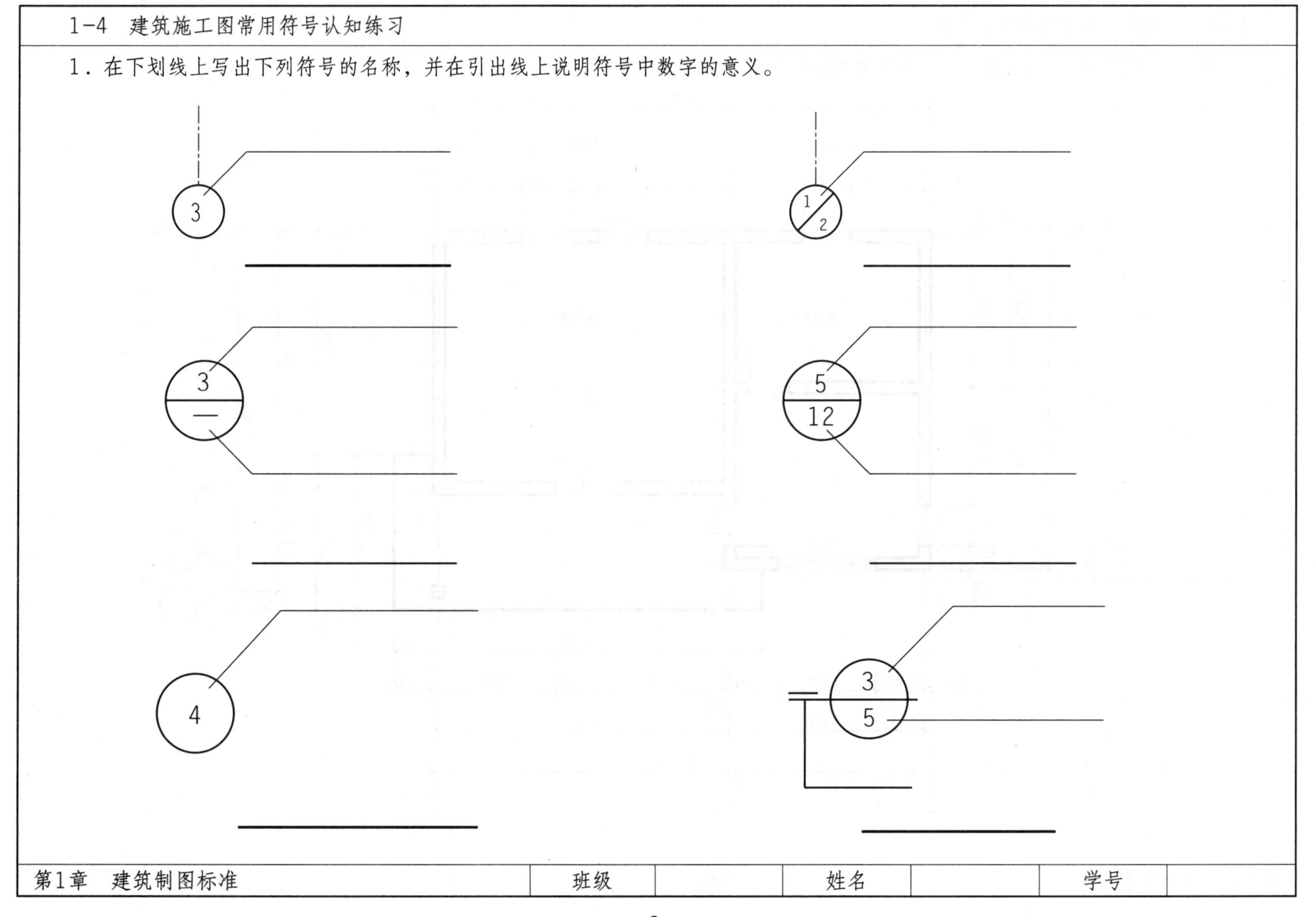

1-4 建筑施工图常用符号认知练习

2. 为平面图中的轴线进行编号，并标注室内标高（地面标高为零）。

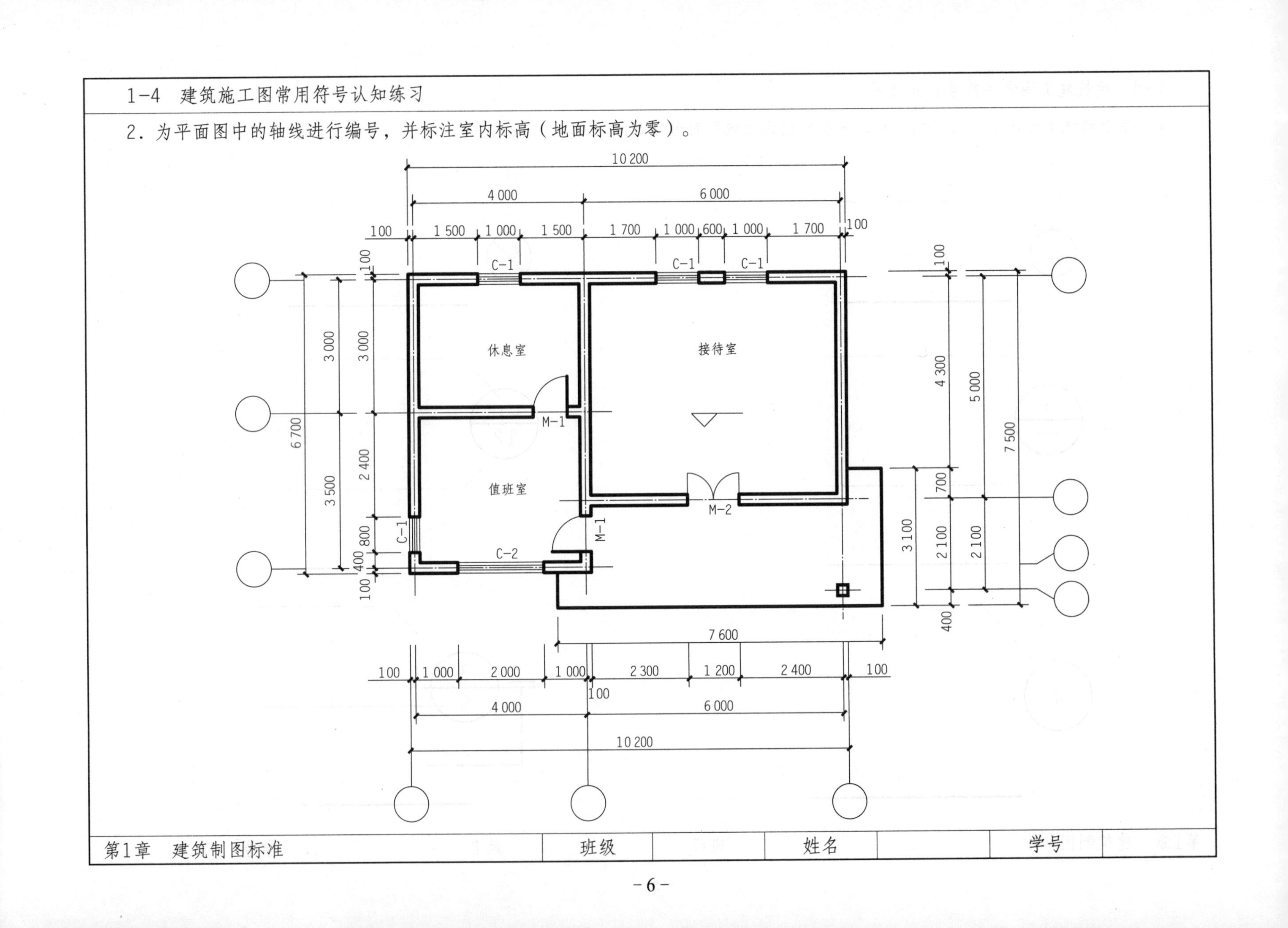

第1章 建筑制图标准 | 班级 | 姓名 | 学号

第2章　形体正投影基础

2-1　正投影基础

1．根据立体图找出对应的三面投影图，填写对应的编号。

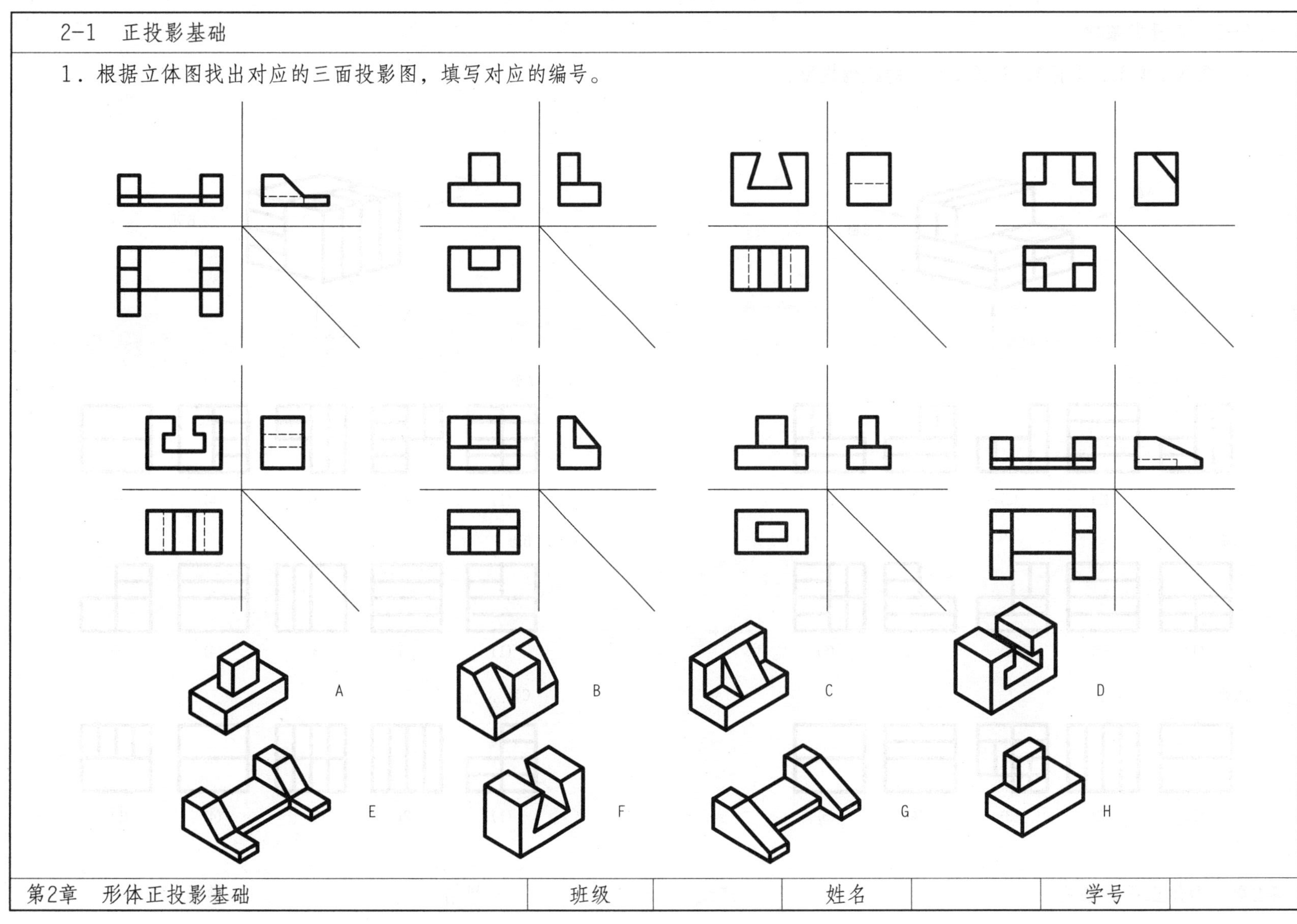

第2章　形体正投影基础	班级		姓名		学号	

2-1 正投影基础

2. 根据立体图，选择A、B、C三个面的正确投影。

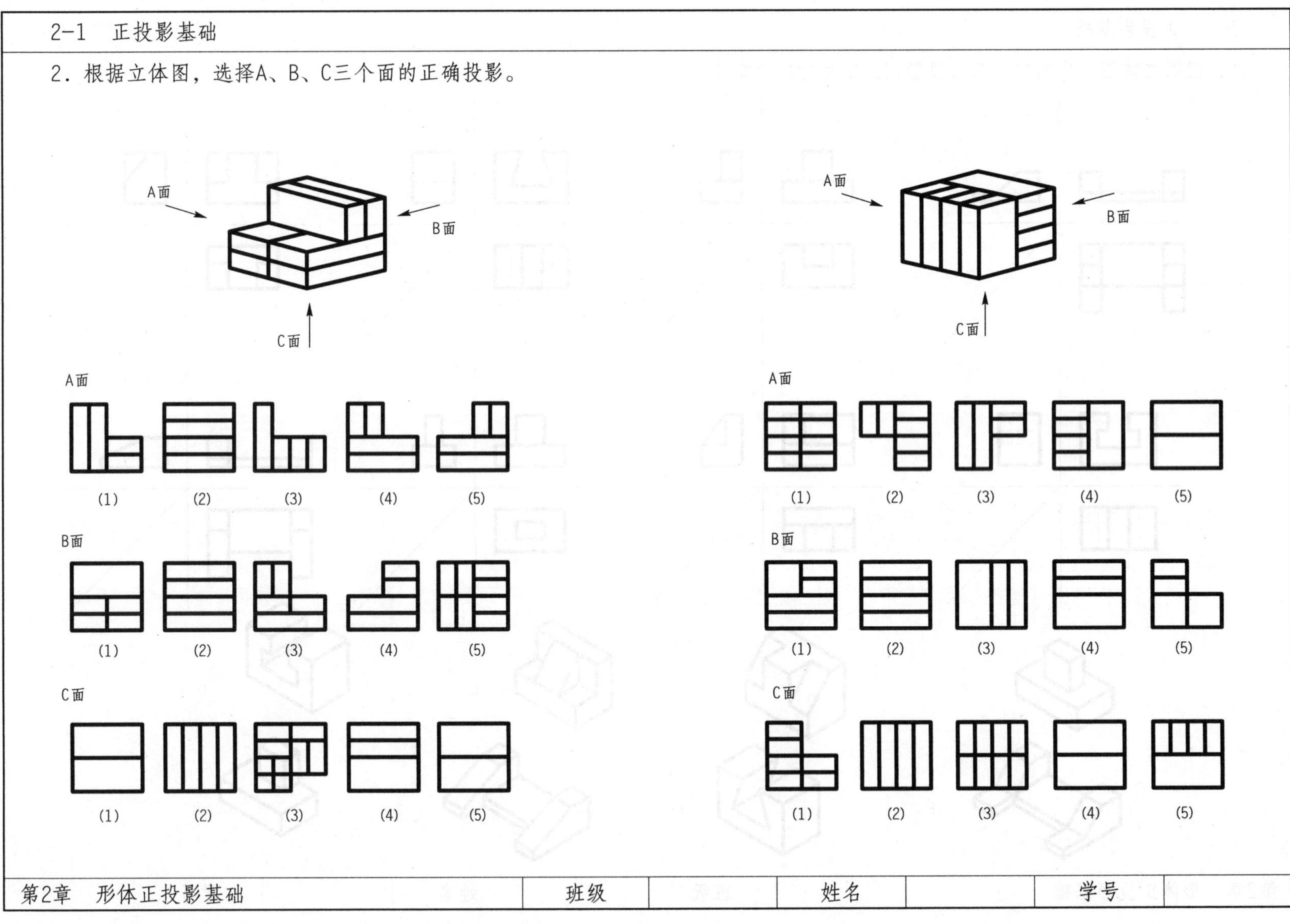

第2章 形体正投影基础 | 班级 | | 姓名 | | 学号 |

2-2 点、直线、面的投影

1. 试在投影图中标出立体图上所注点的三面投影。

B
C
A

C
B
A

B
C
A

A
C
B

2. 试在投影图中标出立体图上所注直线段的三面投影。

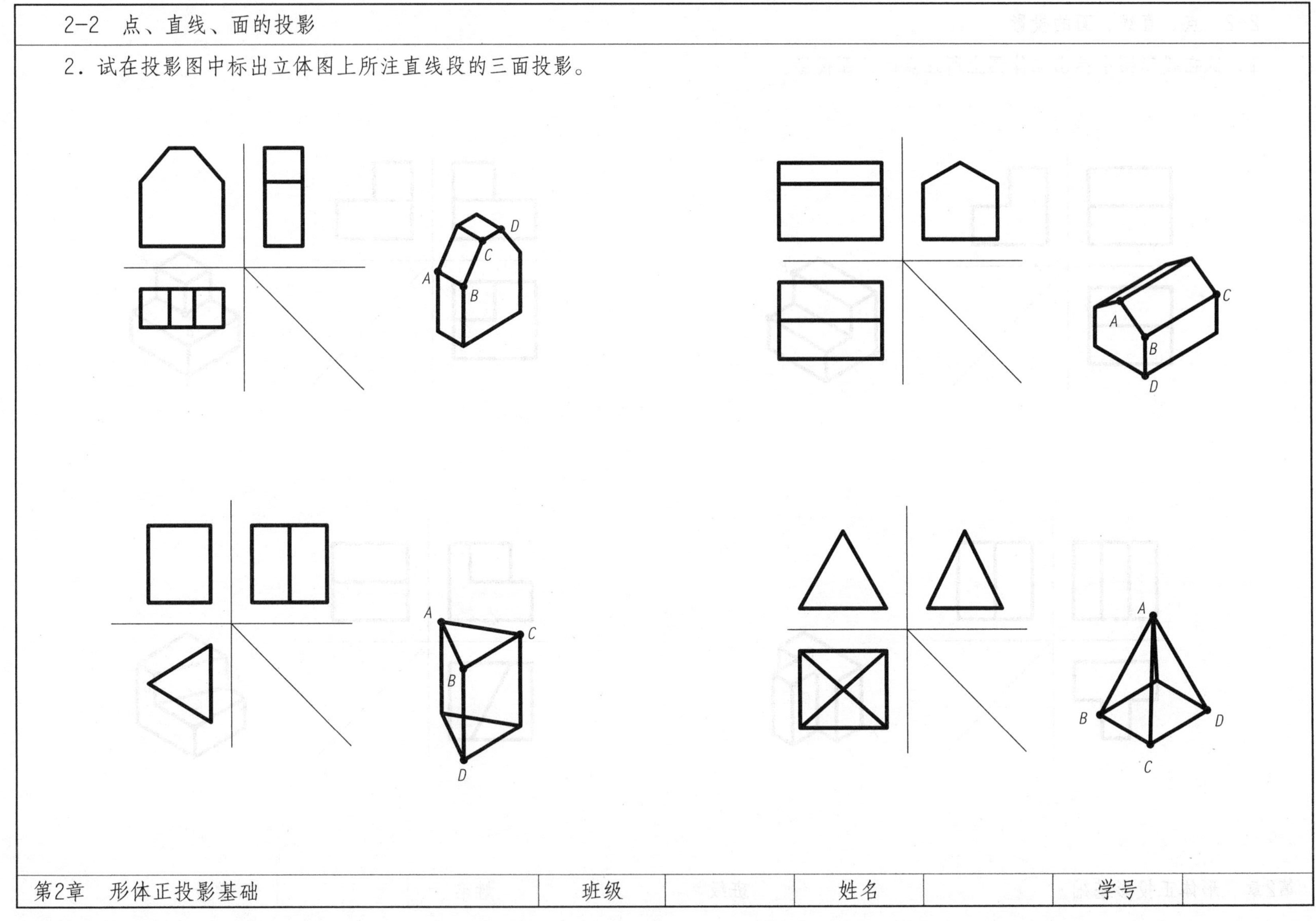

3. 试在投影图中标出立体图上所注平面的三面投影。

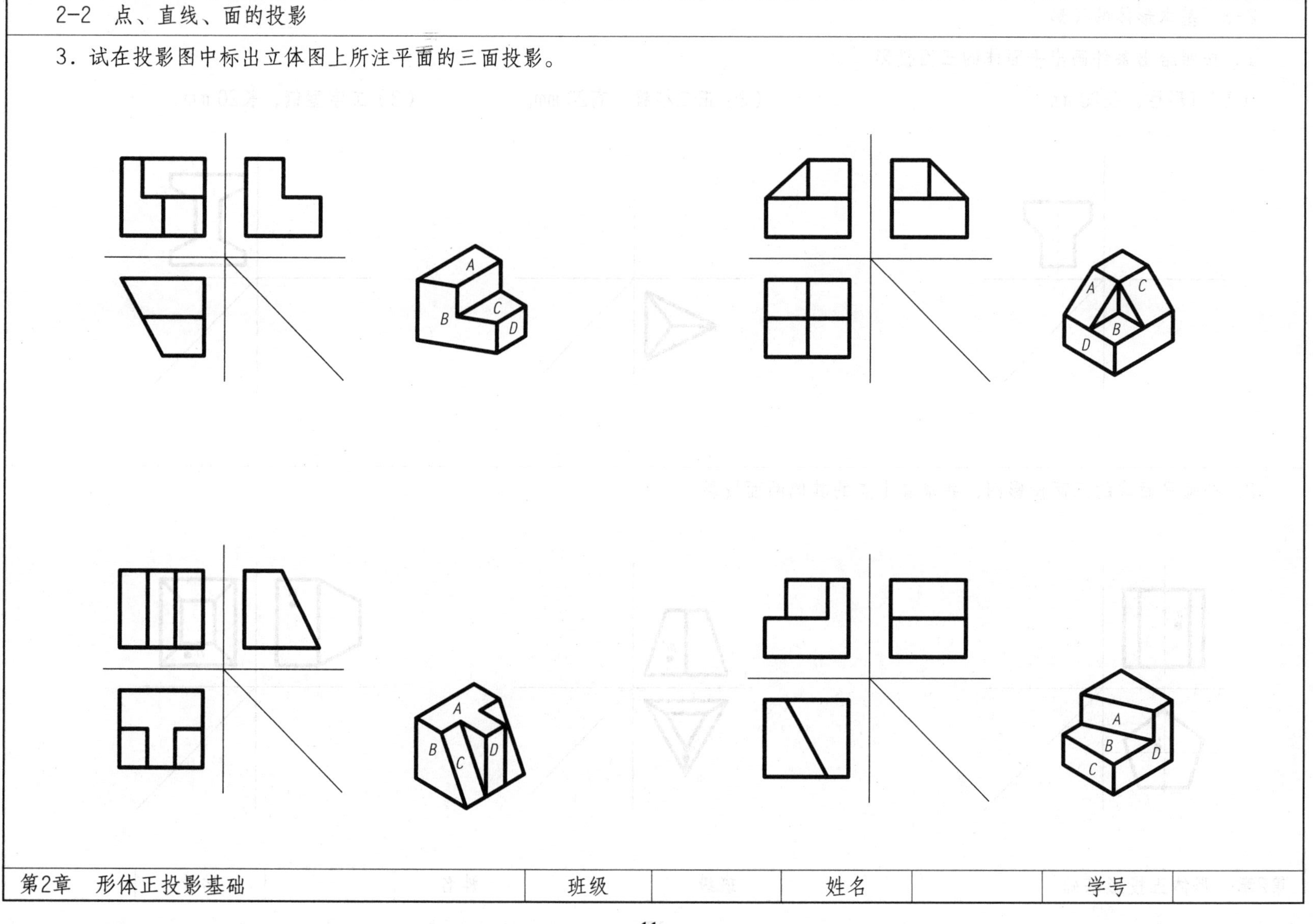

2-3　基本形体的投影

1．按照给出条件画出平面体的三面投影。

（1）T形柱，长20 mm。

（2）正三棱锥，高20 mm。

（3）工字型钢，长20 mm。

2．补画平面体的三面投影图，并求其上点的其他两面投影。

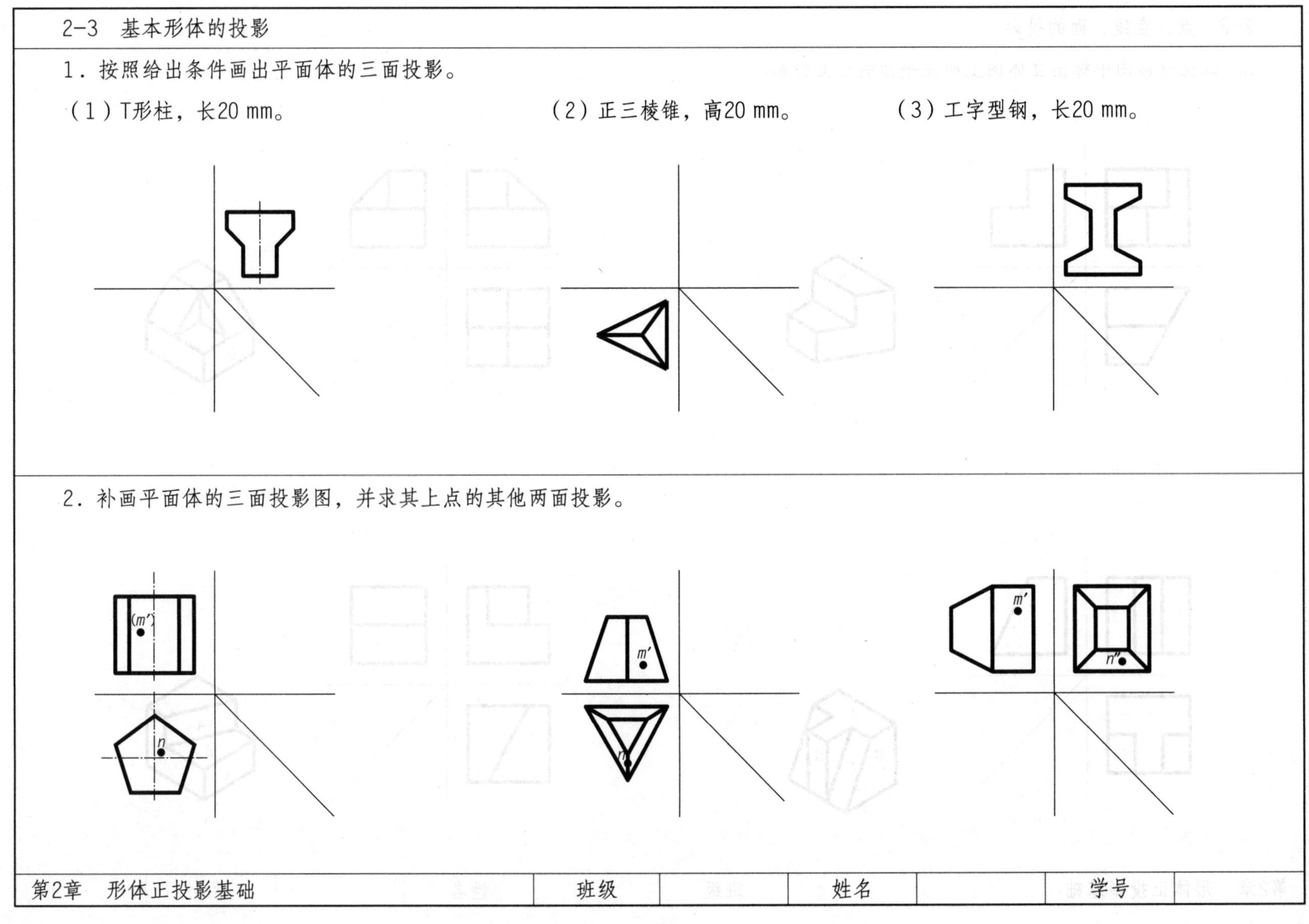

2-3 基本形体的投影

3．按照给出条件画出曲面体的三面投影。

（1）圆管，高20 mm。 （2）半圆锥，高20 mm。 （3）圆台，高20 mm。

（4）补画曲面体对三面投影图，并求其上点的其他两面投影。

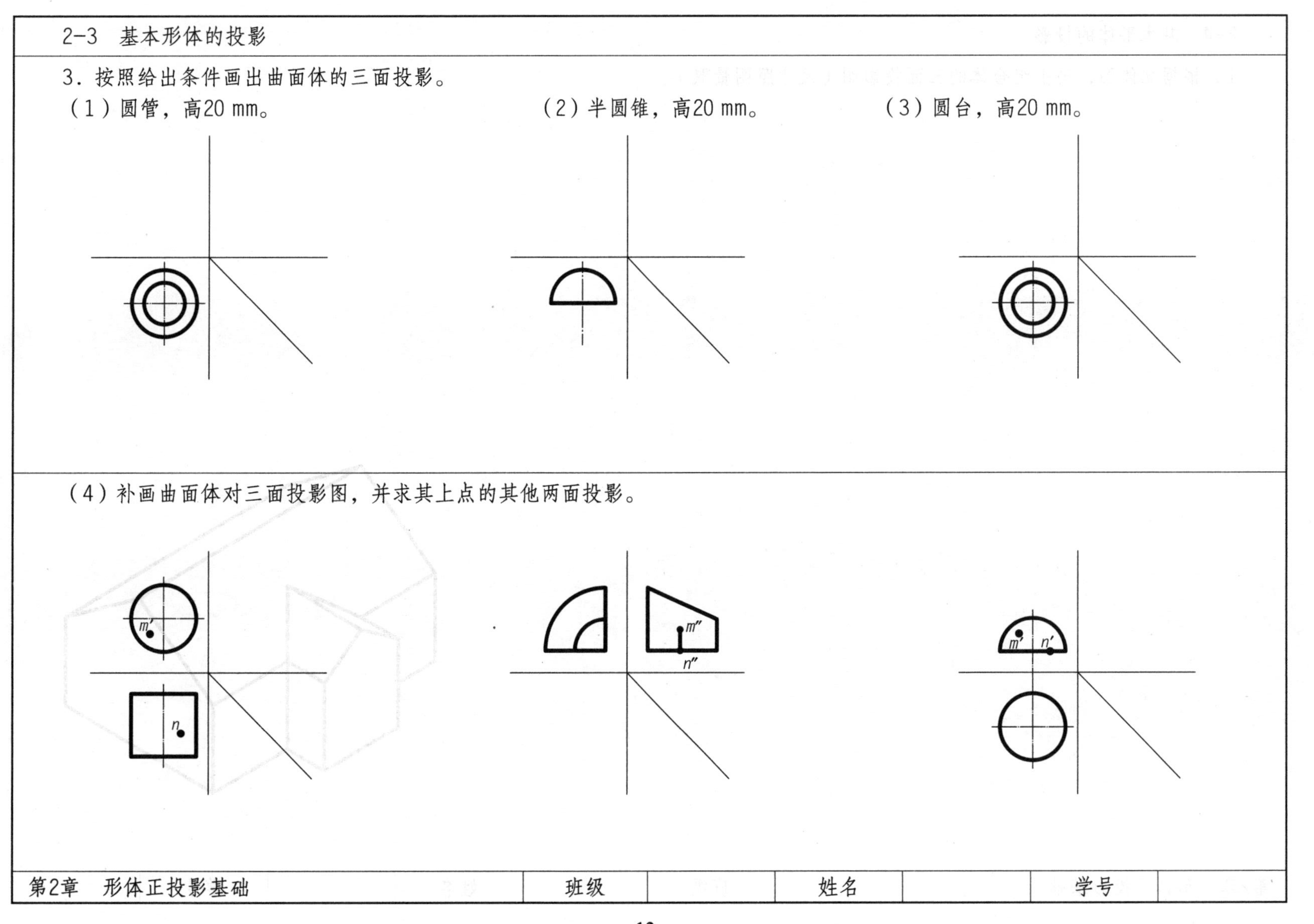

班级		姓名		学号	

2-4 基本形体的投影

1．根据立体图，画出组合体的三面投影图（尺寸照图量取）。

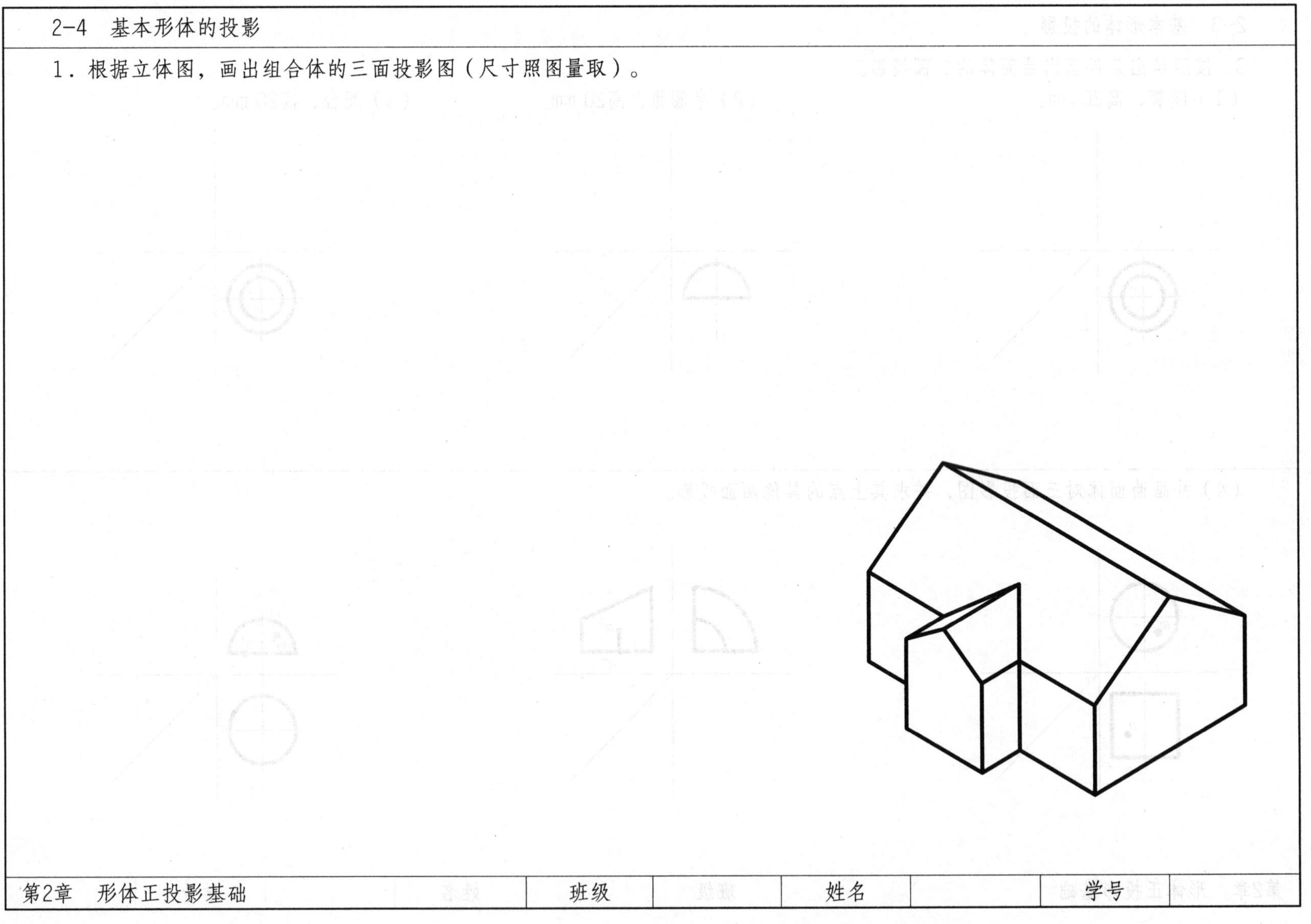

2．根据立体图，画出组合体的三面投影图（尺寸照图量取）。

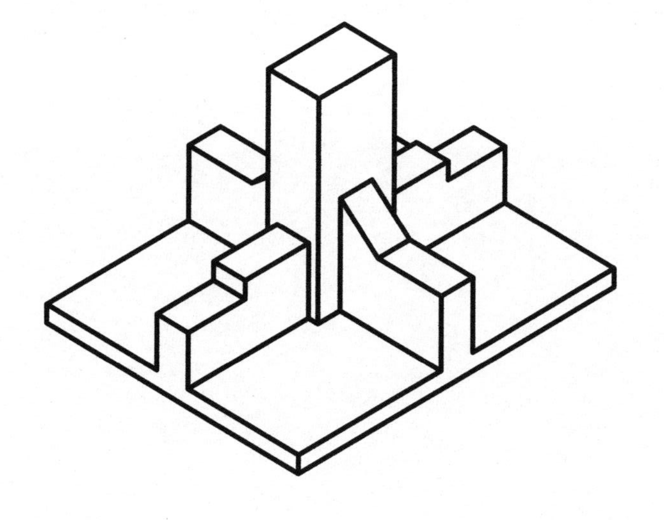

3．根据立体图，画出组合体的三面投影图（尺寸照图量取）。

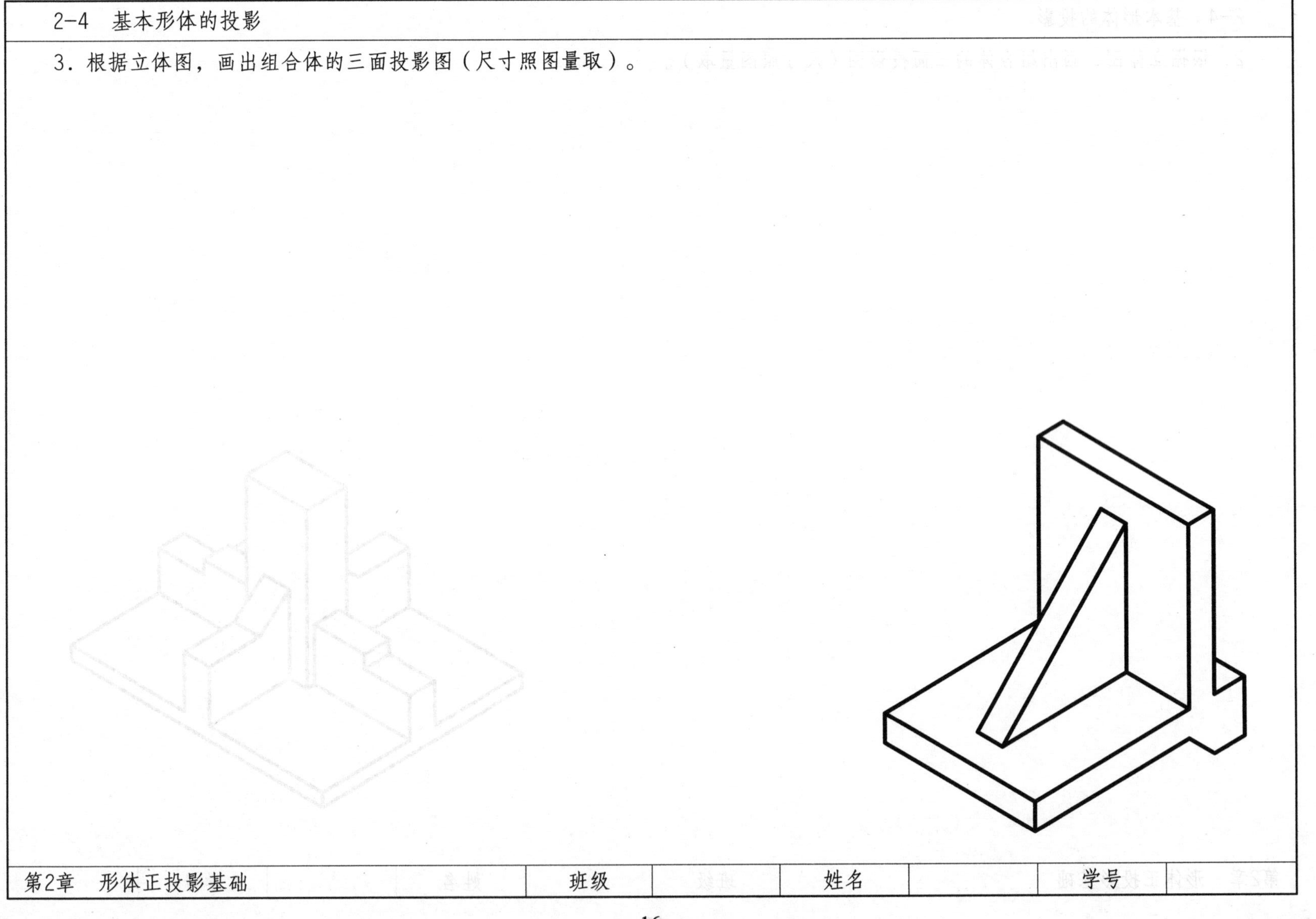

4．根据立体图，画出组合体的三面投影图（尺寸照图量取）。

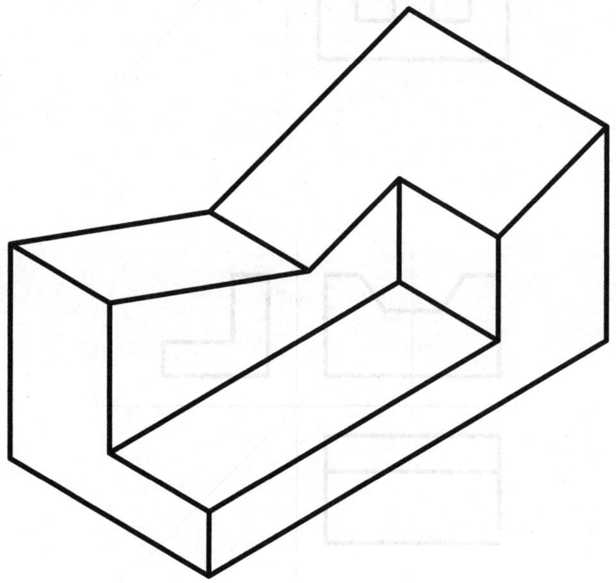

班级		姓名		学号	

5. 补画投影图中所遗漏的线。

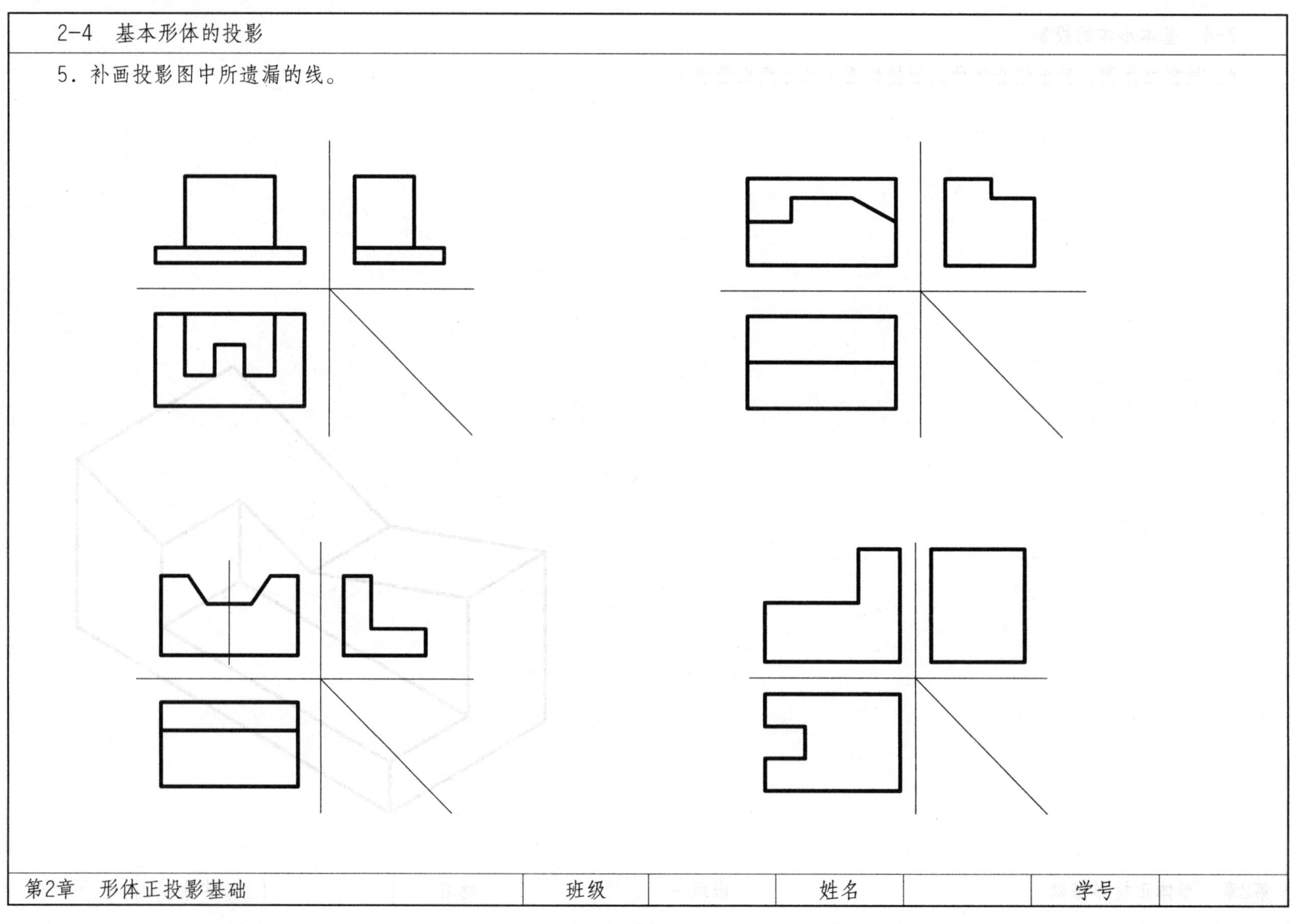

6. 根据组合体的正面投影和水平投影，补画组合体的侧面投影。

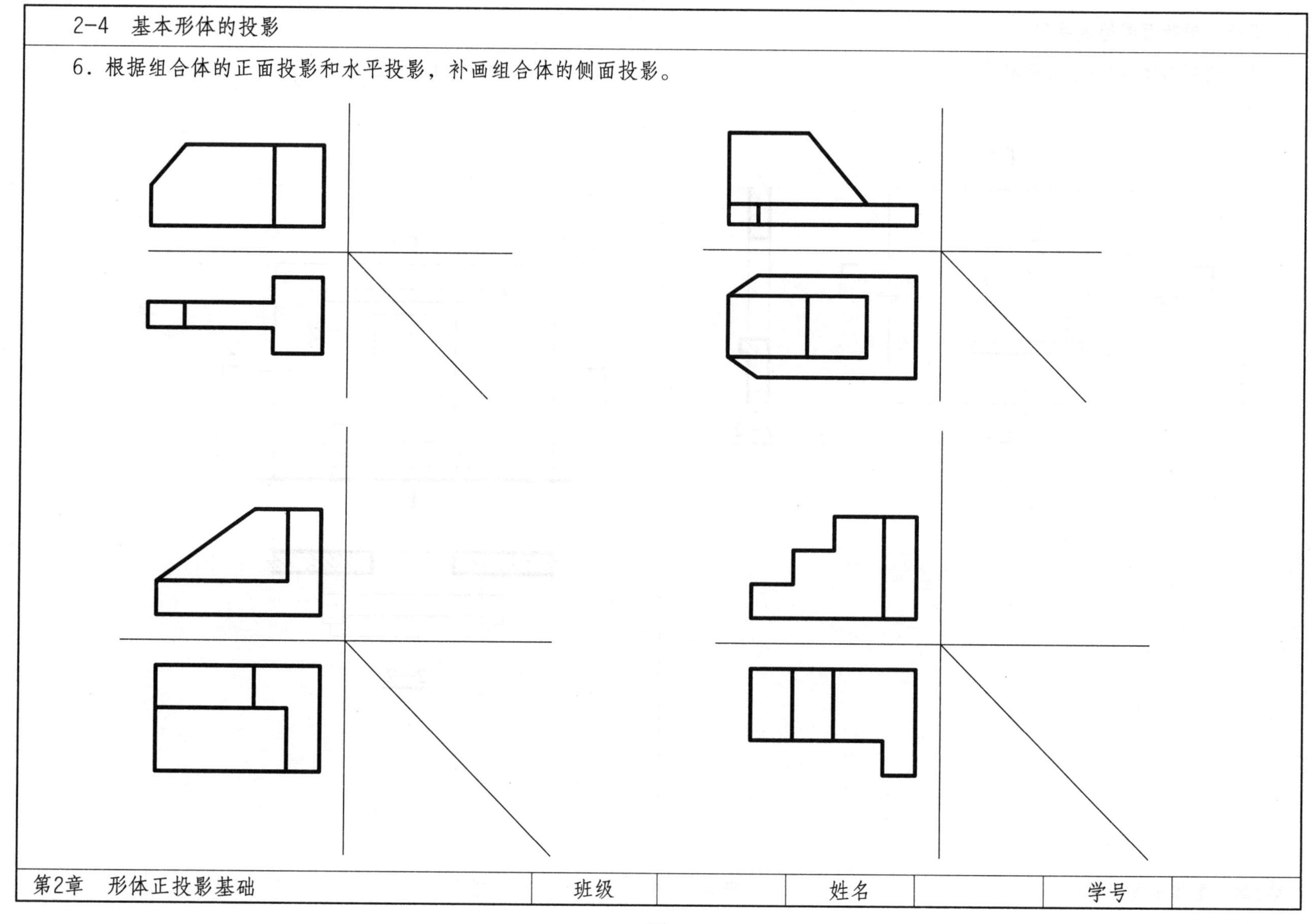

班级		姓名		学号	

2-5 剖断面图绘制练习

1．绘制形体的1—1剖面图。

2．绘制形体的1—1剖面图。

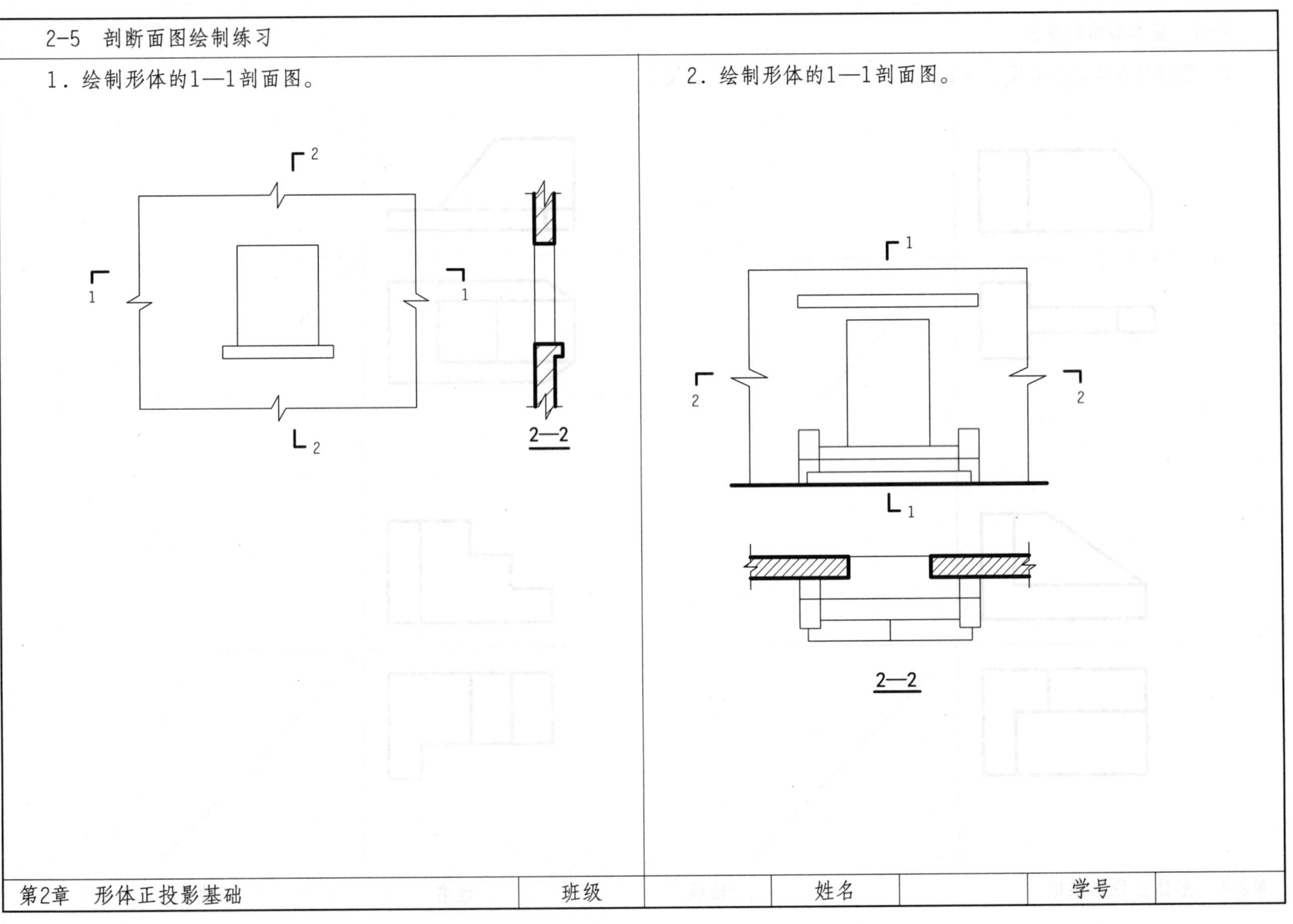

3．绘制形体的1—1、2—2剖面图。

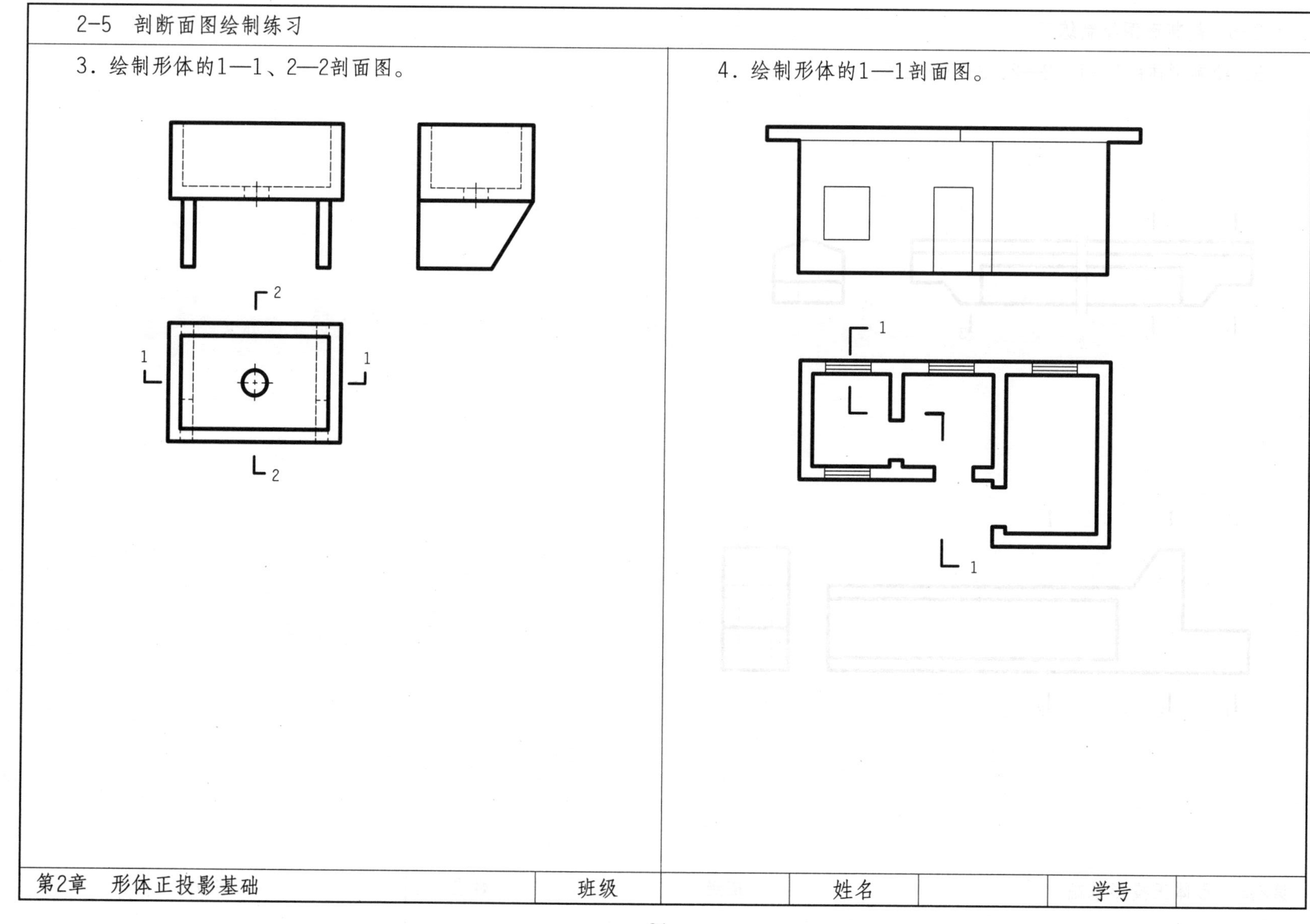

4．绘制形体的1—1剖面图。

班级		姓名		学号	

5．绘制形体的1—1、2—2、3—3断面图。

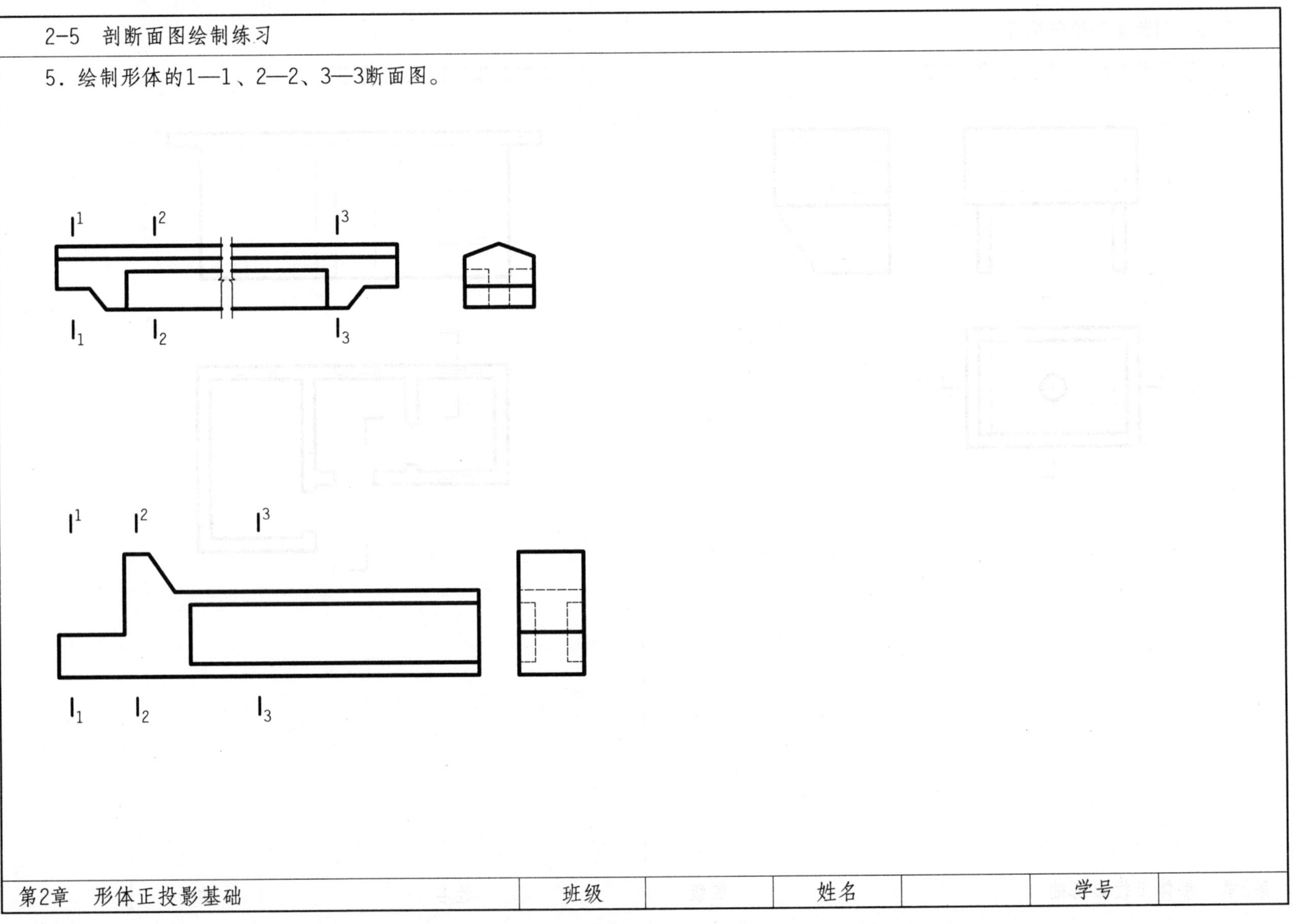

2-5 剖断面图绘制练习

6．绘制形体的1—1、2—2剖面图。

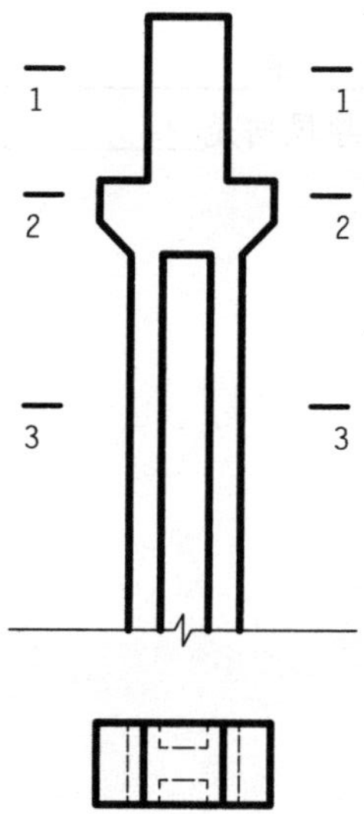

1 1
2 2
3 3

7．绘制形体的1—1剖面图。

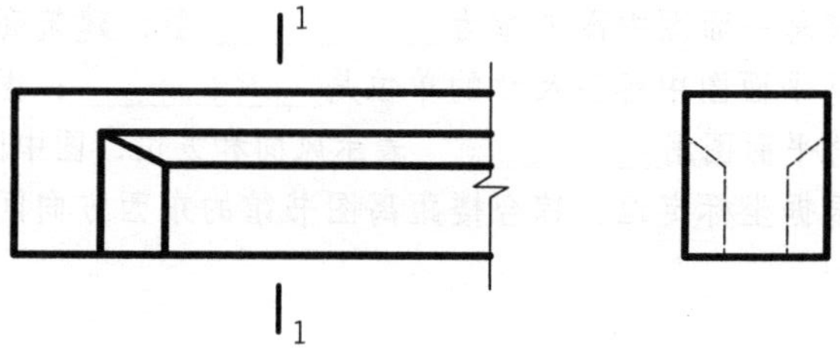

1 1

第2章　形体正投影基础	班级		姓名		学号	

第3章　建筑施工图

3-1　识读总平面图

阅读总平面图，并回答下列问题。

1．该总平面图中原有建筑物为＿＿＿＿＿＿楼，新建建筑物为＿＿＿＿＿＿楼，计划扩建（新建）的建筑物为＿＿＿＿＿＿楼，拆除的建筑物为＿＿＿＿＿＿楼。

2．该总平面图中室外地坪绝对标高为＿＿＿＿＿＿，综合楼室内地坪绝对标高为＿＿＿＿＿＿，综合楼室内地坪相对标高为＿＿＿＿＿＿。

3．该总平面图中图书馆为＿＿＿＿＿＿层，建筑高度为＿＿＿＿＿＿m。

4．总平面图中标注尺寸的单位是＿＿＿＿＿＿；图中曲线表示＿＿＿＿＿＿，场地整体地形为＿＿＿＿＿＿高＿＿＿＿＿＿低。

5．总平面图用＿＿＿＿＿＿表示风向和方位，图中图示的全年主导风向是＿＿＿＿＿＿，6、7、8月夏季主导风向是＿＿＿＿＿＿。

6．根据坐标定位，综合楼距离图书馆的东西方向间距为＿＿＿＿＿＿m。

第3章　建筑施工图	班级		姓名		学号	

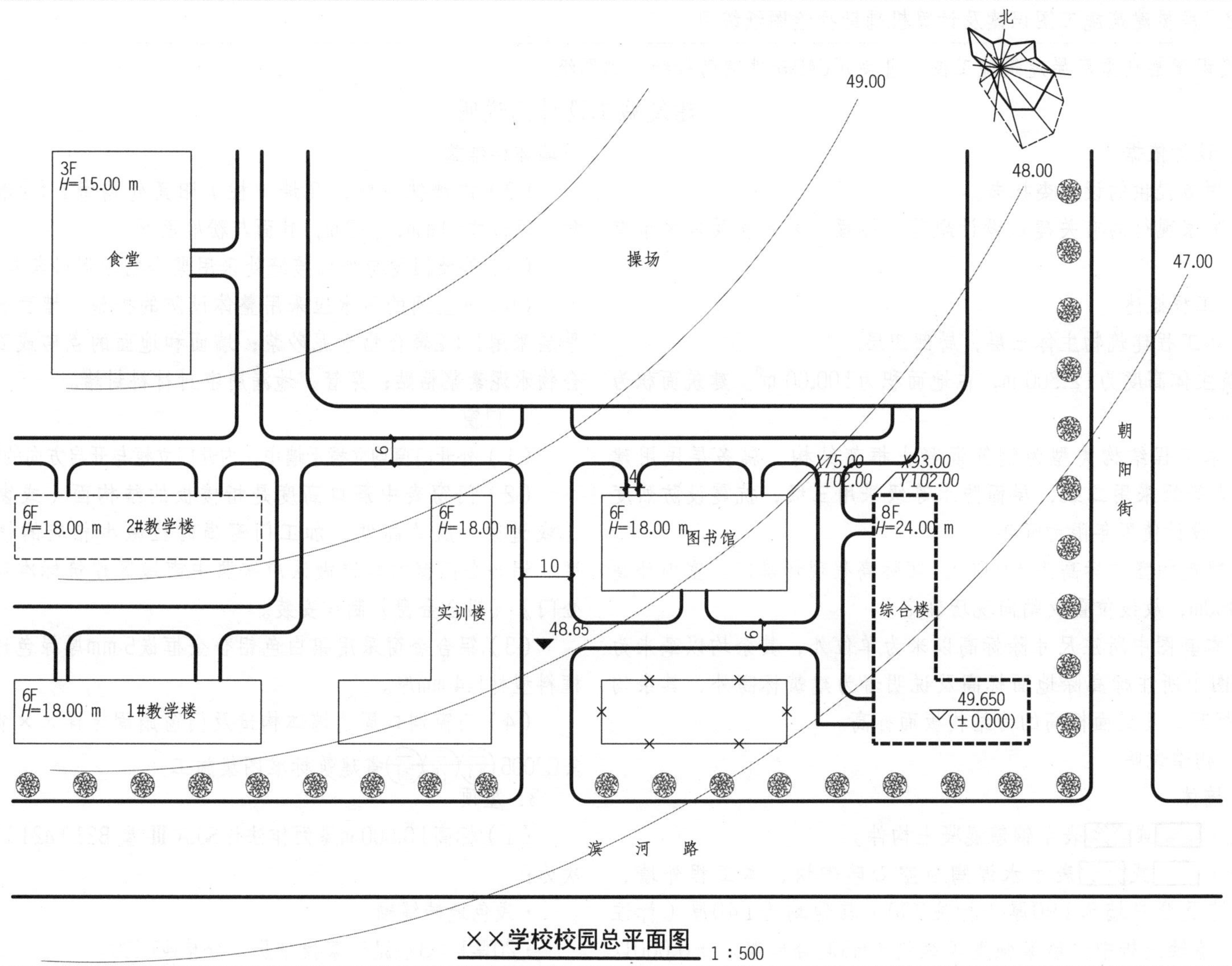

××学校校园总平面图 1 : 500

第3章 建筑施工图	班级		姓名		学号	

准确识读某别墅房屋建筑施工图，并使用CAD软件辅助抄绘下列图纸。

建筑施工设计总说明

一、设计依据

1．甲方提供的设计委托书。

2．国家现行的有关建筑设计规范、规程和××省及××市有关规定。

二、工程概述

1．本工程建筑物主体三层，局部四层。

建筑主体高度为12.300 m，占地面积为100.00 m^2。建筑面积为451.40m^2。

2．本工程结构类型为钢筋混凝土框架结构，属多层民用建筑，耐火等级采用二级，屋面防水等级采用三级，抗震设防烈度为七度，设计使用年限为50年。

3．建筑物室内标高为±0.000，实际高程现场确定。室内外高差为0.450m，放线位置及朝向现场确定。

4．本套图中所注尺寸除标高以米为单位外，其余均以毫米为单位。图中所注标高除地面标高及说明者为建筑标高外，其余均为结构标高，凡屋面标高的为结构板面标高。

三、构造说明

1．墙体

（1）■或▨表示钢筋混凝土构件。

（2）□或▨表示水泥陶粒空心砖砌块，本工程外墙、楼梯间墙及分户墙为190厚（标注200）其他均为140厚（标注140），墙轴线居中。砂浆强度等级均为M5混合砂浆。±0.000以下墙体详结施。

（3）内墙抹灰时，凡墙（柱）阳角处均做1：2水泥砂浆护角，每边宽50 mm，高2 m，其面与粉刷面平。

（4）外墙门窗与外墙接缝处采用聚合物水泥砂浆封严。

（5）卫生间的防水应采用整体设防的措施，墙面和地面的找平层采用1：2聚合物水泥砂浆；墙面和地面的瓷砖或石材采用聚合物水泥素浆粘贴；穿管、地漏用密封材料封堵。

2．门窗

（1）外开门窗均立樘于墙中，内开门立樘与开启方向的墙面相平。

（2）门窗表中洞口高度是指楼板的结构面（或窗台）至梁（或过梁）底的高度，加工门窗扇时应减去相应的楼面面层厚度。铝合金门窗的构造做法应按照中南地区建筑标准设计《铝合金门》《铝合金窗》制作安装。

（3）铝合金窗采用银白色铝合金框嵌5 mm厚绿色透明玻璃，框料型材1.4 mm厚。

（4）门窗洞口周边墙体构造及门窗扇固定详××省建筑制图集GJ005 $\frac{一}{14}$ $\frac{一}{15}$ $\frac{一}{39}$ 省建筑标准图集施工。

3．屋顶

（1）标高10.000 m屋面作法详SJ.A Ⅲ 屋 B211a2111，构造层次为：

·浅色地砖铺砌。

·20厚1：3水泥砂浆找平层，分格@1500。

·100厚黏土空心隔热砖。

·干铺油毡一层隔离层。

·合成高分子卷材1.2厚，遇墙上返300。

·20厚1：0.8：4水泥石灰砂浆找平层。

·1：8水泥陶粒建筑找坡2%，局部0.5%找坡，最薄处30厚。

（2）标高13.200 m屋面做法详SJ.A Ⅲ 屋 B211a2010，其构造层次为：

·30厚1：3水泥砂浆找平层，分格@1500。

·干铺油毡一层隔离层。

·合成高分子卷材1.2厚，遇墙上返300。

·20厚1：0.8：4水泥石灰砂浆找平层。

·1：8水泥陶粒建筑找坡2%，局部0.5%找坡，最薄处30厚。

（3）屋面有组织排水，ϕ100UPVC雨水管，做法详见图中说明。

（4）出屋面管道防水做法SJ.A详(2/41)。

4. 外装修

外墙做法详SJA 墙 Ⅱ 2122，其构造层次为：

·陶瓷面砖（颜色见立面）。

·聚合物水泥砂浆3厚。

·聚合物水泥基防水涂膜1.0厚。

·15厚纤维水泥砂浆。

5. 内装修

（1）内墙。

厨房、卫生间、房间、楼梯间内墙面做法SJ.A 厕 Ⅱ （地）-1111，其构造层次为：

·厨房、卫生间、楼梯间200 mm×300 mm白瓷片通高，房间至1.5 m，白水泥浆擦缝。

·聚合物水泥砂浆3.0厚。

·聚合物水泥基防水涂膜0.5厚。

·20厚1：3水泥砂浆。

·其他内墙为混合砂浆外刷仿瓷涂料，做法参98ZJ001内墙5，涂32。

（2）楼地面。

厨房、卫生间楼（地）面做法详SJ.A 厕 Ⅱ 1211-（墙），其构造层次为：

·300 mm×300 mm白色防滑地砖，常规铺贴。

·20厚1：3水泥砂浆。

·聚合物水泥基防水涂膜1.0厚上返150。

·20厚1：3水泥砂浆。

其余楼地面为500 mm×500 mm浅色耐磨地砖楼面，做法详98ZJ001楼10，地19，踢24。一层地面基层素土分层夯实，压实系数为0.93。

（3）顶棚做法详98ZJ001顶3，涂32。

（4）楼梯踏步踢面，踏面均为陶瓷地砖，做法详98ZJ001楼10，踢24。踏步防滑详98ZJ401(7/29)。梯板底做法同室内顶棚。楼梯栏杆类型选98ZJ401(W/13)。

6. 室外

台阶、雨篷做法详见图中索引。

雨篷面1：3水泥砂浆（加5%防水粉）厚，雨篷板底1：1：6水泥石灰砂浆打底，面刷白色涂料。

7. 水池防水

水池做法见SJ.A 水池 I1，其构造做法为：

池壁：聚合物水泥砂浆10厚

聚合物水泥基防水涂膜1.0厚

1：2.5水泥砂浆嵌平铺实

底板：聚合物水泥砂浆15厚

聚合物水泥基防水涂膜1.0厚

1：2.5水泥砂浆嵌平铺实

顶板底：1：2.5水泥砂浆嵌平铺实

8. 其他

（1）墙身于标高-0.060处做1：2水泥砂浆掺5%防水粉防潮层20厚。

（2）各层平面中，卫生间楼地面标高均比同层室内低50，阳台则比同层室内低30，以上楼面均以0.5%坡向地漏。

（3）外窗台：窗顶及女儿墙顶等墙体外露部分均须做滴水线或流水坡。

（4）凡要求排水找坡的地方，找坡厚度大于30时，采用1：8水泥陶粒或C10细石混凝土找坡；厚度小于30时，采用1：3水泥砂浆找坡。

（5）各层平面图中，未注明门垛为贴柱边或垛宽100。

（6）凡外露铁件均先涂防锈底漆两度，刮腻子，刷银粉漆两道。

（7）凡入墙木构件均涂水柏油防腐。木门窗、木装修油漆均为银灰色调和漆一底二度。

（8）所有装修材料均需提供样板或在现场会同设计人员和甲方研究同意后选用施工。

（9）二次装修由甲方确定，本设计图应同其他有关专业图纸密切配合施工，不得任意修改设计图纸。如确需调整时，请会同设计单位共同研究解决。

（10）本设计未考虑雨期施工，遇雨期必须采用雨期施工保护措施。

（11）凡图中未注明和本说明未详尽者，均应按国家现行有关规范（规程）及××省有关规定执行。

（12）屋面女儿墙顶应预埋Φ10避雷支架，间距1 m，拐角处0.5 m。

标准图集目录表

标准图集编号	标准图集名称	备注
98ZJ001	建筑构造用料做法	中南地区通用建筑标准设计
98ZJ201	平屋面、雨蓬	
98ZJ401	楼梯栏杆	
98ZJ641	铝合金门	
98ZJ501	内墙装修及配件	
98ZJ901	室外装修及配件	
98ZJ721	铝合金窗	
GJ005	非承重混凝土小型砌块砌体构造	××省通用建筑标准设计
SJ.A	屋面防水	××市建筑防水构造图集
SJ.A	厕，浴，厨房间防水	
SJ.A	外墙防水	
SJ.A	屋面水平出入口	

附：聚合物水泥砂浆配合比

品名	配合比
丙烯酸聚合物水泥砂浆或EVA聚合物水泥砂浆	用于面层：1：2：4=胶：水泥：细砂 用于底层：1：2：6=胶：水泥：中砂
氯丁胶聚合物水泥砂浆或丁苯胶聚合物水泥砂浆	1：2：6=胶：水泥：砂

门窗统计表

名称	图集编号	尺寸 宽×高	数量	备注
M1		1800×2600	1	不锈钢豪华防盗电子对讲门
M2	98ZJ681-GJM301-0721	900×2100	12	夹板门
M3	98ZJ681-GJM308-0721	900×2100	1	塑钢门
M4	98ZJ681-GJM301-0821	700×2100	13	塑钢门，下部带百叶
ML1	详大样图	1800×2700	11	铝合金落地玻璃推拉门，二等分
MC1	详大样图	3600×2700	1	铝合金落地门连窗
C1	98ZJ721-TLC70-55	2400×1800	3	铝合金推拉窗
C2	98ZJ721-TLC70-17	1500×1800	1	铝合金推拉窗（或成品厨房专用窗）
C3	详大样图	900×1500	16	铝合金上悬窗
C4	98ZJ721-TLC70-12	1500×1200	4	铝合金推拉窗

注：1. 窗洞口尺寸与窗框缝隙规定为：缝隙≤20，由于饰面材料不同及建筑施工误差导致缝隙变化，由门窗生产厂按单项工程设计要求调整窗的构造尺寸。

2. 所有外窗均装防脱落装置。

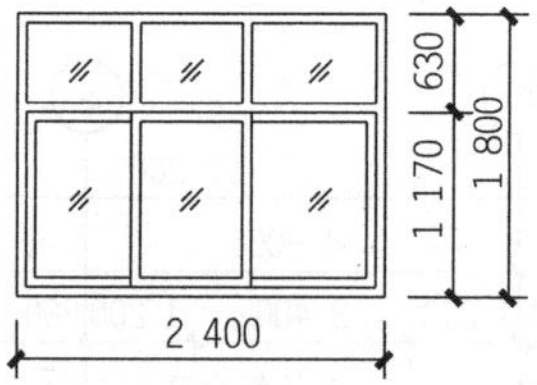

2 400
630
1 170
1 800

C1立面图 1：50

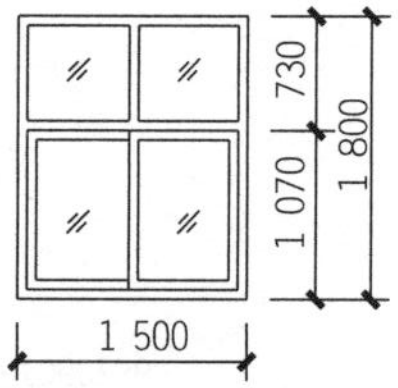

1 500
730
1 070
1 800

C2立面图 1：50

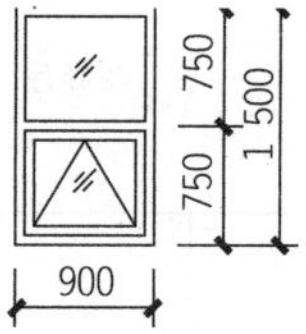

900
750
750
1 500

C3立面图 1：50

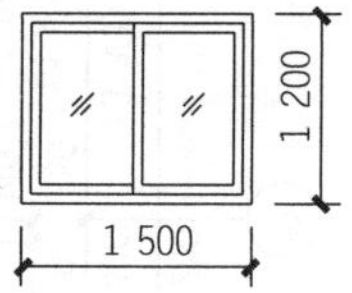

1 500
1 200

C4立面图 1：50

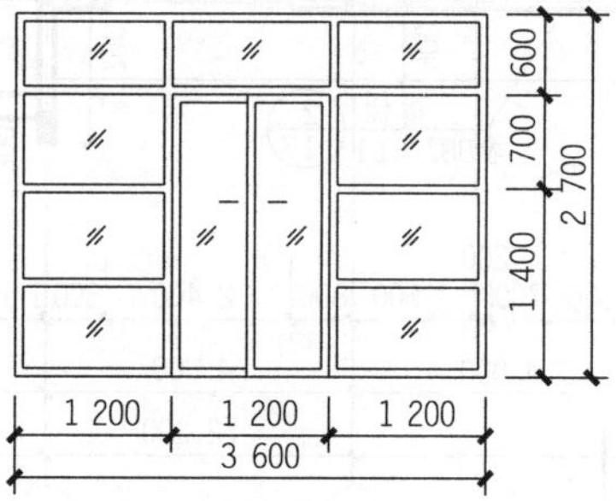

1 200
1 200
1 200
3 600
600
700
1 400
2 700

MC1立面图 1：50

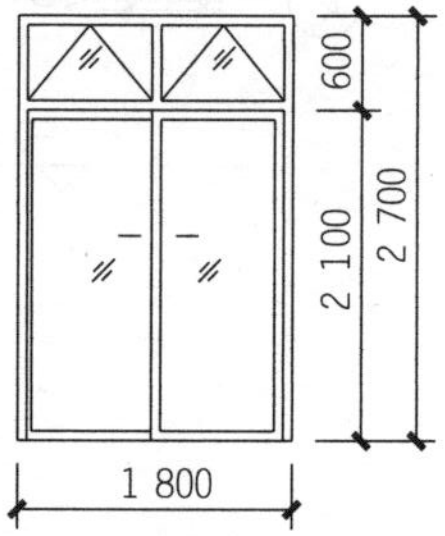

1 800
600
2 100
2 700

ML1立面图 1：50

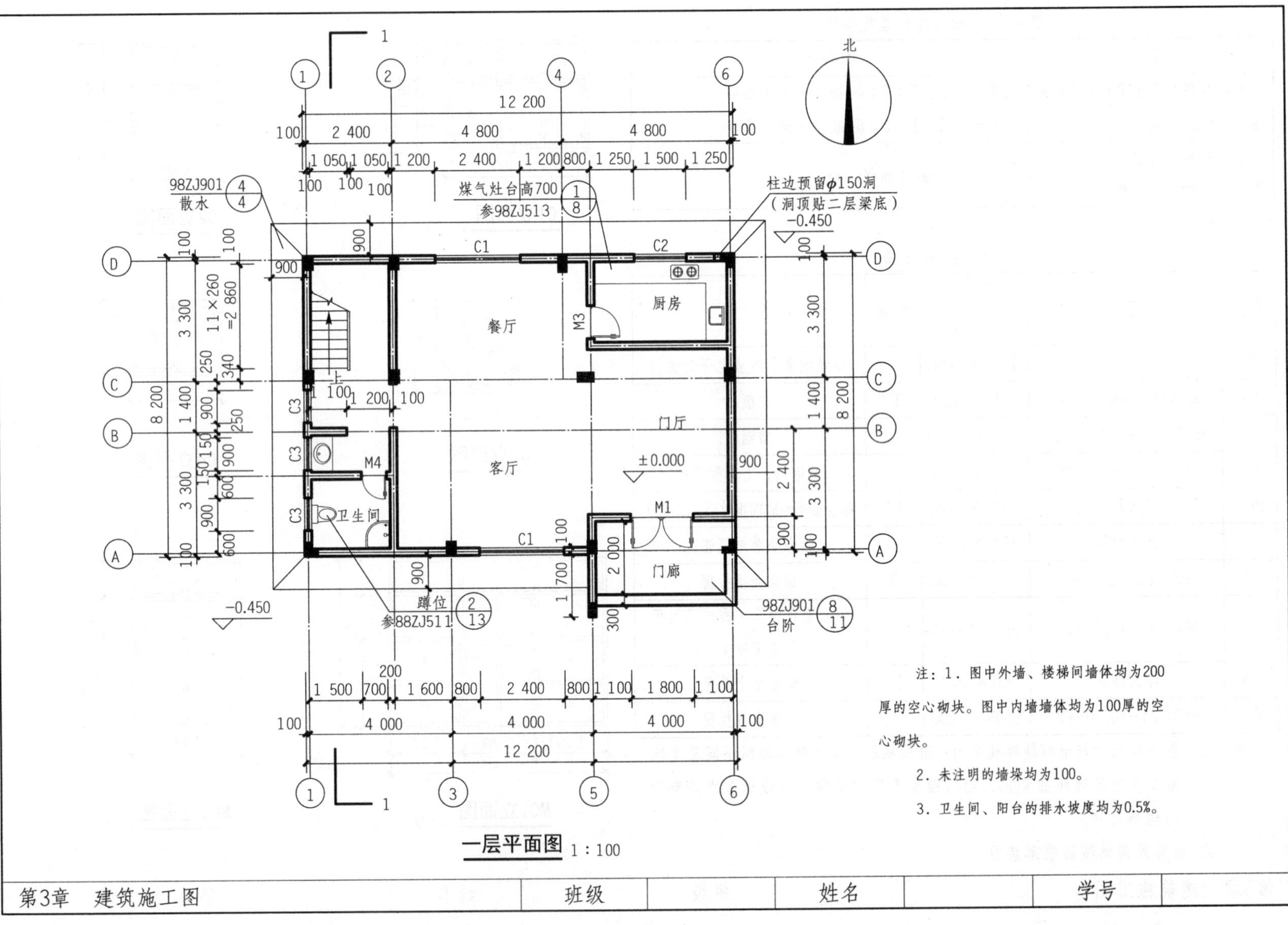

注：1. 图中外墙、楼梯间墙体均为200厚的空心砌块。图中内墙墙体均为100厚的空心砌块。

2. 未注明的墙垛均为100。

3. 卫生间、阳台的排水坡度均为0.5%。

一层平面图 1：100

第3章 建筑施工图	班级		姓名		学号

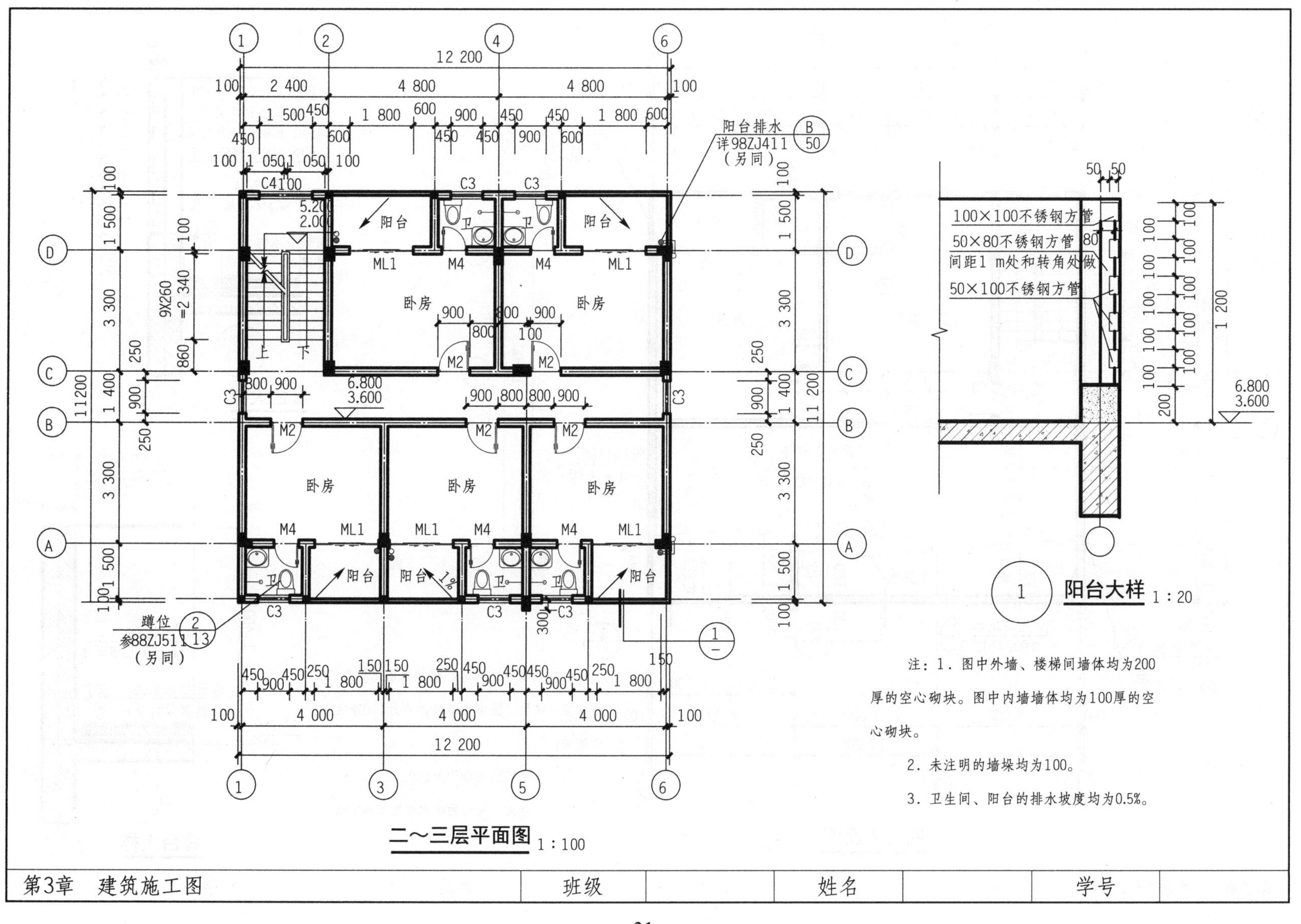

注：1. 图中外墙、楼梯间墙体均为200厚的空心砌块。图中内墙墙体均为100厚的空心砌块。

2. 未注明的墙垛均为100。

3. 卫生间、阳台的排水坡度均为0.5%。

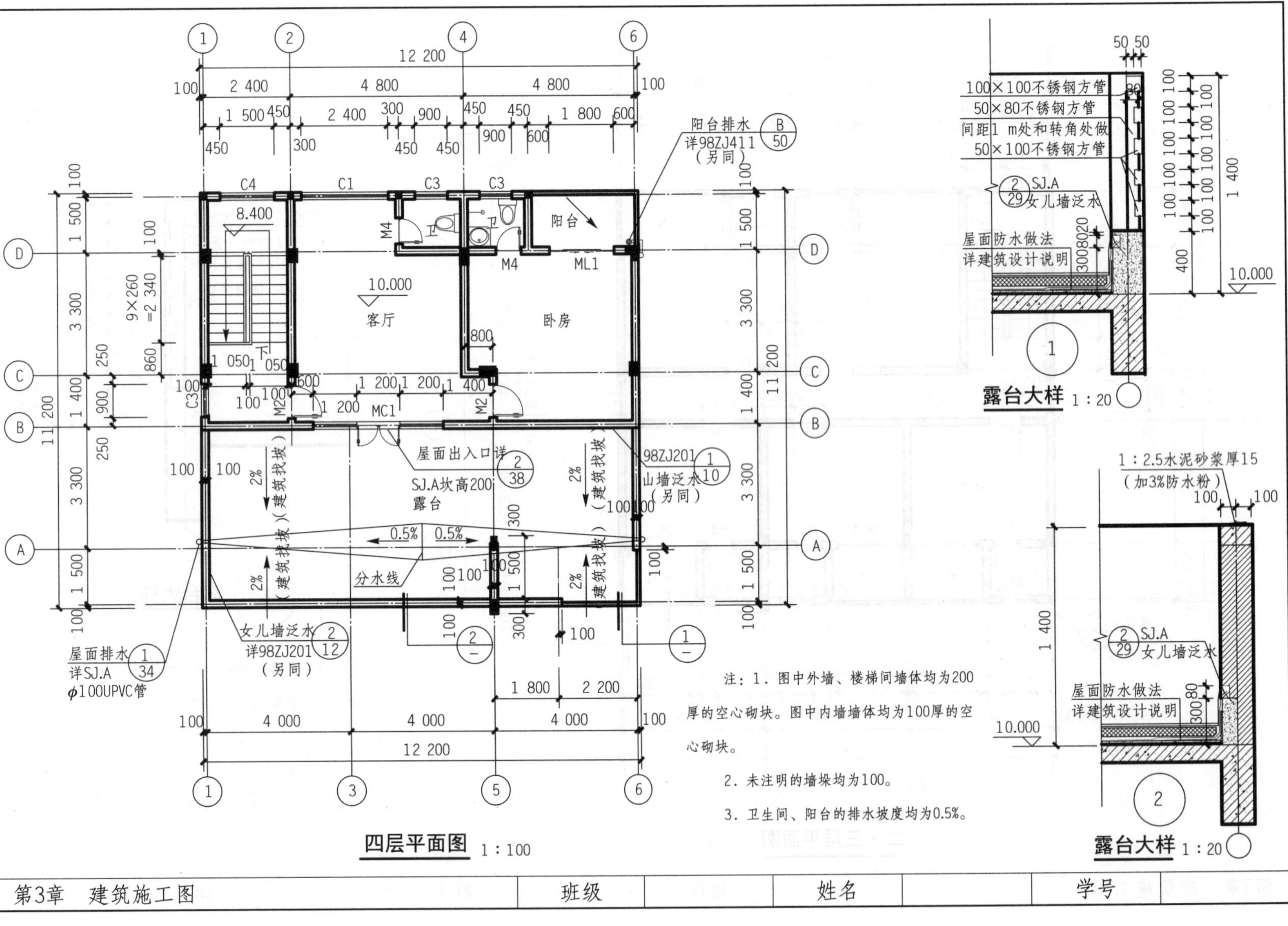

注：1. 图中外墙、楼梯间墙体均为200厚的空心砌块。图中内墙墙体均为100厚的空心砌块。

2. 未注明的墙垛均为100。

3. 卫生间、阳台的排水坡度均为0.5%。

四层平面图 1：100

露台大样 1：20 ①

露台大样 1：20 ②

第3章　建筑施工图	班级		姓名		学号	

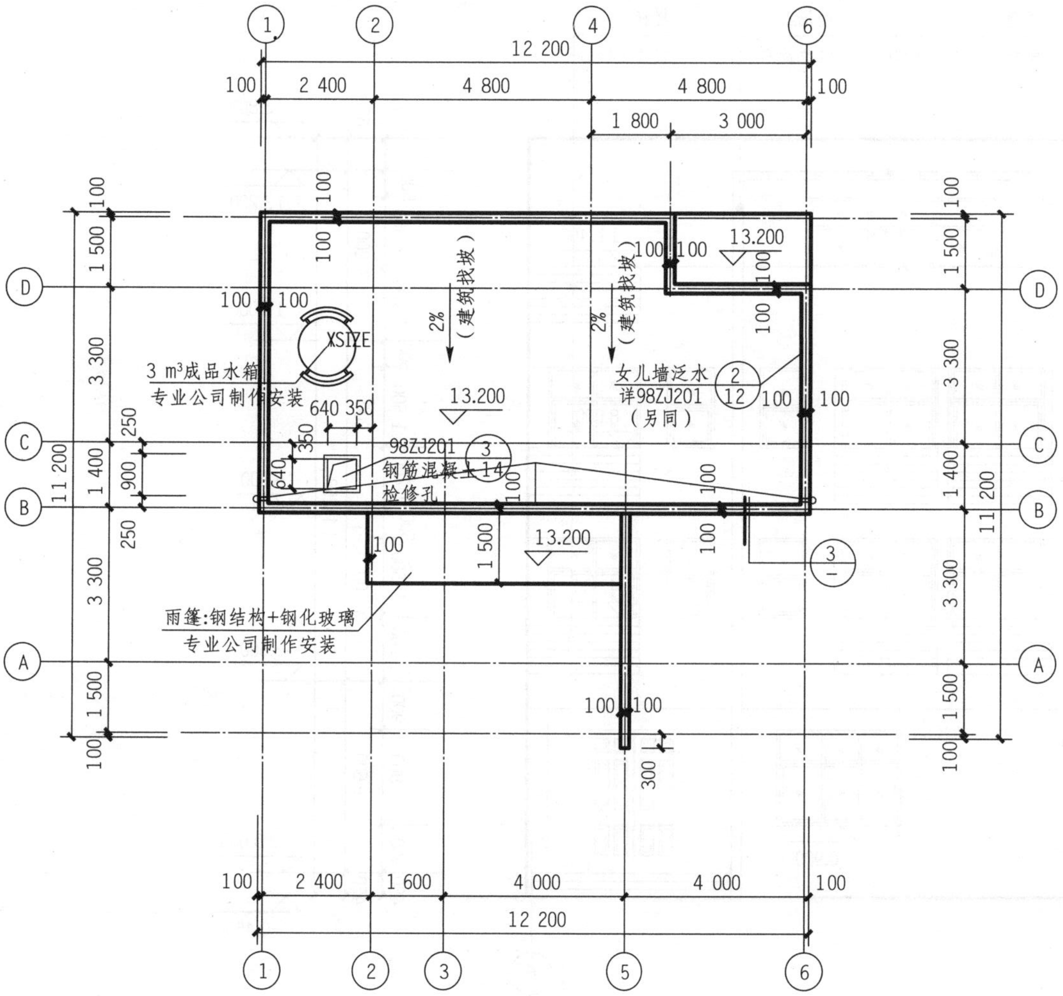

3 m³成品水箱
专业公司制作安装

雨篷:钢结构+钢化玻璃
专业公司制作安装

98ZJ201 3/14
钢筋混凝土
检修孔

女儿墙泛水
详98ZJ201 2/12
（另同）

2%
（建筑找坡）

13.200

屋顶平面图 1:100

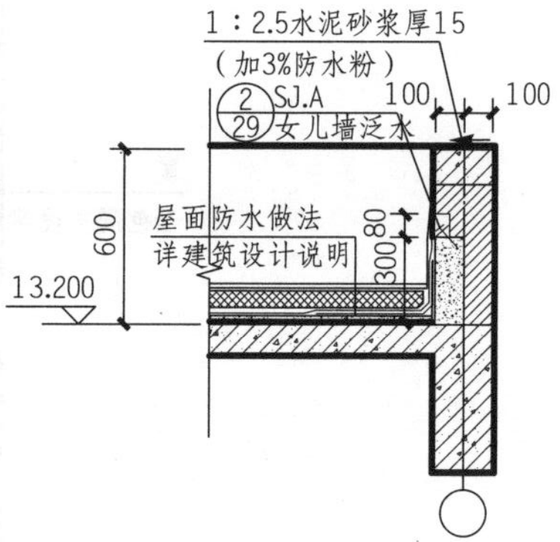

1:2.5水泥砂浆厚15
（加3%防水粉）
2/29 SJ.A 女儿墙泛水

屋面防水做法
详建筑设计说明

3 女儿墙大样 1:20

第3章　建筑施工图	班级		姓名		学号	

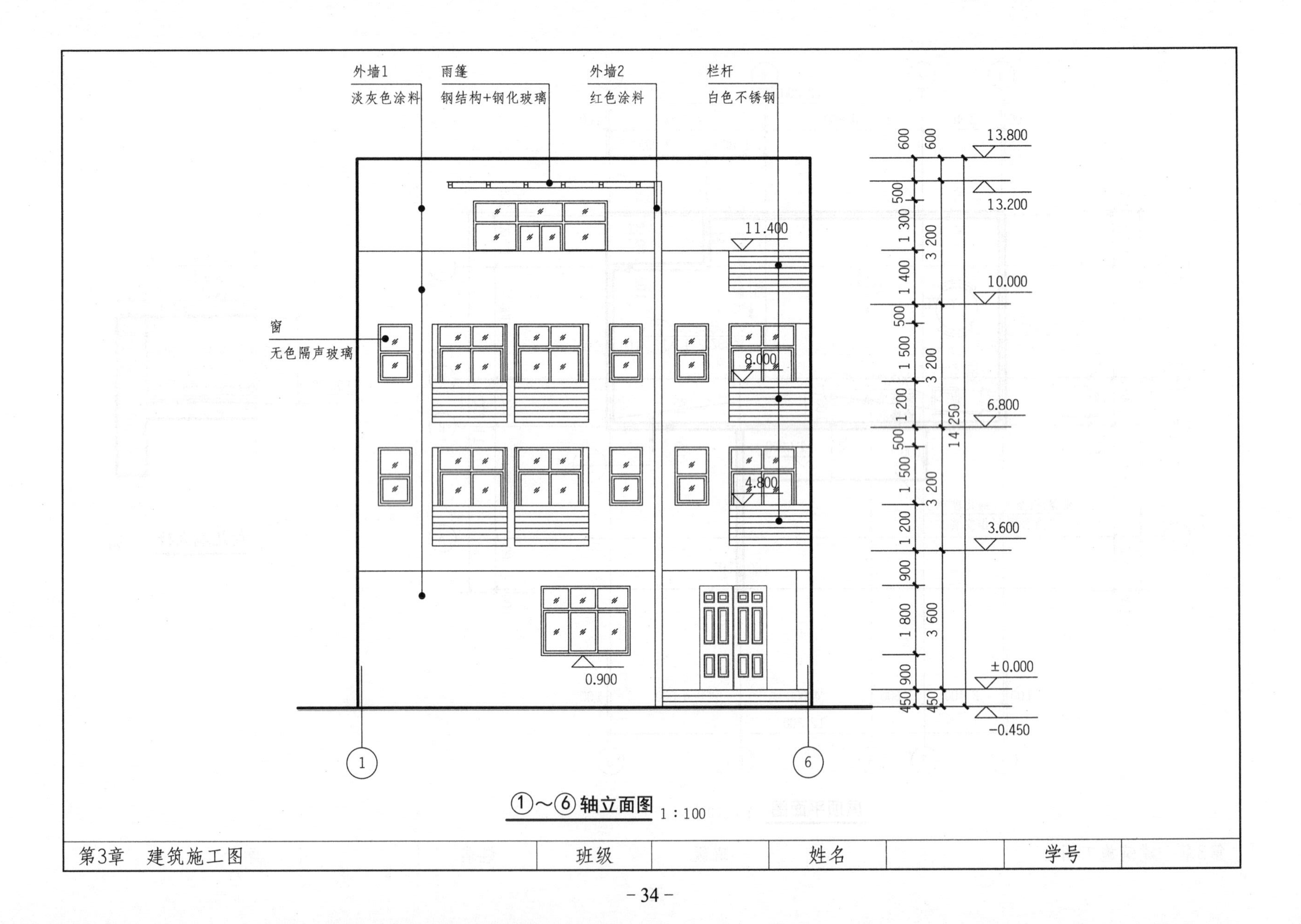

①～⑥轴立面图 1 : 100

第3章　建筑施工图 | 班级 | 姓名 | 学号

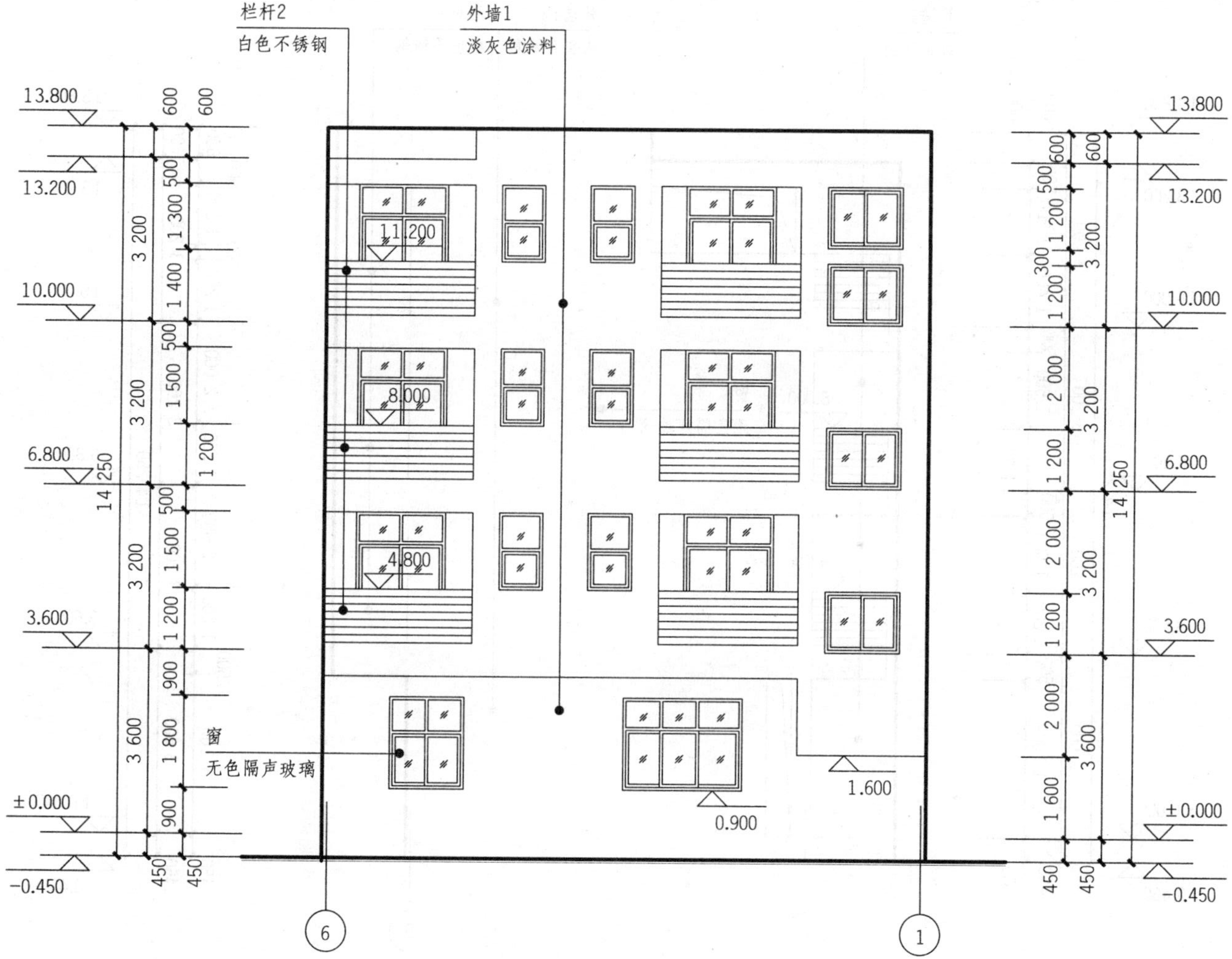

⑥～① 轴立面图 1：100

第3章 建筑施工图 | 班级 | | 姓名 | | 学号 |

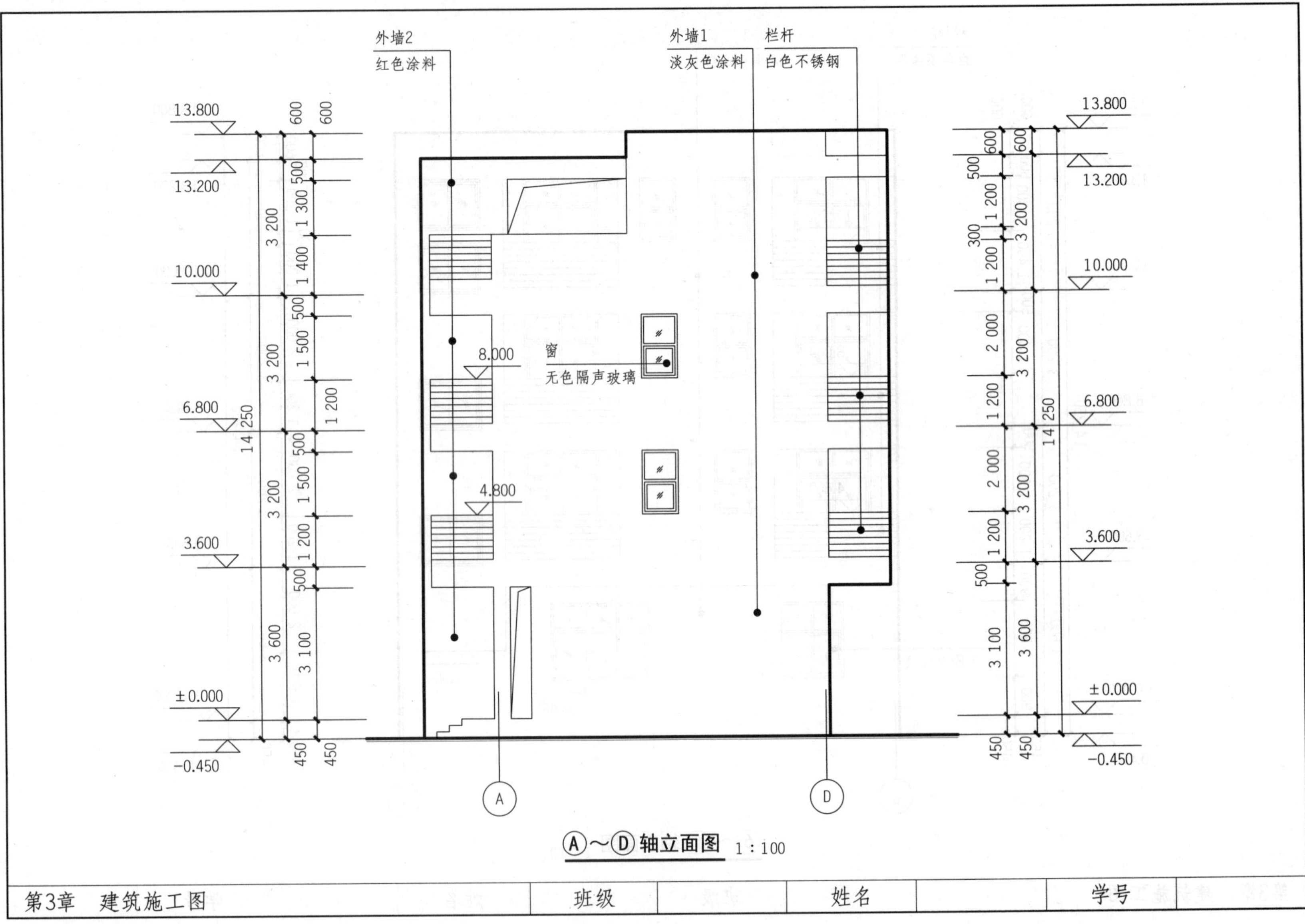

Ⓐ～Ⓓ轴立面图 1∶100

第3章 建筑施工图 | 班级 | 姓名 | 学号

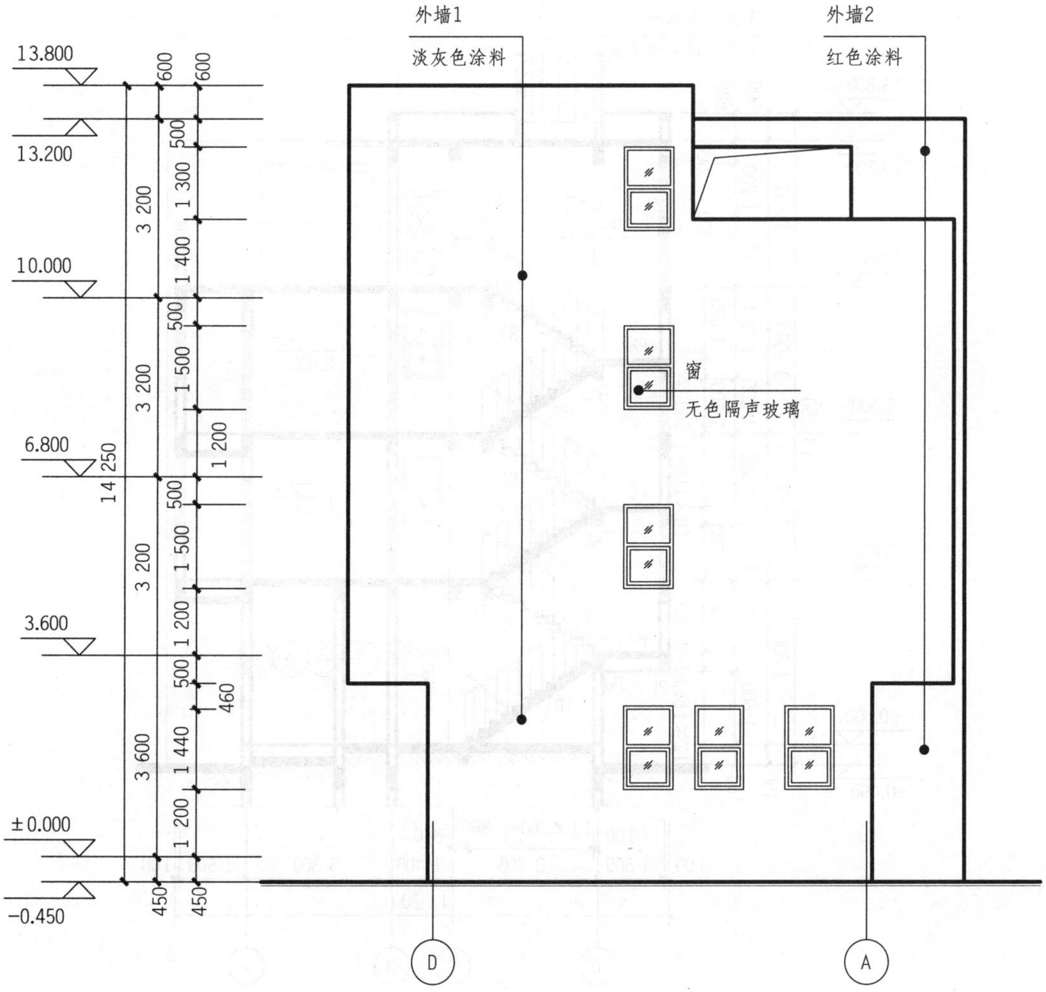

外墙1
淡灰色涂料
外墙2
红色涂料
窗
无色隔声玻璃
13.800
13.200
10.000
6.800
3.600
±0.000
-0.450
14 250
3 600
3 200
3 200
3 200
450
600
450
1 200
1 440
460
500
1 200
1 500
500
1 200
1 500
500
1 400
1 300
500
600
D
A

D～A 轴立面图 1:100

第3章 建筑施工图	班级		姓名		学号	

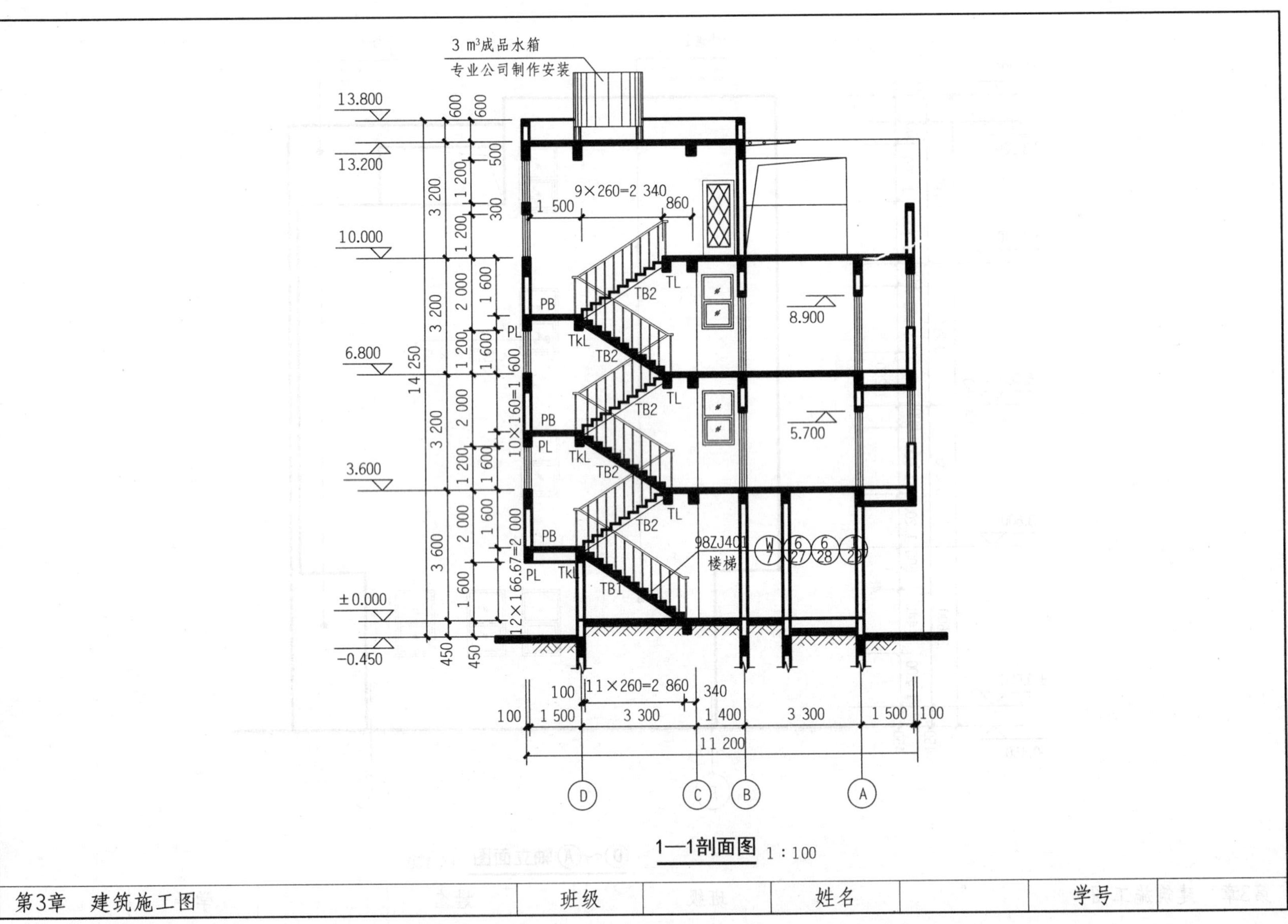

1—1剖面图 1 : 100

第3章 建筑施工图	班级		姓名		学号

4-1　装饰装修施工图识读及计算机辅助抄绘图纸练习

准确识读某酒店客房装饰装修施工图，并使用CAD软件辅助抄绘下列图纸。

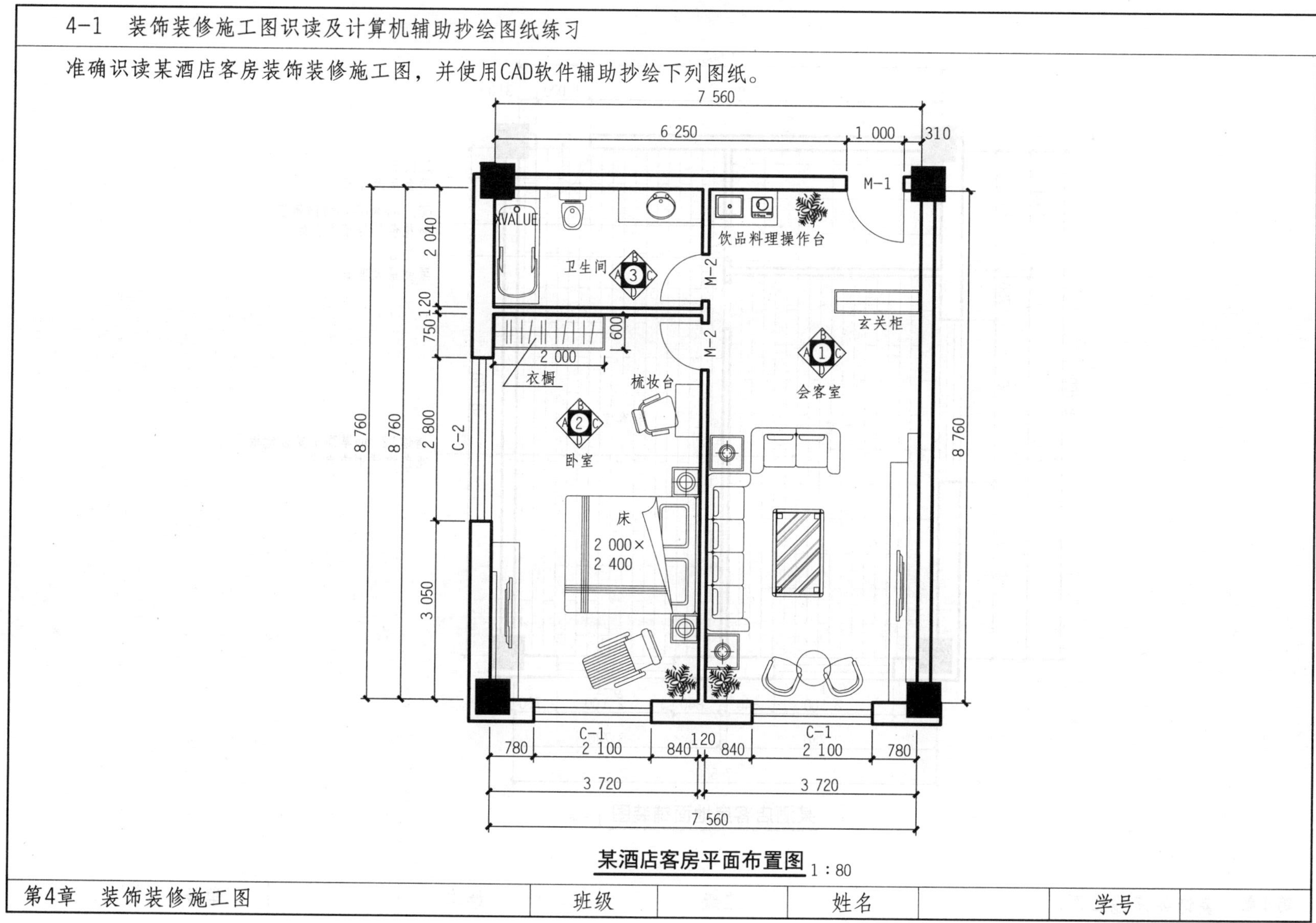

某酒店客房平面布置图 1 : 80

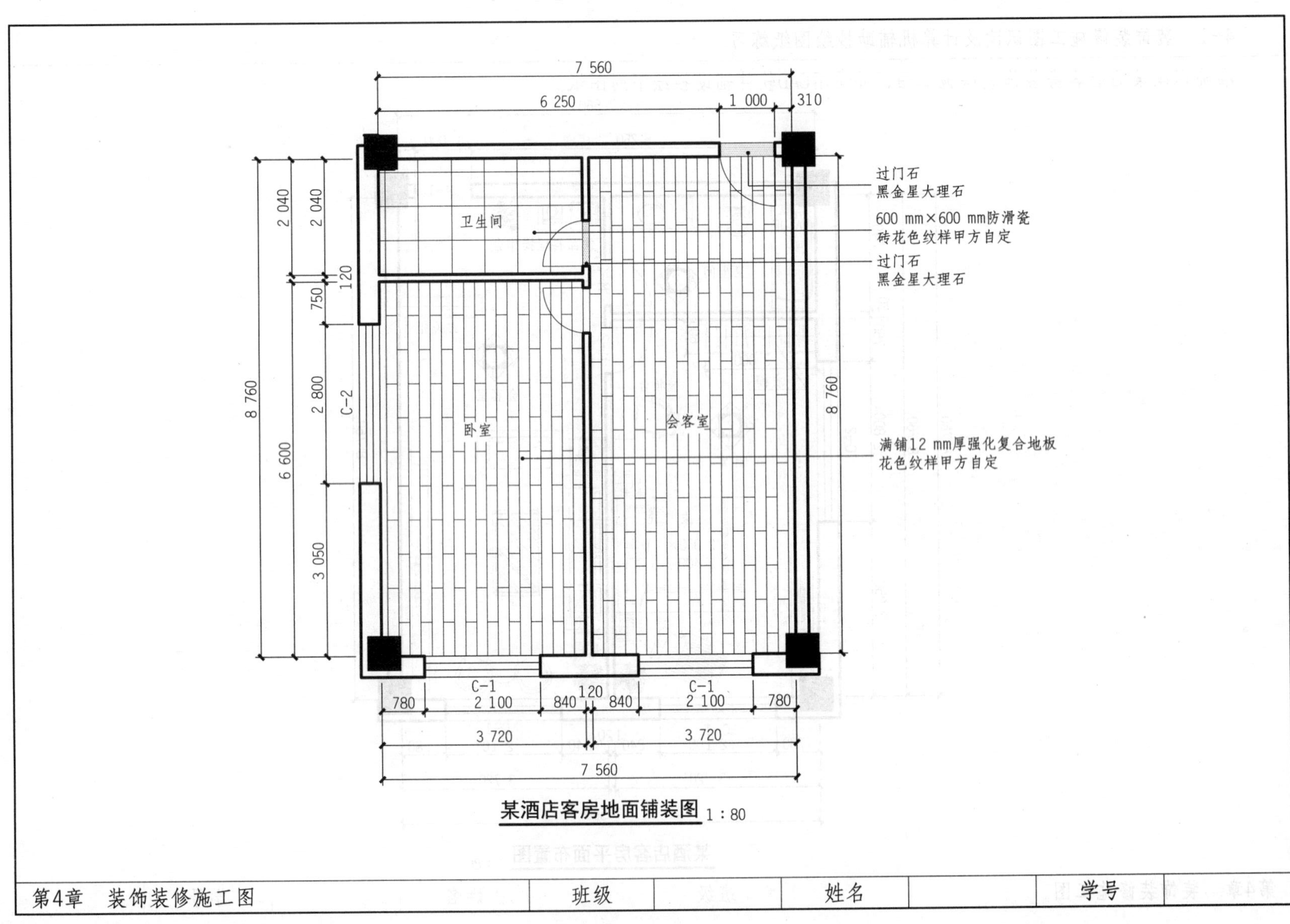

某酒店客房地面铺装图 1：80

第4章 装饰装修施工图	班级		姓名		学号	

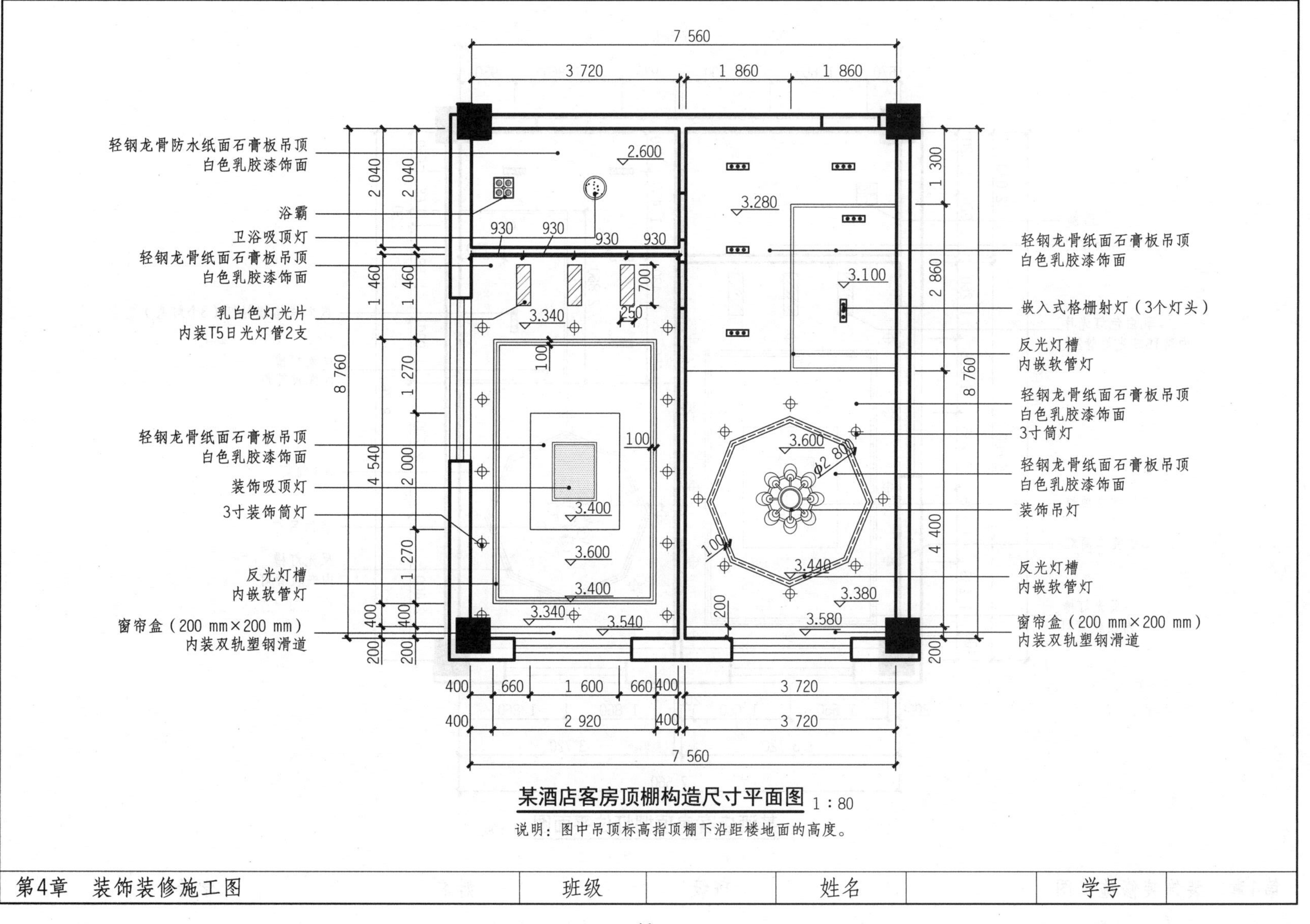

某酒店客房顶棚构造尺寸平面图 1∶80

说明：图中吊顶标高指顶棚下沿距楼地面的高度。

第4章　装饰装修施工图	班级		姓名		学号	

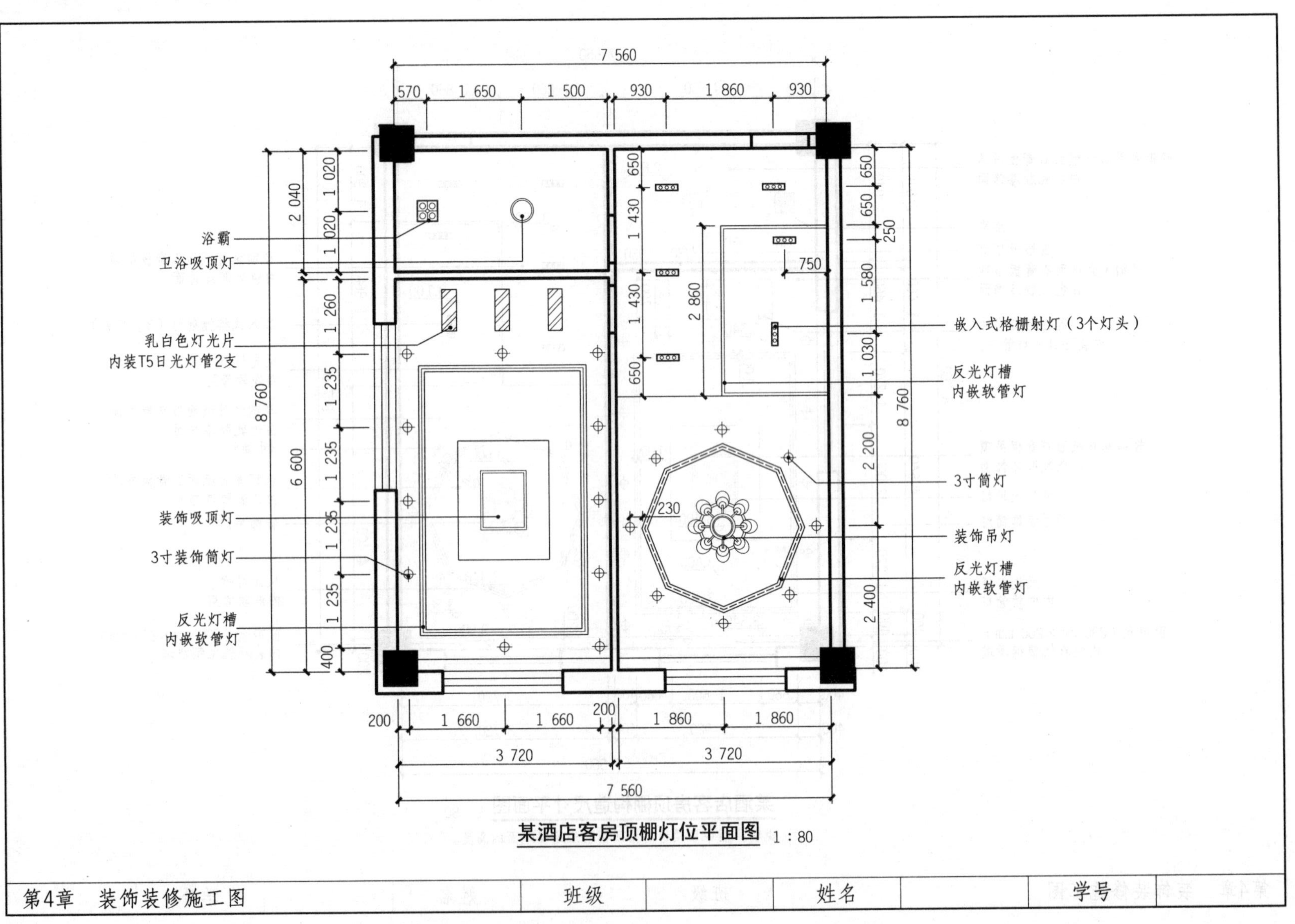

某酒店客房顶棚灯位平面图 1 : 80

第4章　装饰装修施工图	班级		姓名		学号	

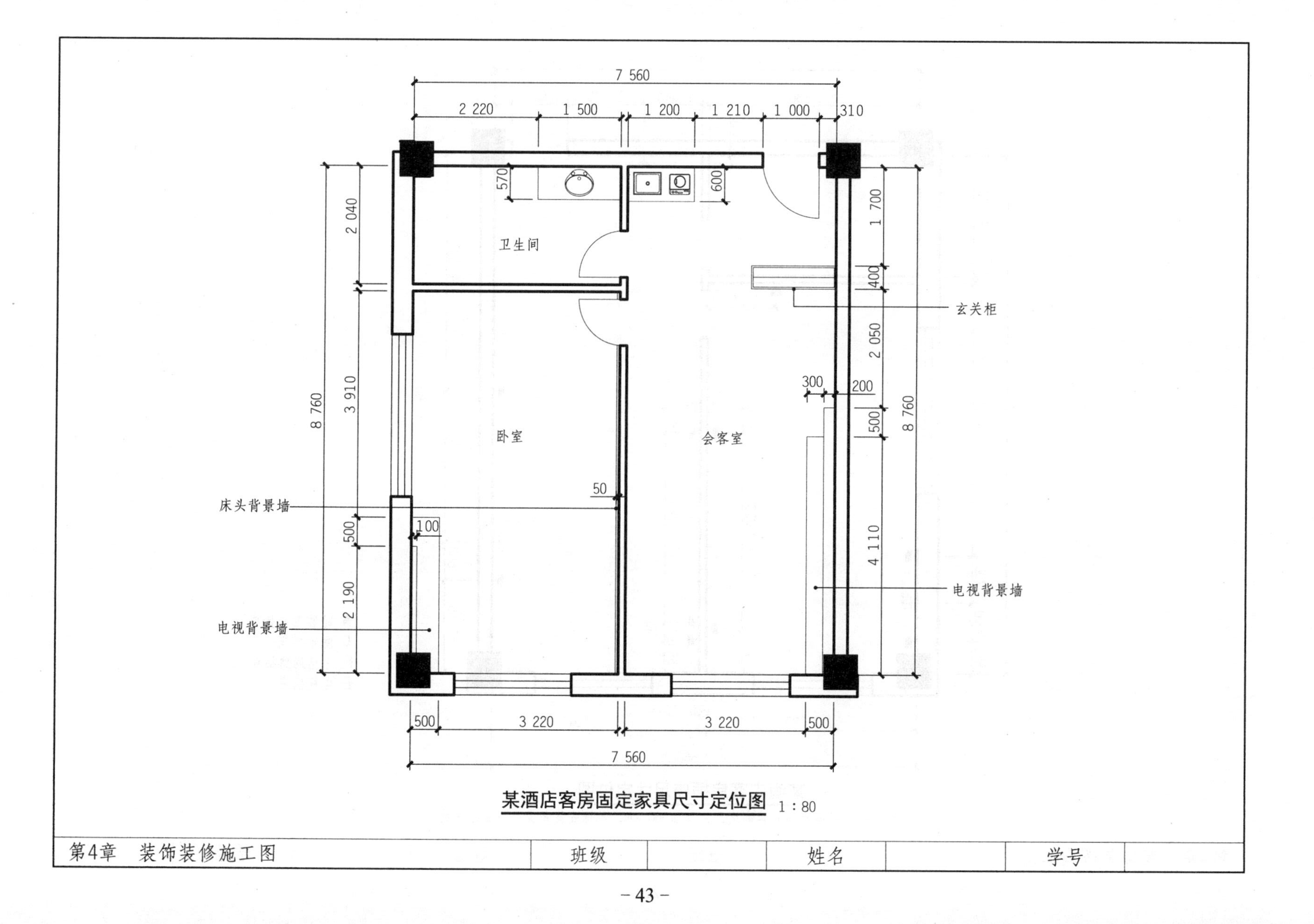

某酒店客房固定家具尺寸定位图 1：80

第4章　装饰装修施工图	班级		姓名		学号	

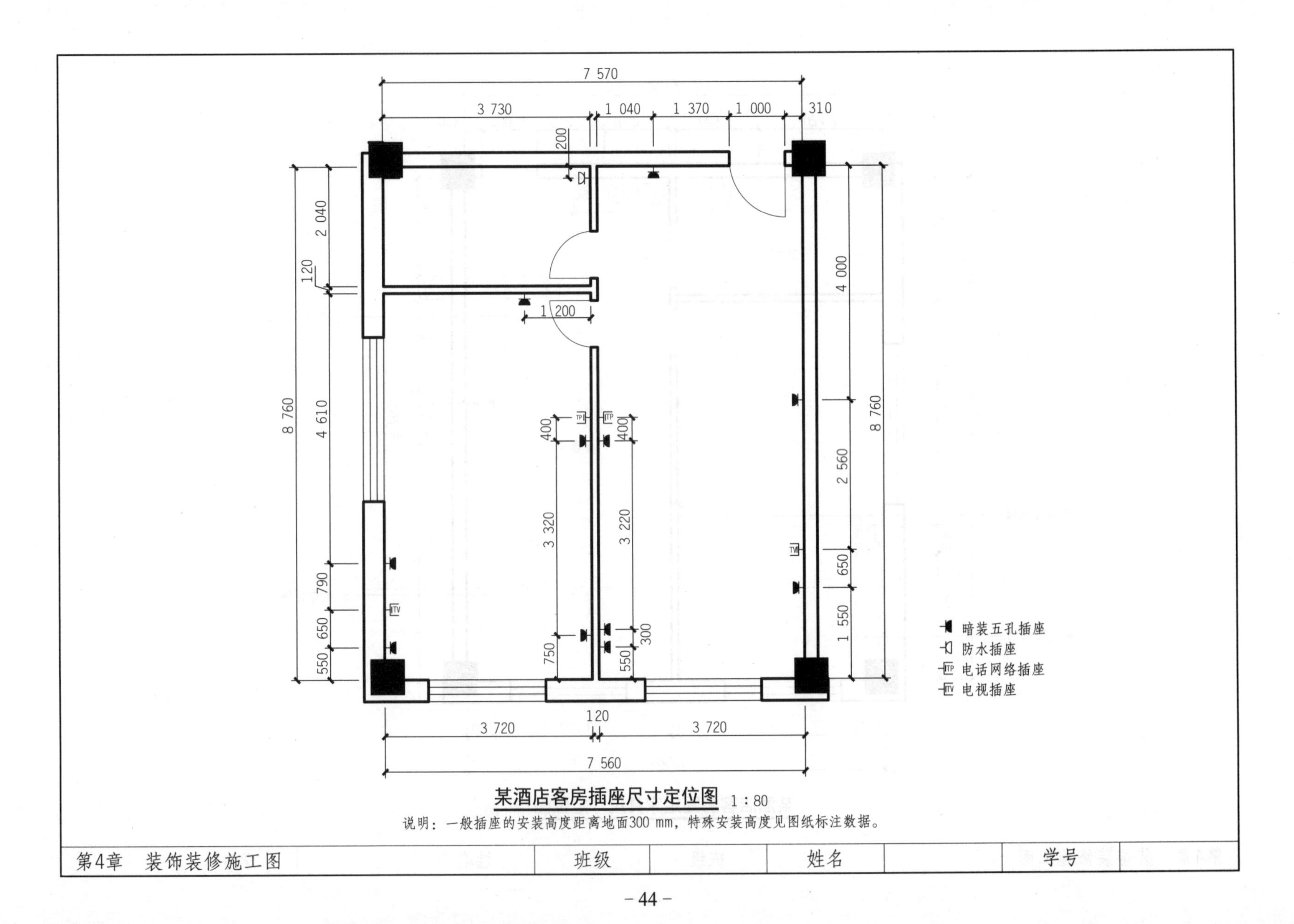

某酒店客房插座尺寸定位图 1：80

说明：一般插座的安装高度距离地面300 mm，特殊安装高度见图纸标注数据。

第4章　装饰装修施工图	班级		姓名		学号	

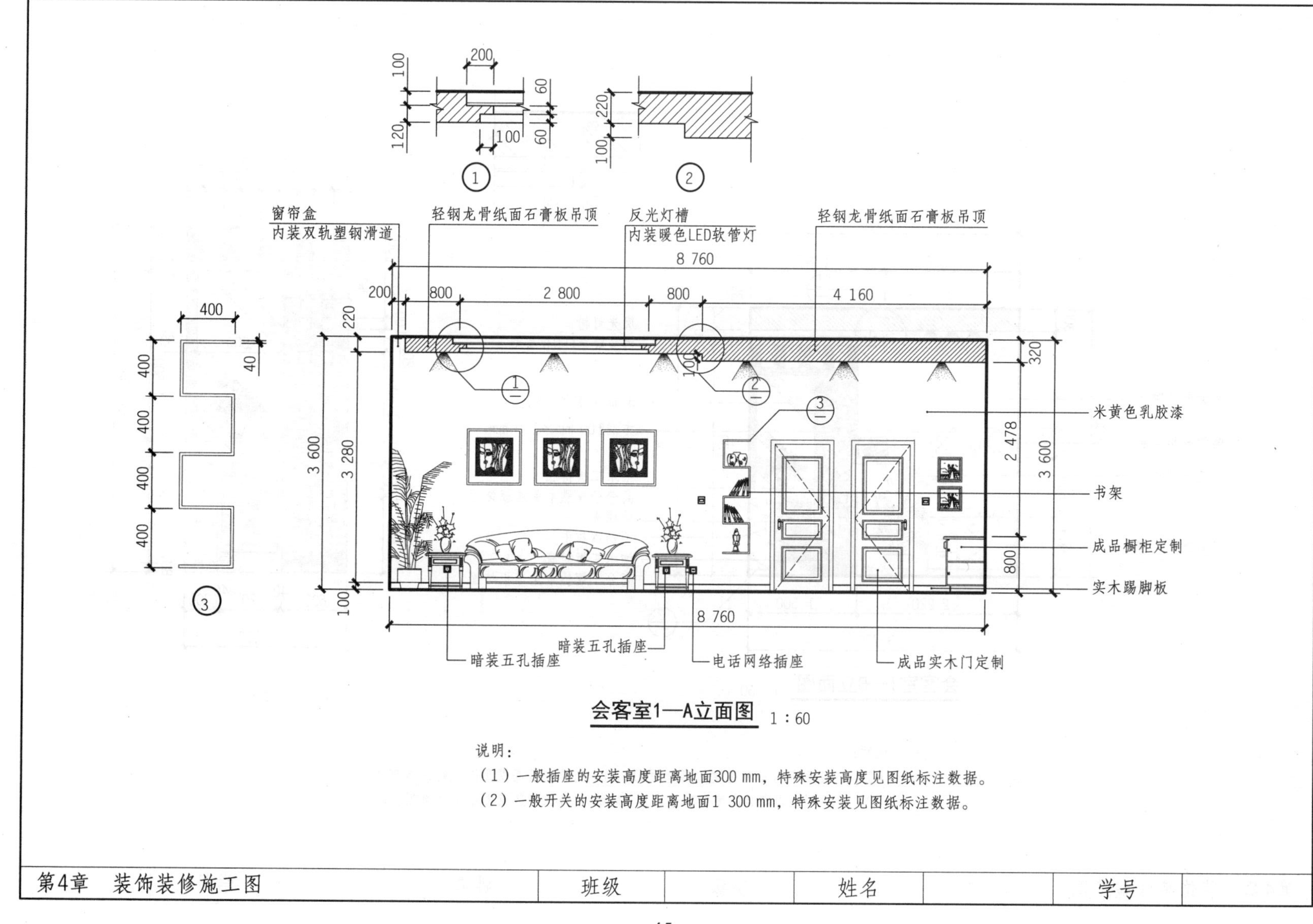

会客室1—A立面图 1 : 60

说明：

（1）一般插座的安装高度距离地面300 mm，特殊安装高度见图纸标注数据。

（2）一般开关的安装高度距离地面1 300 mm，特殊安装见图纸标注数据。

第4章　装饰装修施工图	班级		姓名		学号	

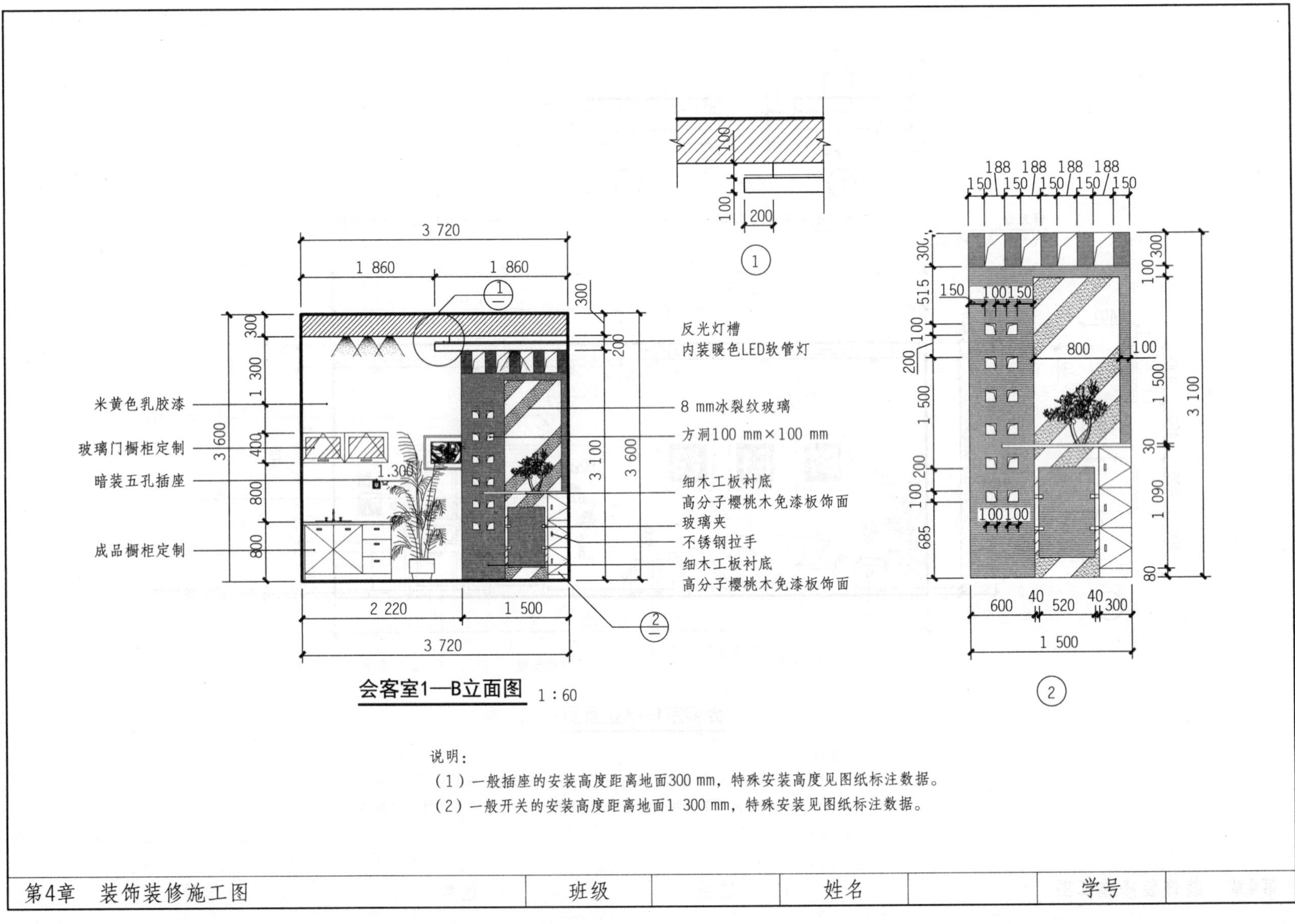

会客室1—B立面图 1∶60

说明：

（1）一般插座的安装高度距离地面300 mm，特殊安装高度见图纸标注数据。

（2）一般开关的安装高度距离地面1 300 mm，特殊安装见图纸标注数据。

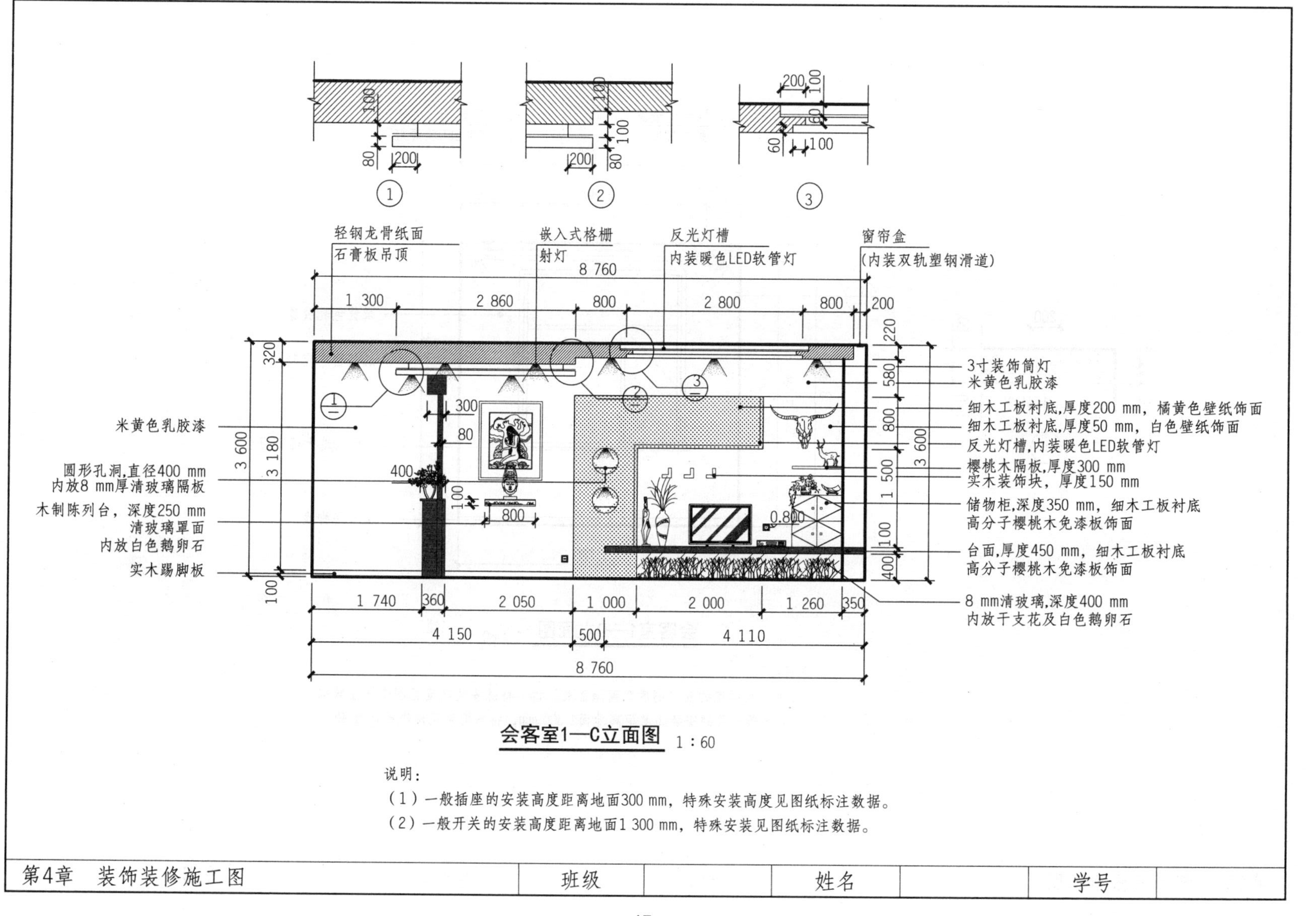

会客室1—C立面图 1 : 60

说明：

（1）一般插座的安装高度距离地面300 mm，特殊安装高度见图纸标注数据。

（2）一般开关的安装高度距离地面1 300 mm，特殊安装见图纸标注数据。

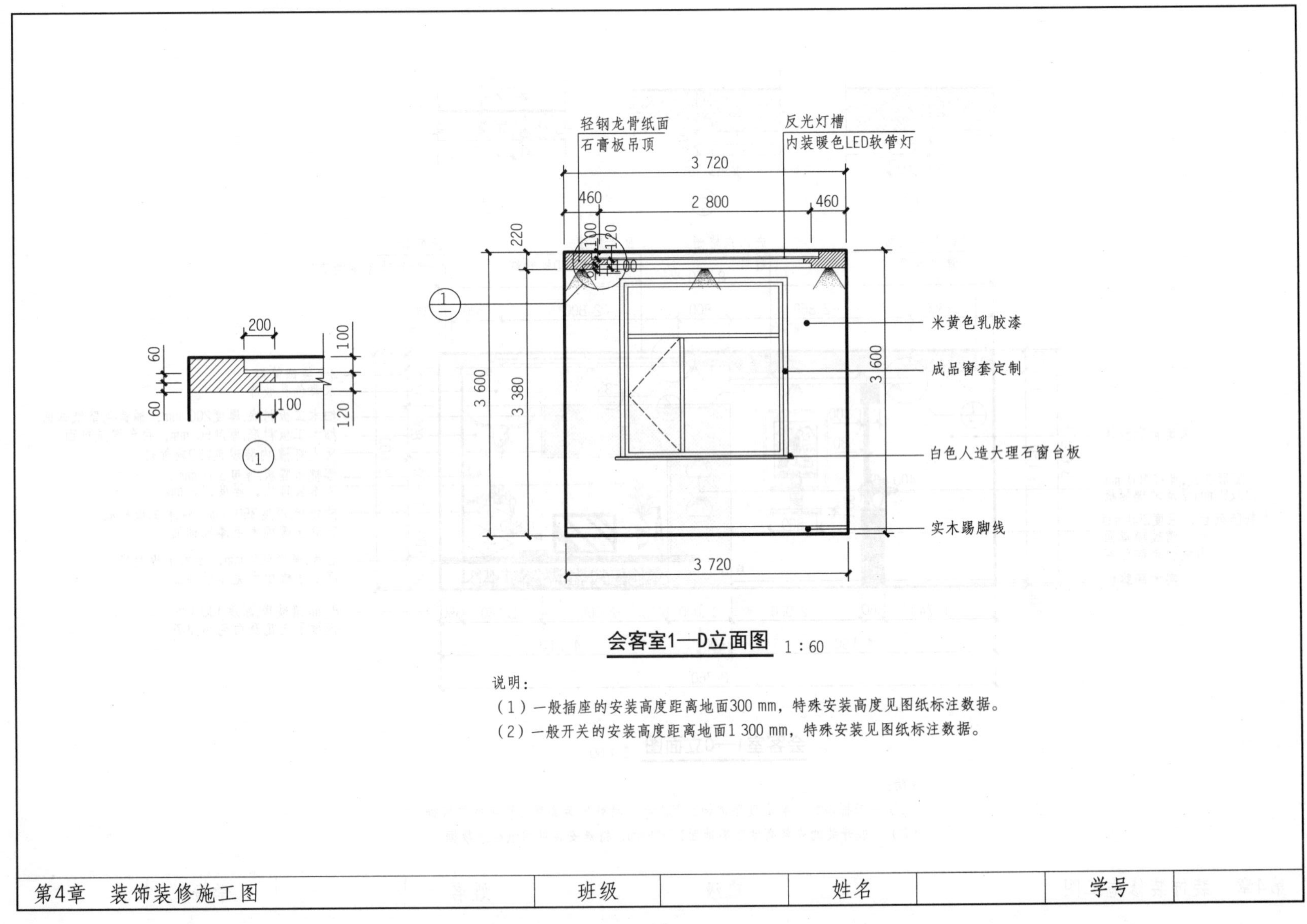

会客室1—D立面图 1：60

说明：

（1）一般插座的安装高度距离地面300 mm，特殊安装高度见图纸标注数据。

（2）一般开关的安装高度距离地面1 300 mm，特殊安装见图纸标注数据。

第4章　装饰装修施工图	班级		姓名		学号	

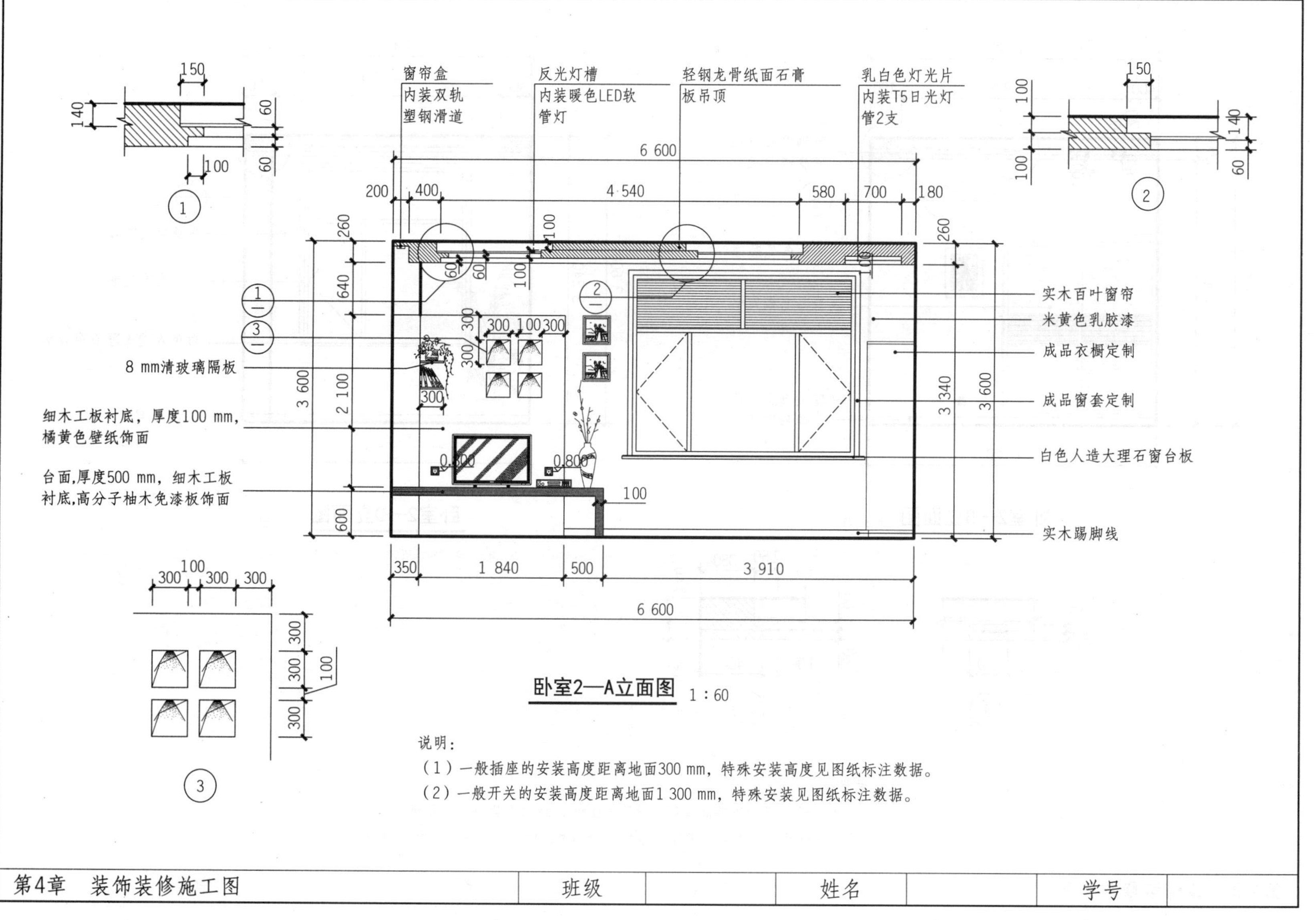

卧室2—A立面图 1：60

说明：

（1）一般插座的安装高度距离地面300 mm，特殊安装高度见图纸标注数据。

（2）一般开关的安装高度距离地面1 300 mm，特殊安装见图纸标注数据。

第4章 装饰装修施工图	班级		姓名		学号	

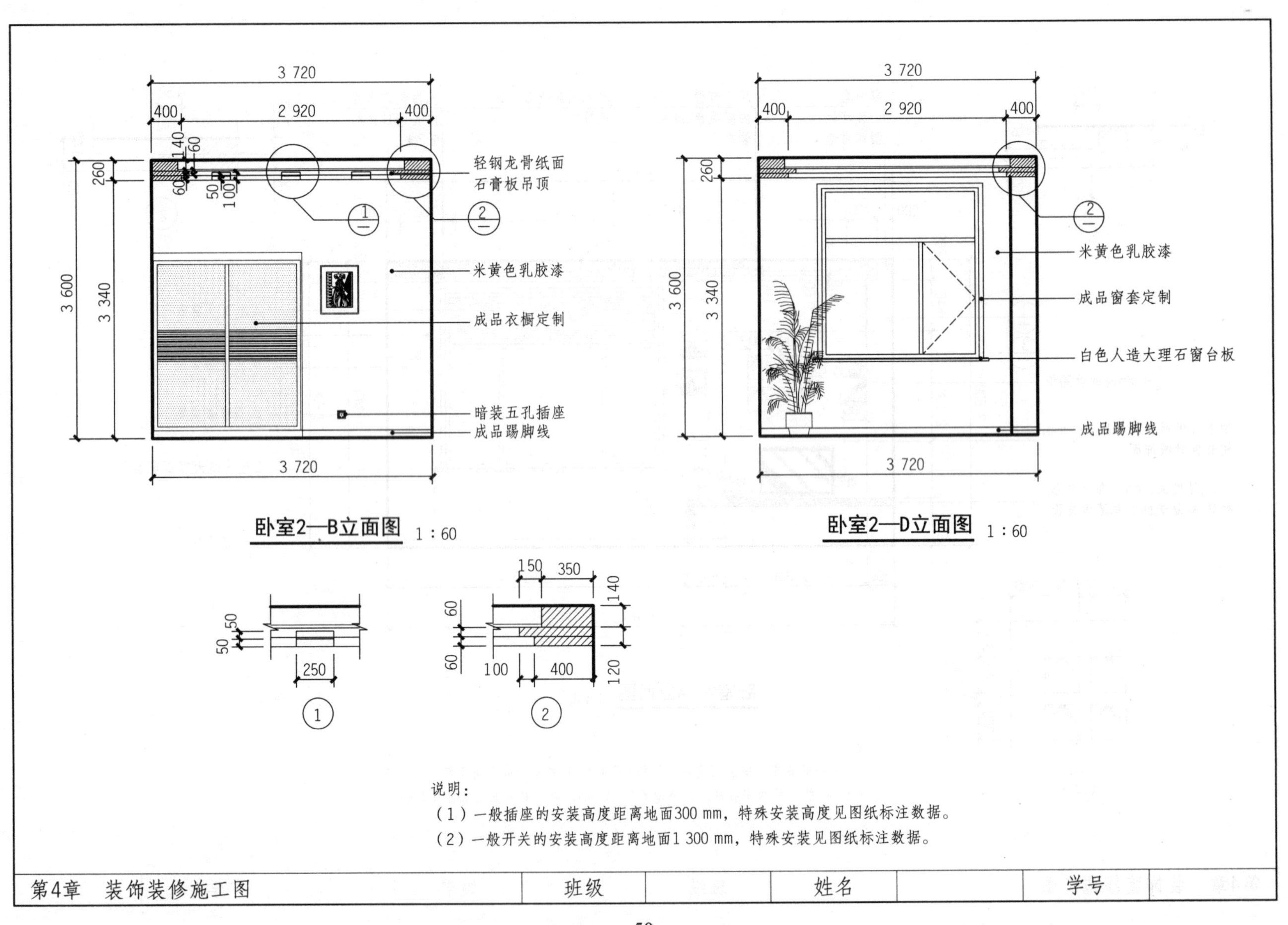

卧室2—B立面图 1∶60

卧室2—D立面图 1∶60

说明：

（1）一般插座的安装高度距离地面300 mm，特殊安装高度见图纸标注数据。

（2）一般开关的安装高度距离地面1 300 mm，特殊安装见图纸标注数据。

第4章 装饰装修施工图	班级		姓名		学号	

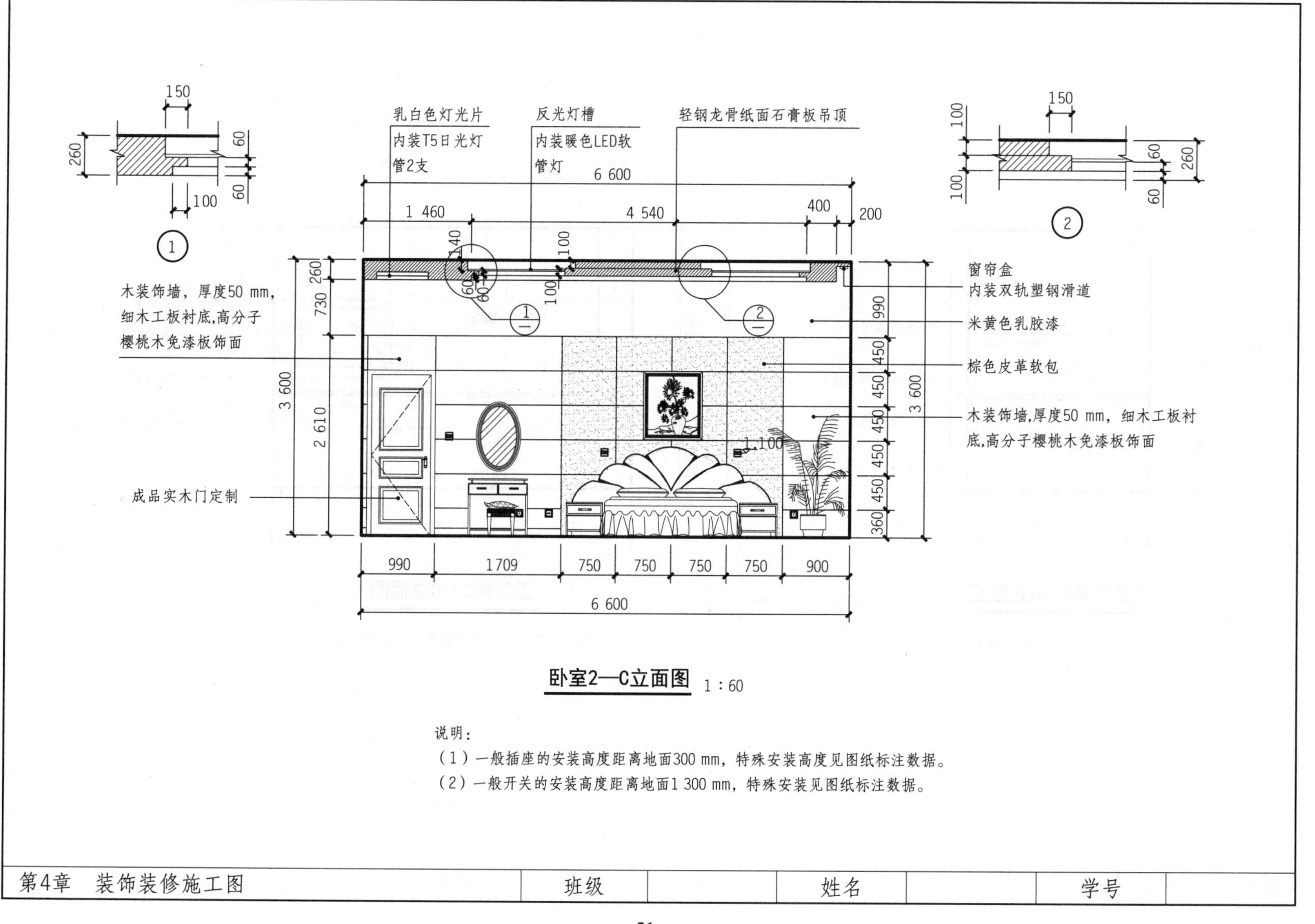

卧室2—C立面图 1∶60

说明：

（1）一般插座的安装高度距离地面300 mm，特殊安装高度见图纸标注数据。

（2）一般开关的安装高度距离地面1 300 mm，特殊安装见图纸标注数据。

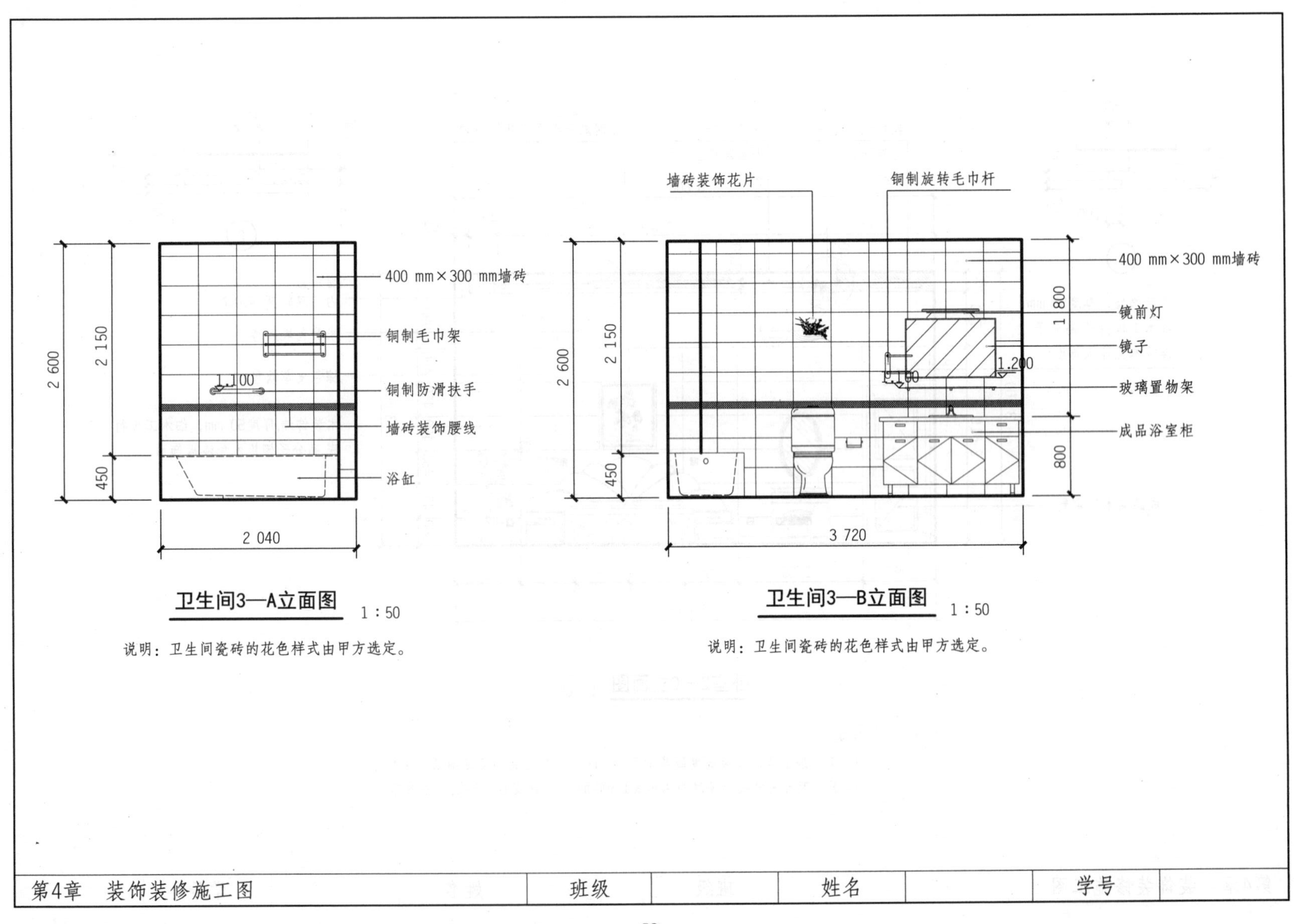

卫生间3—A立面图 1∶50

说明：卫生间瓷砖的花色样式由甲方选定。

卫生间3—B立面图 1∶50

说明：卫生间瓷砖的花色样式由甲方选定。

第4章　装饰装修施工图 | 班级 | | 姓名 | | 学号 |

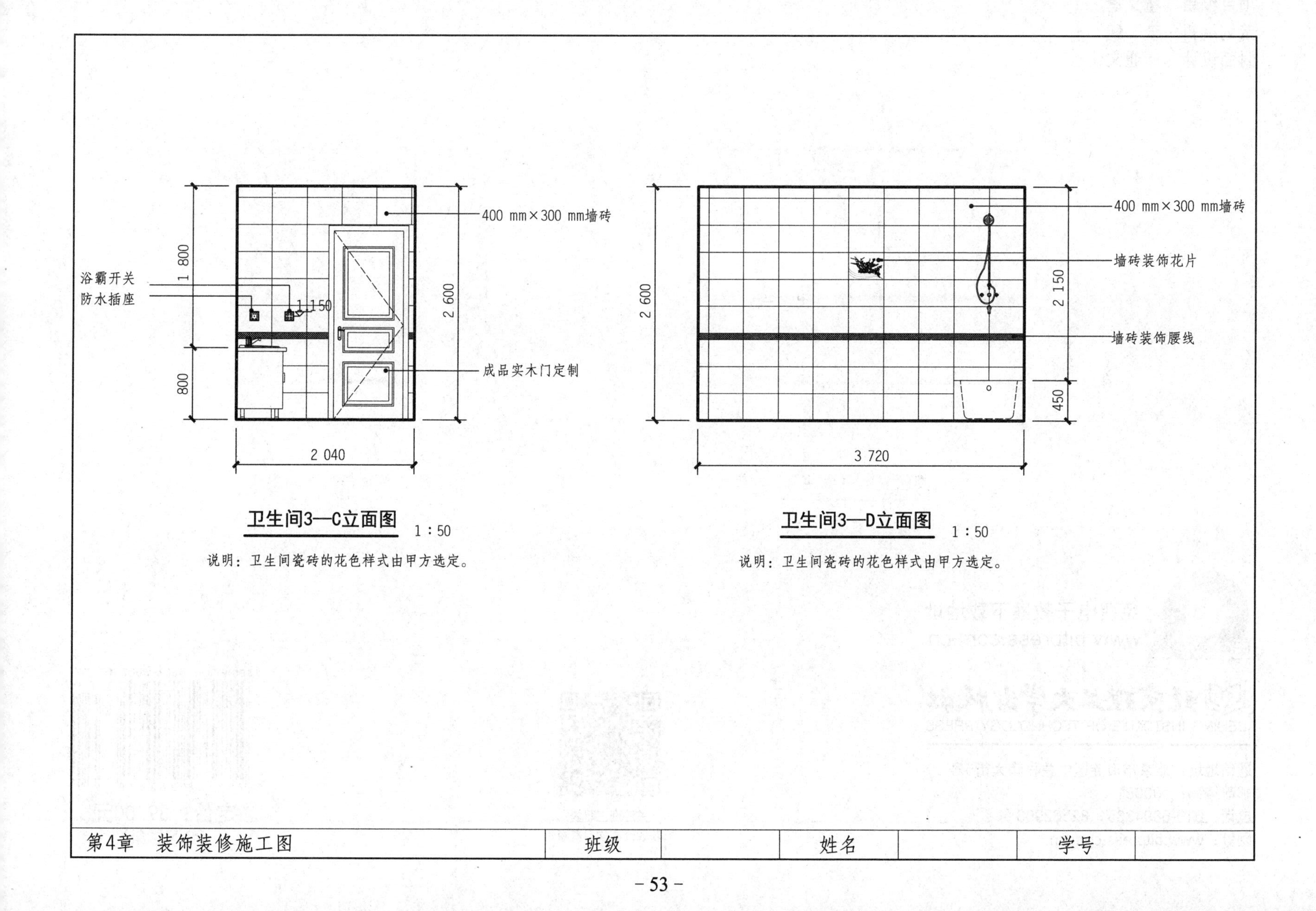

卫生间3—C立面图　1：50

说明：卫生间瓷砖的花色样式由甲方选定。

卫生间3—D立面图　1：50

说明：卫生间瓷砖的花色样式由甲方选定。

第4章　装饰装修施工图	班级		姓名		学号	

项目编辑　瞿义勇
策划编辑　李　鹏
封面设计　广通文化

免费电子教案下载地址
www.bitpress.com.cn

北京理工大学出版社
BEIJING INSTITUTE OF TECHNOLOGY PRESS

通信地址：北京市海淀区中关村南大街5号
邮政编码：100081
电话：010-68948351　82562903
网址：www.bitpress.com.cn

关注理工职教
获取优质学习资源

ISBN 978-7-5682-6207-1

定价：39.00元
（含习题集）